建筑与桥梁结构监测技术规范应用与分析

应用与分析

GB 50982—2014

阳洋　李秋胜　刘纲　编著

U0214004

中国建筑工业出版社

图书在版编目（CIP）数据

建筑与桥梁结构监测技术规范应用与分析GB 50982—
2014/阳洋等编著. —北京：中国建筑工业出版社，2016.1
ISBN 978-7-112-18798-0

Ⅰ.①建... Ⅱ.①阳... Ⅲ.①建筑结构-监测-规范
②桥梁结构-监测-规范 Ⅳ.①TU317-65②U443-65

中国版本图书馆CIP数据核字（2015）第 293524 号

＊ ＊ ＊

责任编辑：蔡义胜 李笑然
责任设计：董建平
责任校对：张 颖 姜小莲

建筑与桥梁结构监测技术规范应用与分析
GB 50982—2014
阳洋 李秋胜 刘纲 编著

＊

中国建筑工业出版社出版、发行（北京西郊百万庄）
各地新华书店、建筑书店经销
北京红光制版公司制版
北京富生印刷厂印刷

＊

开本：787×1092毫米 1/16 印张：19½ 字数：482 千字
2016 年 4 月第一版 2016 年 4 月第一次印刷
定价：**48.00 元**
ISBN 978-7-112-18798-0
(28064)

本书编著者名单

主　编：阳　洋（重庆大学）

　　　　李秋胜（香港城市大学）

　　　　刘　纲（重庆大学）

副主编：曾志斌（中国铁道科学研究院）

　　　　赵作周（清华大学）

　　　　张新越（中交公路规划设计院有限公司）

　　　　潘　鹏（清华大学）

　　　　蔡　奇（水利部建设管理和质量安全中心）

序

近 40 年来，土木工程建设在神州大地实现了跨越式发展，高层、高耸与超高层结构，大跨度空间结构以及桥梁结构等各类工程结构，高度越来越高，跨度越来越大，结构形式越来越新，复杂程度越来越高，然而这些结构的可靠性问题也越来越突出，亟待有效的检测和监测手段及时发现结构施工与使用期的各种问题。

作为一种新型、长期的检测手段，结构监测在中国得到了长足发展，但也应看到目前的结构监测市场还不规范，存在监测方法混乱、监测过程不统一、监测技术良莠不齐、监测仪器鱼龙混杂、监测方法及分析软件没有依据等诸多问题。作为建筑与桥梁结构监测技术领域国内外首本国家标准，《建筑与桥梁结构监测技术规范》GB 50982—2014 的实施有助于规范建筑与桥梁结构监测市场，提高监测技术及工程质量。

《建筑与桥梁结构监测技术规范应用与分析》GB 50982—2014 一书从规范条文分析和结构监测应用两个方面对国家标准进行了深入阐释，并给出了较为详细的监测案例，该书的出版有助于加深广大从事监测领域的工程技术及科研人员对规范的理解和应用，对于推动规范的实施和普及具有长远意义。

本书包含了作者对监测技术规范的深刻理解和实践经验，是从事监测工程者的良师益友，也是工程管理及科研人员得力的参考书，对高校相关专业的师生也有较高的参考价值。

鉴于此，我欣然为之作序，将这部著作介绍给大家。

奥地利科学院院士
中国工程院院士
2015 年 9 月 10 日于重庆

前　　言

伴随着各行业科学技术和信息化手段的飞速发展，建筑与桥梁结构监测管理平台的建立已成为可能。在科学技术日新月异的今天，为保障建筑与桥梁结构良好地服务社会的目标，对结构进行必要的监测，掌握结构物的性能状态，最大可能减少或避免灾难性事故是极其必要的。

《建筑与桥梁结构监测技术规范》GB 50982—2014 已经颁布实施，该标准是新编制的国家标准，涉及各类建筑及公路、市政、铁路以及轨道交通桥梁结构的测试及分析技术，有较多内容还未被相关的科研、管理和工程技术人员所熟悉，为了使广大从业人员更好地掌握和应用新标准，我们根据规范的背景资料、标准条文等编写了本书。

本书拟将《建筑与桥梁结构监测技术规范》枯燥的规范条文和复杂的内容进行直观明了的解剖分析，以期在理解规范及如何采用其他变通手段满足规范的要求等方面对结构监测人员给予帮助。同时也对规范中未涉及的监测技术在理论及应用方面进行简单介绍，以便结构监测人员在具体应用时选用具有针对性的技术或手段。

本书共分为两篇，第一篇为规范内容分析，可进一步细分为如下五部分：第一部分为规范每章说明，是对各章的总体理解及关键问题的阐释。第二部分给出了规范条文的原文，作为讨论和分析的依据。第三部分为规范条文分析，对规范规定的含义予以剖析，并指出规范条文理解的重点、难点以及条文之间的联系；针对规范条文说明中不够具体的部分以及无条文说明的条文进行了详细的阐述及解释。第四部分为条文的结构监测应用，对执行规范过程中可能遇到的实际应用问题提出建议。需指出的是，此部分内容是我们依据相关规范、资料及监测经验而得出的，读者应根据具体工程的实际情况并结合当地经验参考采用。第五部分为推荐目录，列出了主要引用的其他规范、规程及文献资料，便于对照应用。本书的第二篇为工程案例，通过重庆菜园坝长江大桥、重庆嘉陵江高家花园大桥、香港国际金融中心二期、北京某体育馆的监测项目，引入规范规定的具体条文所针对的内容及其应用，强调了规范条文与实际工程项目结合的重要性。

本书第一篇由阳洋、李秋胜、刘纲、曾志斌、潘鹏、张新越、蔡奇撰写；第二篇由李秋胜、刘纲、阳洋、赵作周、曾志斌撰写；全书由阳洋统稿。

在编写过程中，本书参考和引用了公开发表的文献和资料，在此谨向这些作者表示诚挚的感谢。

同时，本书也系在国家自然科学基金（No.51308565、51578059）、重庆市自然科学基金（基础与前沿研究计划）（cstc2014jcyjA30008）以及重庆市涪陵区科技计划（FLKJ，2014ABA2041）等项目的支持下完成的。

鉴于编者水平有限，书中难免有错误及不妥之处，欢迎读者朋友批评指正，作者的联系邮箱：yangyangcqu@cqu.edu.cn。

阳洋　李秋胜　刘纲

2015 年 9 月 10 日于重庆、香港

目　　录

第一篇 规范内容分析

1 总 则

说明：

1. 本章阐述了本规范编制的目的及意义，规定了建筑与桥梁结构监测技术的适用范围，以及与国家现行其他相关标准的关系。

2. 建筑与桥梁结构监测以满足结构功能需求、保证工程质量、经济合理为基本目标，功能需求应首要以安全性为主，按照结构安全等级分类采用相应的监测技术，综合考虑相应监测预警分级制度及其措施。

第 1.0.1 条

【规范规定】

1.0.1 为规范建筑与桥梁结构监测技术及相应分析预警，做到技术先进、数据可靠、经济合理，制定本规范。

【规范条文分析】

随着我国经济建设的快速推进，建筑和交通运输等行业迅猛发展，结构复杂、大跨度的建筑与桥梁结构层出不穷，大量使用新材料、新技术和新工艺，随之而来对结构的安全性、耐久性和使用性等功能的需求越来越突出。目前，随着工程经验的逐步积累，建筑与桥梁结构的设计和施工技术水平不断提高，但在工程实践中，由于存在诸多不确定性因素，复杂结构的设计与实际工作状态往往存在一定差异，设计值是否全面真实地反映了复杂结构的各种变化，需要采用检测或监测等技术手段进行验证，所以在理论分析指导下有计划地进行工程结构监测显得十分必要。

1. 造成设计与实际工作状态差异的主要原因有：

（1）建筑与桥梁结构形式多样，体系越来越复杂，新材料的使用日益增多，设计时计算模型的简化及参数选用等与实际状况相比不可避免存在一定的近似和误差。

（2）大型复杂结构规模大、范围广、施工周期长、过程复杂，采用新技术和新工艺也较多，而且施工阶段结构的内力和变形存在时变性，设计时难以准确模拟其真实状况。

（3）建筑与桥梁结构施工及使用期间，结构所处环境有可能发生变化，诸如地面堆载突变、极端高温或低温、罕见降雨或下雪、冰冻、台风、地震、爆炸等偶然事件的发生，使得结构承受的荷载及其作用时间和影响范围难以预料。

（4）结构在使用期间，材料的性能或构件的承载力会发生变化，例如混凝土结构的碱骨料反应或碳化、钢结构的腐蚀或疲劳等，设计阶段虽然有所考虑，但是与实际工作状态还是存在偏差，且难以预估。

基于上述情况，考虑到建筑与桥梁工程缺少统一的施工和使用期间的监测技术规范，为达到有效监测的目的，满足当前建筑与桥梁结构监测科学研究和工程应用的需要，有必要对其监测技术进行基本规定，规范建筑与桥梁结构监测市场。

2. 开展建筑与桥梁结构现场监测的目的主要为：

（1）满足结构功能需求、保证工程质量，为信息化施工以及使用期间的维修管理提供科学依据。通过监测随时掌握结构或构件的内力和变形的变化情况以及周边环境中各种建筑、设施的变形情况，将监测数据与设计值进行分析对比，判断施工过程以及使用阶段结构是否可靠，并确定和优化下一步的施工工艺和参数以及使用阶段的维护管理方法。

（2）为结构周边环境中的建筑或各种设施的可靠防护提供依据。通过对周边建筑结构的现场监测及分析，验证工程环境保护方案的正确性和可行性，及时分析出现的问题并采取有效措施。

（3）为优化设计提供依据。建筑与桥梁结构监测是验证工程设计的重要方法，设计计算中未曾考虑或考虑不周的各种复杂因素，可以通过对现场监测结果的分析和研究加以局部修改、补充和完善，从而为动态设计和优化设计提供科学依据。对于建筑与桥梁结构的长期监测，可以通过数据定期更新来估计结构的劣化程度以及恶劣服役环境对结构受力状态的影响。

（4）监测还是发展工程设计理论的重要手段。建筑与桥梁结构监测应做到可靠性、技术性和经济性的统一。监测方案应以满足结构和周边环境可靠为前提，以监测技术的先进性为保障，同时也要考虑监测方案的经济性。在保证监测质量的前提下，降低成本，达到技术先进性与经济合理性的统一。

结构工程监测涉及建设单位、设计单位、施工单位和监理单位等，本规范不只是规范监测单位的监测行为，其他相关各方也应遵守和执行本规范的规定。

【结构监测应用】

（1）规范提出的监测要求是建筑与桥梁结构监测的最低要求，在没有充分依据和可靠经验的前提下，一般不应低于规范的相关要求，对于规范的强制性条文必须遵守。

（2）在满足结构功能需求、保证工程质量的前提下，应对结构监测方案进行必要的经济比较，以达到经济合理的目的。对于一级安全等级结构，宜根据限值要求设定不低于三级预警等级；对于二级及三级安全等级结构，预警等级可根据实际情况适当降低。

【推荐目录】

《混凝土结构设计规范》GB 50010—2010 第 1 章；

《钢结构设计规范》GB 50017—2003 第 1 章；

《建筑基坑工程监测技术规范》GB 50497—2009 第 1 章。

第1.0.2条

【规范规定】

1.0.2 本规范适用于高层与高耸、大跨空间、桥梁、隔震等工程结构监测以及受穿越施工影响的既有结构的监测。

【规范条文分析】

本条按结构形式规定了本规范的适用范围包含了高层与高耸结构、大跨空间结构、桥梁结构、隔震结构以及受穿越施工影响的已建结构。穿越施工监测应与受施工影响的工程结构监测相互结合，除遵守本规范的规定外，还应参考穿越工程项目的施工及设计规范中有关监测的规定，具体可根据实际工程参考《城市轨道交通工程监测技术规范》GB 50911—2013、《地铁设计规范》GB 50157—2013、《地下铁道工程施工及验收规范》GB 50299—1999、《油气输送管道穿越工程施工规范》GB 50424—2007 以及其他行业或地方标准。

在我国，高层结构是指超过10层或28米高的住宅和超过24米高的其他结构。高耸结构是指高度较大、横断面相对较小的结构，以水平荷载（特别是风荷载）为结构设计的主要依据，在高度及层数上没有具体规定。大跨空间结构指的是横向跨越60米以上的空间结构，这里主要针对屋盖结构，在实际分析与理解应用中，大跨空间结构也包括悬挑和楼盖结构，其跨度没有具体的数字规定。桥梁结构包括城市桥梁、公路桥梁、铁路桥梁以及轨道交通桥梁等。由于我国是地震多发国家，隔震结构的数量呈现逐年增长趋势，在本规范中有关隔震结构的规定是针对上述建筑与桥梁结构中的隔震部分，其他部分按照前述结构的规定执行；针对非高层民用及工业建筑结构，如住宅楼、教学楼、医院、厂房等结构采用了隔震措施，在隔震部分也应该按照本规范执行。

在本条文中，从结构类型来讲，将隔震以及受穿越施工影响的既有结构与前述结构类型并列容易造成误解，本规范条文说明未做进一步解释。从规范的完整性理解，隔震结构以及受穿越施工影响的既有结构既包含高层与高耸、大跨空间、桥梁结构，也包含这些结构以外的工程结构。

【结构监测应用】

（1）本规范的适用范围虽然仅限定在高层与高耸、大跨空间、桥梁、隔震等工程结构以及受穿越施工影响的既有结构，但是对于其他工程结构，如有必要进行监测等，也应该参照本规范执行。

（2）高层建筑的高度界定应以房屋高度为准，而非建筑高度，房屋高度为室外地面到主要屋面顶板的高度（不包括突出屋顶部分）。

（3）楼盖结构按照实际工程案例，较屋盖结构跨度明显偏小，一般认为单跨跨度大于30m即可认为属于大跨度。悬挑结构在《建筑工程施工过程结构分析与监测技术规范》JGJ/T 302—2013 中可理解为18m悬挑楼盖或50m悬挑屋盖，悬挑楼盖不仅应包括楼面悬挑梁，也应包括结构高度跨越数个楼层的悬挑桁架。

（4）本规范规定了上部结构的监测技术，可与《建筑基坑工程监测技术规范》GB 50497—2009 和《建筑工程容许振动标准》GB 50868—2013 等相关的监测、振动规范统筹考虑，形成结构从上到下的静动态监测完整体系链。

【推荐目录】

《建筑基坑工程监测技术规范》GB 50497—2009 第 1 章、第 3 章；

《建筑工程容许振动标准》GB 50868—2013 第 7～8 章；

《建筑工程施工过程结构分析与监测技术规范》JGJ/T 302—2013 第 3 章。

第 1.0.3 条

【规范规定】

1.0.3 建筑与桥梁结构的监测，除应符合本规范的规定外，尚应符合国家现行有关标准的规定。

【规范条文分析】

本规范归纳总结了国内外一些成熟的监测技术，实际应用时，除应符合本规范的规定外，尚应符合国家现行有关标准的规定。与本规范相关的现行国家、行业和地方规范、规程和标准主要包括：

1. 监测、检测及测量方面：

(1)《工程测量规范》GB 50026—2007；

(2)《建筑基坑工程监测技术规范》GB 50497—2009；

(3)《大坝安全监测系统验收规范》GB/T 22385—2008；

(4)《建筑工程容许振动标准》GB 50868—2013；

(5)《建筑结构检测技术标准》GB/T 50344—2004；

(6)《钢结构现场检测技术标准》GB/T 50621—2010；

(7)《混凝土结构现场检测技术标准》GB/T 50784—2013；

(8)《城市轨道交通工程监测技术规范》GB 50911—2013；

(9)《土石坝安全监测技术规范》SL 551—2012；

(10)《大坝安全自动监测系统设备基本技术条件》SL 268—2001

(11)《岩土工程监测规范》YS 5229—1996；

(12)《公路桥梁承载能力检测评定规程》JTG/T J21—2011；

(13)《公路桥涵养护规范》JTG H11—2004；

(14)《公路桥梁技术状况评定标准》JTG/T H21—2011；

(15)《城市桥梁养护技术规范》CJJ 99—2003；

(16)《铁路隧道监控量测技术规程》TB 10121—2007；

(17)《铁路桥梁检定规范》铁运函〔2004〕；

(18)《水工建筑物强震动安全监测技术规范》DL/T 5416—2009；

(19)《膜结构检测技术规程》DG/TJ 08—2019—2007；

(20)《建筑工程施工过程结构分析与监测技术规范》JGJ/T 302—2013；

(21)《结构健康检测系统设计标准》CECS 333—2012；

(22)《基坑工程施工监测规程》DG/TJ 08—2001—2006；

(23)《地铁工程监控量测技术规程》DB 11/490—2007；

（24）《城镇桥梁检测与评定技术规范》CJJ/T 233—2015；

（25）《天津市桥梁结构健康监测系统技术规程》DB/T 29—208—2011；

（26）《工程结构动力特性及动力响应检测技术规程》DGJ 32/TJ110—2010。

2. 设计方面：

（1）《建筑抗震设计规范》GB 50011—2010；

（2）《混凝土结构设计规范》GB 50010—2010；

（3）《钢结构设计规范》GB 50017—2003；

（4）《综合布线系统工程设计规范》GB 50311—2007；

（5）《膜结构技术规程》CECS 158—2004；

（6）《预应力钢结构技术规程》CECS 212—2006；

（7）《空间网格结构技术规程》JGJ 7—2010；

（8）《铁路混凝土结构耐久性设计规范》TB 10005—2010；

（9）《公路桥涵设计通用规范》JTG D60—2015；

（10）《公路桥梁抗震设计细则》JTG/T B02—01—2008。

3. 施工及试验方面：

（1）《大体积混凝土施工规范》GB 50496—2009；

（2）《钢结构工程施工规范》GB 50755—2012；

（3）《混凝土结构工程施工质量验收规范》GB 50204—2015；

（4）《混凝土结构试验方法标准》GB/T 50152—2012；

（5）《普通混凝土长期性能和耐久性能试验方法标准》GB/T 50082—2009；

（6）《建筑隔震工程施工及验收规范》JGJ 360—2015。

同时还涉及部分目前还处于制定或修编阶段的国家、行业及地方标准，在实际建筑与桥梁结构监测中，应以具体监测内容选择相关的规范。此外，目前国外一些国家和组织也有一些关于结构监测技术的指南或草案。

4. 国外指南、草案：

（1）加拿大新型结构及智能监测研究机构（Intelligent Sensing for Innovative Structures，简称 ISIS）发布的《结构健康监测指南》；

（2）美国 Drexel 大学智能基础设施与交通安全中心在美国联邦公路管理局（Federal Highway Administration，简称 FHWA）的组织下完成的《重要桥梁健康监测指南的范例研究》；

（3）国际标准化组织（International Organization for Standardization，简称 ISO）标准系列：

A. ISO 18649 机械振动-基于桥梁动力测试和调查结果的测量评估；

B. ISO 14963 机械振动与冲击——针对桥梁和高架桥的动力测试和调查指南；

C. ISO 14964 机械振动和冲击——固定结构的振动——针对振动测量和评估中质量管理的专门要求；

D. ISO 4866 机械振动与冲击——固定结构振动——振动测量及其结构评估效应指南；

（4）国际结构混凝土联合会（International Federation for Structural Concrete，简称

FIB）发布的《现有混凝土结构的监测和安全评估》；

（5）结构评估、监测与控制组织（Structural Assessment，Monitoring and Control，简称 SAMCO）在欧盟组织下发布的《针对结构评估及健康监测的认证过程 F06》、《既有结构评估指南 F08a》、《结构健康监测指南 F08b》。

5. 对上述结构监测技术指南或草案简要介绍如下：

（1）加拿大 ISIS 发布的《结构健康监测指南》将结构健康监测视为重要的结构诊断工具，并详细阐述了各组成部分，内容包括：概述、结构健康监测组成、现场静力测试、现场动力测试、周期性监测、实例分析、释义、传感器与采集系统以及基于振动的损伤识别算法等。该指南的特点是应用实例丰富，关于传感器的性能和损伤识别方法介绍比较详细。

（2）美国 FHWA 完成的《重要桥梁健康监测指南的范例研究》的内容包括：总则、性能以及健康监测的概念、健康监测手段和应用前景、传感器、数据采集系统、网络的传输和控制、测量校核、数据管理和分析及应用实例等。该研究报告内容翔实，易于实施。

（3）ISO 发布的《基于动力试验和调查测量结果的桥梁力学振动评估》草案主要考虑动力监测的目的、数据分析和系统识别技术以及桥梁建模和评估。内容包括：研究范围、术语和定义、振动测试、数据分析和结构识别方法、桥梁建模、监测数据评估及应用、时频分析方法和荷载模拟等。该草案结构简明，内容全面。

（4）FIB 发布的《现有混凝土结构的监测和安全评估》内容包括：监测和安全评估概念、结构和材料、目视检查和传统现场测试、无损检测、测量方法、系统实现和数据采集、数据统计分析和评估、系统分析、监测实例等。该报告层次分明、比较完善，关于系统组成、传感器和损伤识别方法介绍尤为详细，但只涉及混凝土结构。

（5）欧盟 SAMCO 发布的《结构健康监测指南 F08b》内容包括：总则、指南的目标和大纲、作用分析、结构诊断、损伤识别、传感器种类及其应用、桥梁交通荷载识别和局部损伤识别方法等。该指南特别介绍了一些研究发展中的损伤识别方法，但在系统组成和监测实施方面阐述不够全面。

上述结构监测指南或草案对比如表 1-1-1 所示：

国外结构监测指南及草案列表 表 1-1-1

内容	发布组织				
	ISIS	ISO	FHWA	FIB	SAMCO
系统组成	传感器、数据采集、数据分析、网络交互、损伤识别和模型	振动测量、结构模型、振动识别、损伤识别、动力分析和监测数据评估	试验技术、分析技术、传感器、数据采集、测量系统校核、数据处理和决策系统	传感器、数据采集、数据分析、网络交互、损伤识别和模型	传感器、数据采集、数据分析、网络交互、损伤识别和模型
监测分类	现场静力测试、现场动力测试、周期性监测和连续监测	在建监测、在役监测、使用能力监测和基于环境的振动监测	无损动力测试、无损评估、长期（全寿命）监测	验证荷载测试、诊断荷载测试、环境振动测试、激励测试和外观检查	荷载效应监测、条件监测、性能参数和阈值监测
传感器类型或监测参数	箔式应变计、光纤应变计、线性可变差分传感器、加速度计和温度传感器等	频率和振型、阻尼、动力特性、声发射测量、交通荷载、风荷载等	电阻应变计、振弦式应变计、光纤应变计、线性可变差分传感器、温差电偶、压电加速度计、倾角量测仪、动态称重仪等	电子位移传感器、光纤应变计、电阻应变计、地秤、温度传感器等	光纤光栅应变计、压电应变计、倾角仪、GPS、静力水准仪、加速度计、温度传感器等

【结构监测应用】

（1）本规范可结合《城市轨道交通工程监测技术规范》GB 50911—2013、《建筑工程施工过程结构分析与检测技术规范》JGJ/T 302—2013、《公路桥梁承载能力检测评定规程》JTG/T J21—2011、《公路桥梁技术状况评定标准》JTG/T H21—2011、《城镇桥梁检测与评定技术规范》（CJJ/T 233—2015）、《天津市桥梁结构健康监测系统技术规程》DB/T 29-2008—2011 以及《结构健康监测系统设计标准》CECS 333—2012 统筹考虑。

（2）当与相关规范的规定不完全一致时，应根据工程的具体情况经专门研究后确定。

（3）设计、施工、运营、监测密不可分，监测人员应特别注意各阶段联系，把握难点和关键点，制定合理的监测方案，通过监测技术解决工程中的实际问题。

【推荐目录】

《结构健康监测系统设计标准化评述与展望》何浩祥等，地震工程与工程震动，2008年，第 28 卷，第 4 期，第 2 部分。

2 术 语

说明：

正确理解规范术语和符号有利于建立清晰的监测概念，理解并执行规范的相关规定。

监测与检测一直以来难以界定，按照规范定义：对某一工程进行两次及以上的结构检测即可定义为结构监测。

第 2.1.1 条

【规范规定】

2.1.1 结构监测 structural monitoring

频繁、连续观察或量测结构的状态。

【规范条文分析】

按照上述定义，观测行为应该归为监测；同时，频繁的结构检测也应该归为监测。《建筑基坑工程监测技术规范》GB 50497—2009 中规定在建筑基坑施工及使用阶段，对建筑基坑及周边环境实施的检查、量测和监视工作即为建筑基坑工程监测。《建筑工程施工过程结构分析及检测技术规范》JGJ/T 302—2013 中规定针对变形、应力、环境影响等内容开展的各种人工或自动化测量技术即为监测技术。可见，三本规范对监测的文字表述并不相同，后两本规范没有频繁、连续等文字，较本条文对监测的定义更加宽泛。

仔细观察国外的结构监测指南或草案也可发现，其内容中对结构检测均进行了详细的规定，并未与结构监测进行区分。

【推荐目录】

《建筑基坑工程监测技术规范》GB 50497—2009 第 2 章；

《建筑工程施工过程结构分析与检测技术规范》JGJ/T 302—2013 第 2 章；

《现有混凝土结构的监测和安全评估》国际结构混凝土联合会，2002 年，第 2～5 章。

第 2.1.2 条

【规范规定】

2.1.2 施工期间监测 construction monitoring

施工期间进行的结构监测。

【规范条文分析】

施工期间监测是指为了掌握施工期间建筑与桥梁结构以及周边受其影响结构的受力及位形等工作状态、保证结构安全和施工质量而开展的监测活动。监测参数不仅仅局限于结构的力学特性参数，也应包括环境作用效应监测，如温度、风荷载监测等。

【推荐目录】

《建筑工程施工过程结构分析与检测技术规范》JGJ/T 302—2013 第 2 章。

第 2.1.3 条

【规范规定】

2.1.3　使用期间监测　post construction monitoring

使用期间进行的结构监测。

【规范条文分析】

掌握建筑与桥梁结构在使用期间受力及变形等工作状态、保证结构功能而开展的监测活动。使用期间监测范围不仅仅局限于在线实时监测，也应包括定期在线连续监测以及定期检测部分。

【推荐目录】

《天津市桥梁结构健康监测系统技术规程》DB/T 29—208—2011 第 2 章；

《结构健康监测系统设计标准》CECS 333—2012 第 2 章。

第 2.1.4 条

【规范规定】

2.1.4　监测系统　monitoring system

由监测设备组成实现一定监测功能的软件及硬件集成。

【规范条文分析】

监测系统是监测方案的实体呈现，因此在编制监测方案时应对监测系统进行设计，结合建筑与桥梁结构的具体特点和场地条件，综合考虑结构各阶段监测需求、特征以及环境条件变化的影响，合理选用监测设备，使系统中软件与硬件相互匹配，且具有兼容性、可扩展性、易维护性和良好的用户使用性能。

【推荐目录】

《结构健康监测系统设计标准》CECS 333—2012 第 2 章。

第 2.1.5 条

【规范规定】

2.1.5　监测设备　monitoring equipment

监测系统中，传感器、采集仪等硬件的统称。

【规范条文分析】

监测系统中的硬件即为监测设备，除传感器外，还包括信号放大器、过滤器、数据采集设备、数据分析设备、数据存储设备、数据显示设备、电源、传输设备等。实际使用过程中部分硬件可能不能正常工作甚至完全损坏，因此对关键参数的监测或特别重要部位的监测，可配备多个同类型的设备或多种不同类型的设备，避免出现重要的监测数据质量不高或丢失的现象。

【推荐目录】

《结构健康监测系统设计标准》CECS 333—2012 第1～2章。

第2.1.6条

【规范规定】

2.1.6　传感器　transducer/sensor

能感受规定的被测量并按照一定的规律转换成可用输出信号的器件或装置，通常由敏感元件和转换元件组成。

【规范条文分析】

上述定义来源于国家标准GB 7665—2005，敏感元件指传感器中能直接感受或响应被测量的部分；转换元件指传感器中能将敏感元件感受或响应的被测量转换成适于传输或测量的电信号部分；被测量信息包括环境变化、结构应变、结构变形、结构振动等。传感器作为一种检测装置，能感受到被测量的信息，并能将感受到的信息，按一定规律变换成为电信号或其他所需形式的信息输出，以满足信息的传输、处理、存储、显示、记录和控制等要求。

【推荐目录】

《传感器通用术语》GB 7665—2005 第3章。

第2.1.7条

【规范规定】

2.1.7　监测频次　times of monitoring

单位时间内的监测次数。

【规范条文分析】

单位时间不仅仅指单位时间长度（年、月、日等），也泛指反映结构阶段性节点特征的时间等。对于在线实时监测无须考虑监测频次，定期在线连续监测以及定期检测需要确定监测频次。本规范第5.2.7条、第5.2.13条、第5.3.4条、第6.2.9条、第6.2.14条、第7.2.7条、第7.3.3条分别对施工及使用期间监测频次的确定进行了规定。

【推荐目录】

《结构健康监测系统设计标准》CECS 333—2012 第2章；

《建筑工程施工过程结构分析与监测技术规范》JGJ/T 302—2013 第2章。

第2.1.8条

【规范规定】

2.1.8　监测预警值　precaution value for monitoring

为保证工程结构安全或质量及周边环境安全，对表征监测对象可能发生异常或危险状态的监测量所设定的警戒值。

【规范条文分析】

从规范中文字表述的一致性和连续性出发，将定义中的"工程结构"改为"建筑与桥梁结构"更为合适。设定监测预警值的目的在于在灾害或灾难以及其他需要提防的危险发生之前，根据既有监测数据总结的规律或观测得到的可能性前兆，向相关部门发出紧急信号，报告危险情况，以避免在不知情或准备不足的情况下发生危害，从而最大限度地减少危害所造成的损失。安全是工程结构可靠性的首要保证，监测预警值应依据规范规定、设计要求、工程经验或结构分析结果等，结合结构安全性等级来确定，且宜分不同等级参考。

【推荐目录】

《结构健康监测系统设计标准》CECS 333—2012 第 2 章；

《建筑工程施工过程结构分析与监测技术规范》JGJ/T 302—2013 第 2 章。

第 2.1.9 条

【规范规定】

2.1.9 监测系统稳定性　monitoring system stability

监测系统经过长期使用以后其工作特性保持正常的性能。

【规范条文分析】

监测系统稳定性主要针对在线实时监测系统，正常情况下建议在近似现场运行环境的场所中进行稳定性试验，在被测量非电量不变的情况下，监测系统每小时采集一次数据，连续运行不宜低于 8 小时，若采集数据的参数值均满足对应测试物理量的准确度，达到测试物理量规定的精度要求，则可认为监测系统稳定性符合要求。

【推荐目录】

《大坝安全自动监测系统设备基本技术条件》SL 268—2001 第 6 章。

第 2.1.10 条

【规范规定】

2.1.10 监测设备耐久性　monitoring equipment durability

监测设备在正常使用和维护条件下，随时间的延续仍能满足监测设备预定功能要求的能力。

【规范条文分析】

该条是指监测设备能够正常使用的时间，主要针对在线实时监测系统，应根据结构监测的时间或周期选择满足使用年限的监测设备，并充分考虑置换方案和时间。

【推荐目录】

《结构健康监测系统设计标准》CECS 333—2012 第 3 章。

第 2.1.11 条

【规范规定】

2.1.11 传感器频响范围 sensor frequency range

传感器在此频率范围内，输入信号频率的变化不会引起其灵敏度和相位发生超出限值的变化。

【规范条文分析】

传感器或监测系统正常工作的频带，灵敏度表示信号输出幅值与被测信号的输入幅值之比。相位表示频率特性的相位角，即传感器输出信号相位随频率变化关系，相位角通常为负，表示传感器输出滞后于输入相位角度。

【推荐目录】

《工程结构动力特性及动力响应检测技术规程》DGJ32/TJ 110—2010 第 2 章。

第 2.1.12 条

【规范规定】

2.1.12 结构分析模型修正 structural analyzing model updating

通过识别或修正分析模型中的参数，使模型计算分析结果与实际量测值尽可能接近的过程。

【规范条文分析】

模型修正是利用结构实测数据（一般是模态参数）来修正结构的初始理论模型，使修正后结构模型的响应与结构的实测响应相一致。模型修正常用来进行基准模型校准和结构损伤识别，基准模型校准即通过实测结构响应数据修正结构模型。用于结构损伤识别时，把校准后的有限元基准模型作为结构的初始理论模型，损伤后的结构响应作为结构实测数据修正结构模型，修正后的结构模型与初始基准模型的差异即反映为结构的损伤。

【推荐目录】

《结构健康监测系统设计标准》CECS 333—2012 第 2 章。

第 2.1.13 条

【规范规定】

2.1.13 穿越施工 crossing construction

地下工程穿越既有结构的施工过程。

【规范条文分析】

《城市轨道交通工程监测技术规范》GB 50911—2013 规定穿越施工主要包括三类情况：（1）穿越既有轨道交通设施、既有铁路；（2）建（构）筑物、高速公路及城市道路、桥梁、机场跑道、地下管网、隧道等；（3）穿越河流、湖泊等地表水体。其中对于既有轨道交通设施、重要建（构）筑物、高速公路、桥梁、机场跑道以及河流、湖泊等地表水体，应对穿越工程及周边影响区内上述设施按照规定编制专项监测方案。

【推荐目录】

《城市轨道交通工程监测技术规范》GB 50911—2013 第 3 章。

3 基 本 规 定

说明：

为了构建一套功能强大、经济合理、能够满足结构安全性、使用性和耐久性需求的高水平结构监测系统，必须遵循一定的原则。本章条文将建筑与桥梁结构施工期间和使用期间监测的共性进行了归纳总结，按照前期准备、实施操作和后期报告的顺序分别进行整理，条文编写的基本框架与工程结构监测方案的编制顺序及实施流程基本一致。

3.1 一 般 规 定

第 3.1.1 条

【规范规定】

3.1.1 建筑与桥梁结构监测应分为施工期间监测和使用期间监测。

【规范条文分析】

建筑与桥梁结构监测按其全寿命周期可分为施工期间监测和使用期间监测；按监测时间长短可分为短期监测和长期监测，长期监测一般指持续 3 年以上的监测。由于实际工程结构常以竣工验收作为施工期和使用期的界线点为标志，分界线比较明确，且实际操作中也常以此分界线进行分类监测，故规范选择了第一种分类方法。无论施工期间监测还是使用期间监测都可统称为性态监测，即结构性能状态的监测，具体是指通过分析定期采集结构上布置的传感器阵列的响应数据来观察结构工作状态随时间推移产生的变化，进而提取损伤敏感特征值，再通过数据分析来确定结构的性能状态，对建筑与桥梁结构实施损伤检测（监测）和识别。对于长期监测，即通过数据定期更新来估计结构的劣化状态，从而评估建筑与桥梁结构是否有能力继续满足其设计功能。性能状态（性态）包括结构的安全性、适用性、耐久性（三性）。施工期间监测应以施工安全和工程质量控制为基准，因此监测中常以结构参数监测为主；使用期间监测应以结构正常使用极限状态或结构适用性为基准，涉及"三性"，因此监测参数中不仅有结构参数监测，也有环境参数监测，且监测参数一般较前者多，部分指标要求可能较前者高。但对于轨道交通穿越施工期间监测而言，有可能在使用期间只需监测变形参数，即监测参数较少的相反情况，具体参考《城市轨道交通工程监测技术规范》GB 50911—2013；

结构损伤是指结构的材料特性或结构体系的几何特性发生改变，或者边界条件和体系的连续性发生改变；其中结构体系的整体连续性对结构的服役能力有至关重要的作用。

桥梁竣工验收后的使用过程一般称为运营期或服役期，为了和建筑结构统一，本规范均使用"使用期间"一词。

【结构监测应用】

建筑与桥梁结构施工期间监测和使用期间监测本质上并无区别，多数情况下，使用期间监测期比施工期间监测长，对监测设备的稳定性和耐久性比施工期间高。考虑到施工期间荷载变化比较大、甚至会发生体系转换，故监测参数与使用期间监测可能会有所不同。同时，施工期间监测方案中应尽可能考虑使用期间监测的延续性，监测数据及相关资料应尽可能保留，以作为前期数据基准，供使用期间监测参考分析。

【推荐目录】

《城市轨道交通工程监测技术规范》GB 50911—2013 第 4 章。

第 3.1.2 条

【规范规定】

3.1.2　施工期间监测宜与量测、观测、检测及工程控制相结合，使用期间监测宜采用具备数据自动采集功能的监测系统进行。

【规范条文分析】

施工期间和使用期间的监测周期、监测频次可以不同，条文中施工期间监测主要针对定期在线连续监测以及定期检测，使用期间监测主要针对在线实时监测。施工期间监测也应集成监测系统，监测系统中可以包括量测、观测、检测及工程控制等方式。监测系统的基本构成至少应包含 3 个子系统，监测系统的功能应符合表 1-3-1 中的基本规定。

监测系统的基本构成及主要功能　　　　　　　　表 1-3-1

子系统名称	主要功能
传感器子系统	由各种不同类型的传感器构成，将不同形式的被测物理量转变成便于记录和再处理的电压、电流或光等信号
数据采集与传输子系统	负责信号的采集、传输、处理和分析控制
数据分析子系统	由数据分析软件集成，通过对采集数据分析，负责对结构危险状态进行预警、对结构状态参数和损伤状况进行识别、对结构综合性能进行评估，给出后期维护建议；完成数据的归档、查询、存储、维护和打印输出等工作

传感器子系统和数据采集与传输子系统一般包括传感器模块、数据采集模块、数据传输模块及系统控制模块等，属于硬件系统。其中系统控制模块可由计算机系统、初始信号（物理/化学信号）系统、运营控制和显示软件、显示信号（视频等信号）系统、运营控制和显示软件、数据处理分析报告存储软件及监测与超标预警显示软件等所组成。数据分析子系统可由计算机模块、承载能力分析模块、腐蚀分析模块及结构安全评估模块构成分析功能，属于软件系统；计算机模块、结构建造测试档案模块、构件清单模块与构件评价模块构成评价功能；计算机模块、数据存储运营管理模块、用户运营分析模块及数据挖掘模块构成数据管理功能。

传感器构成及数据采集与传输的主要功能是用传感器去收集和报告结构环境荷载、施工荷载、运营荷载、结构特性及结构响应等变化状况。分析功能主要是用数值分析工具及基于监测结构和评价系统的评级指标去分析和报告结构目前的性态状况；评价功能主要是基于相关结构施工期和使用期要求，去制定各代表性构件的监测和安全指标；管理功能主要是基于数据存储管理系统与在线分析处理等技术去建立系统化的快速数据和资料存取功能，并由此建立自动或半自动数据处理、分析及报告等工作。各系统的统一运营是通过系统集成技术将上述系统或模块的软硬件集成，成为协调运行的监测系统。

【结构监测应用】

对于同一工程项目，现场监测宜采用相同的监测方法和监测路线，宜使用同一监测仪器和设备，宜固定监测人员，且宜在基本相同的时段和环境条件下工作。

施工期间应力监测参数宜采用具备数据自动采集功能的数据采集与传输子系统。在正常情况下，施工期间荷载的变化比使用期间大，而且可能存在体系转换，施工期间环境也比使用期间环境复杂，规范中只强调了施工期间监测的结合方式，在实际结构的监测工作中，施工和使用期间监测建议均应采用量测、观测、检测与监测措施相结合的方式，多种方式的结合及其互相对比验证可以确保监测结果的客观性。

监测系统应具备以下基本要求：

（1）接口要求。监测系统所有设备的接口均使用标准接口，如 BNC 接口、标准航空插头接口、USB 接口、RS485 接口、LAN 接口等。

（2）控制功能。包括：监测数据的传输、查询或设置数据采集分析仪参数、查询监测系统工作状态，获取数据记录文件。

（3）断电保护和自动恢复功能。在出现供电故障时，监测系统设置的参数和已记录的数据保持不变；在供电恢复后，监测系统自动启动运行。

（4）预警功能。当出现监测值超出预警值、系统供电异常、存储器溢出等状况时，能够自动向设定的地址发送预警信息；当从严重故障中恢复时，能向预定地址发送预警信息。预警值可通过结构设计规范、材料允许值、设计最不利值、桥梁行车安全性等设立。

（5）供电。可选择交流或直流电源，宜具备应急电源。

【推荐目录】

《天津市桥梁结构健康监测系统技术规程》DB/T 29—208—2011 第 3 章；

《城市轨道交通工程监测技术规范》GB 50911—2013 第 7 章。

第 3.1.3 条

【规范规定】

3.1.3 监测期间应进行巡视检查和系统维护。

【规范条文分析】

建筑与桥梁结构现场监测应采用仪器监测与巡视检查相结合的方法，多种观测方法互为补充、相互验证。为确保监测系统稳定、正常运行，必须对系统进行经常性巡视检查，观测工程及周边发生的各种异常变化现象，并根据已有经验分析判断监测数据，有效地提高监测数据的可靠性及正确性，发现问题应及时维护，并作好详细记录。巡视检查结果与仪器监测数据之间大多存在内在联系，可以将被监测项目从定性和定量两方面有机结合起来，因此仪器监测和巡视检查相结合是十分必要的。但是必须强调，监测时应以仪器监测为主，巡视检查为辅，以确保监测数据的客观性。

系统维护是指结合监测仪器自身特点、使用频次和使用环境，定期对其进行维护保养、比对检查，以保证监测系统正常工作。同时，监测系统应选用稳定可靠的监测设备，有条件时其品种、规格宜尽量统一，以降低系统维护的难度。为使监测系统始终保持设备先进、状态良好、运行可靠，除定期检查和维护系统的硬件和软件外，还应根据监测设备的使用年限和运行状况进行定期更新。

【结构监测应用】

巡视检查作为仪器监测的有效补充，主要以目测为主。根据巡查计划、结构施工进度或使用期间服役情况，及时进行巡查，并做好巡查记录。应注意观察结构有无裂缝，如有则记录其位置、数量和宽度；混凝土有无剥落，如有则记录其位置、大小和数量；周围地面及建（构）筑物有无新增裂缝、沉陷等变化。同时，了解施工工况、施工质量、施工及使用期间荷载的变化等问题，及时发现事故隐患，减少工程事故。具体规定可参照本规范第4.9节执行。

监测系统维护应符合如下基本要求：

（1）自动化系统的监测频次宜满足：试运行期1次/天，常规监测不少于1次/周，非常时期可加密频次。

（2）所有原始实测数据必须全部入库。

（3）监测数据必须定期做备份。

（4）定期对系统的部分或全部测点进行人工比测。

（5）运行单位针对工程特点制订监测系统运行管理规程。

（6）定期对主要监测设施进行巡视检查，极端天气前应进行1次全面检查。

（7）定期校正系统时钟。

（8）系统应配置足够的备件。

不同规模和特点的高层、高耸、大跨空间以及桥梁等结构工程监测对象，对监测，特别是自动化监测的要求差异较大。各工程可根据实际需要对安全监测的频次、监测数据的比测和备份时间进行规定。

【推荐目录】

《建筑基坑工程监测技术规范》GB 50497—2009 第4章；

《大坝安全监测自动化技术规范》DL/T 5211—2005 第13章。

第3.1.4条

【规范规定】

3.1.4 施工期间监测宜与使用期间监测统筹考虑。

【规范条文分析】

施工与使用期间监测时间段不同、荷载分布及变化情况不同，其监测目标、功能以及系统运行等方面也不尽相同，但具有许多共同特点：

（1）都是通过测量结构的各种响应（受力和位形等）来了解结构的实际工作状态，从而判断结构的安全性。

（2）除监测结构自身的工作状态外，还强调对结构所处环境（如风、温度、雨雪等）

的监测和记录分析，以分析环境对结构受力状态的影响程度。

（3）在结构施工阶段传感器主要用于监控施工质量；在使用期间连续或间断地监测结构状态，力求获取的结构信息连续而完整。两个阶段传感器的布置位置可基本延续，以保证监测数据的连续一致性。

（4）两者的数据处理及分析方法具有相似性。

为了保证对结构进行连续性和系统性监测，应尽可能在设计初期统筹考虑施工期间与使用期间的监测方案。

【结构监测应用】

根据本规范第5章、第6章、第7章、第8章规定，对于需要进行使用期间监测的建筑与桥梁结构，施工期间监测与使用期间监测宜固定相同的监测人员，监测同类型参数时宜使用同一监测仪器和设备；监测系统的设备除应符合本规范第3.2.7条、第3.2.8条以及第3.2.9条基本要求外，还应考虑长期监测条件的复杂性，保留一定的冗余度，测点布置除需考虑现场条件下的可操作性外，还需考虑仪器设备的耐久性和与周围环境的协调性等；条件允许时应进行统一的监测方案设计，除与结构施工方案相协调外，还应满足使用期间结构的具体功能要求及实际需求。

对于仅需要进行施工期间监测的建筑与桥梁结构，除符合本规范上述条文规定外，还应尽可能保留完整的监测信息，以备结构发生突发事故时，进行结构监测/检测信息比对。

【推荐目录】

《土木工程监测与健康诊断—原理、方法及工程实例》段向胜，周锡元著，中国建筑工业出版社，2010年，第2章。

第 3.1.5 条

【规范规定】

3.1.5 监测前应根据各方的监测要求与设计文件明确监测目的，结合工程结构特点、现场及周边环境条件等因素，制定监测方案。

【规范条文分析】

编制监测方案前应收集整理并分析结构所在地的水文和气象、岩土工程勘察报告、周边环境调查报告、安全风险调查报告、设计文件及施工方案等相关资料，并进行现场踏勘。

监测方案是监测系统能否成功实施的关键，是建立监测系统的依据，因此在制订监测方案的过程中应细致、严谨、科学，综合考虑各种可能出现的问题。

（1）与施工进度协调：在施工期间监测中，监测仪器的布设、数据的采集等都需要与施工进度相协调，确保监测数据真实可信。

（2）监测期间的安全问题：监测过程是一个长期的过程，且多处在复杂甚至危险的环境中，安全问题不容小觑，其中包括人员的安全、监测设备的安全等，必要时在监测方案中建立安全制度，保证监测过程的安全，并处理监测过程中的突发事件。

（3）测点布置：测点布置时需要考虑现场可操作性，需要长期进行监测的设备还需要考虑仪器设备的耐久性和与周围环境的协调性等。

【结构监测应用】

监测方案应在充分了解工程结构特点、施工方案及监测系统的使用环境等外部条件的基础上，分析研究工程结构风险以及影响安全的关键部位和关键工序后，有针对性地进行编制。同时还需要与工程结构相关单位或部门协调。监测方案的编制流程如图 1-3-1 所示。

监测方案的主要内容宜包括：

（1）工程概况；

（2）监测目的和依据；

（3）监测内容；

（4）监测方法；

（5）仪器设备类型及其精度；

（6）监测部位和测点布置；

（7）监测期与监测频次，以及监测预警和异常情况监测措施；

（8）监测成果及要求；

（9）组织机构形式及质量管理体系。

1. 工程概况

工程概况是指工程项目的基本情况，主要内容包括：建设单位、设计单位、施工单位、监理单位、工程地点、建设场地地质条件、下部结构和上部结构的形式及其特点、施工方案、周边环境条件、工程风险、开竣工日期等。在

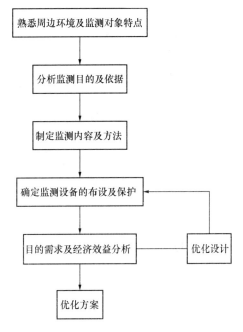

图 1-3-1　监测方案编制流程图

编制详细的监测方案之前，必须明确监测目的，熟悉监测对象，收集设计文件等必要的基础资料。

同时，宜根据实际情况对工程现场及其周边环境进行现场踏勘和核查，开展现场踏勘与核查工作时需要注意以下内容：

（1）环境对象与工程的位置关系及场地周边环境条件的变化情况。

（2）工程影响范围内的建（构）筑物、桥梁、地下构筑物等环境对象的使用现状和结构劣化等病害情况。

（3）重要地下管线和地下构筑物分布情况，并应特别注意是否存在废弃地下管线和地下构筑物，必要时挖探确认。同时，对地下管线的阀门位置，雨水、污水管线的渗漏情况等进行调查。

（4）工程现场有无影响监测系统信号采集和传输的设备，如高压线、变电站、信号塔等。

工程周边环境调查工作一般在设计前期开展，但受工期或技术条件等限制及其他各种原因影响难免有遗漏或不准确的情况，同时随着城市建设的变化如拆迁、新建、改建等，在建筑与桥梁结构建设过程中，环境条件可能发生较大变化，现场踏勘时如发现这些情况应及时与设计单位、建设单位及相关单位等进行沟通，保证监测方案的编制更具体、更有针对性，并且能符合相关各方的要求。

2. 监测目的及依据

编制监测方案时应明确建立监测系统的目的。一般而言，施工期间监测的目的主要包括两个方面：一方面是确保施工安全，包括结构自身安全、工地周围建（构）筑物安全、人员安全；另一方面是保证施工质量。使用期间监测的目的主要是监测和评估结构的工作状态，满足结构功能要求。

监测方案的依据包含设计文件，国家、行业、地方和企业的规范、规程、标准、指南等，政府主管部门的有关文件、与监测相关的会议纪要等文件。

3. 监测内容

依据监测目的确定监测内容，以满足需求为原则，不要盲目增加监测内容。常见的监测内容包含应变监测、变形监测、温度监测、振动监测、地震及地震响应监测、风及风致响应监测、索力监测、腐蚀监测、冲刷监测等。每项内容又可以细分，例如应变监测根据作用荷载可分为静态应变监测和动态应变监测，根据结构材料可分为混凝土的应变、钢结构的应变等；变形监测包含基础沉降、水平位移、倾斜、裂缝以及挠度等；温度监测包含结构自身温度监测和环境温度监测；振动监测包含自激励振动监测和外荷载激励振动监测，或者结构自身振动响应监测和周围建（构）筑物振动响应监测。

具体而言，对于目的为结构安全、健康监控与评估的监测系统，监测内容可能包含应变监测、变形监测、温度监测、振动监测、地震及地震响应监测、风及风致响应监测、索力监测、腐蚀监测等。对目的为观察建筑变形的监测系统，就可能仅包含建筑的沉降、水平位移、倾斜、裂缝以及挠度等变形监测。

4. 监测方法

监测方法的选择主要取决于监测目的、结构特点及周围的环境条件等因素，根据监测内容的不同选择不同的方法及其相应设备。如高精度水准测量、高精度三角、高精度三边、高精度边角以及测量机器人监测系统是工程建筑物外部局部变形监测的优选方法，钻孔倾斜仪、多点位移计则较适合于建筑物内部变形监测。

5. 仪器设备类型及其精度

监测仪器设备的选型应依据监测内容、监测方法和使用环境等，必须能够满足现场监测的需求，如3.1.2条所述。对于相同的被监测量，宜选用同一种监测设备。选择仪器设备时，一定要了解其主要技术参数、注意事项和使用环境。例如，如果工程项目地处严寒地区，则所选用的仪器设备必须能在低温条件下正常工作。

合理的精度对监测工作非常重要，例如对于变形监测，过高精度要求使测量工作复杂，增加费用和时间，且仪器设备的精度示值往往在良好条件下才能实现，现场环境也无法达到；而过低精度又会增加变形分析的困难，使所估计的变形参数误差较大，有可能得出不正确的结论。

6. 监测部位和测点布置

监测部位和测点布置应能反映被监测量随时间变化的发展趋势，针对监测内容及周边环境和条件，监测部位和测点布置须安全、可靠、合理，且突出重点，并能实现监测目的、满足精度要求。条件允许时宜在监测方案里绘制测点布置图，并据此现场安装和布设。

7. 监测期与监测频次以及监测预警和异常情况监测措施

监测期与监测频次应根据监测目的确定，监测设备的使用周期则根据监测期进行选择。监测频次还取决于被监测量的变化范围和变化速度。监测频次的大小应能反映出被监测量的变化规律，并可随单位时间内变化量的大小而定。例如建（构）筑物的沉降监测，施工期间变化量较大，监测频次高，使用期间因建（构）筑物的沉降趋于稳定而变化量减小，监测频次可降低。

监测预警和异常情况监测措施是监测方案中的核心内容之一，是监测目的的重要体现，应予以重视，在规范3.1.8条中将进一步阐述。

8. 监测成果及要求

每次监测工作结束后，均应及时对监测信息进行处理和反馈，若发现监测数据有误，则应及时改正和补测，当发现监测值有明显异常时，应迅速通知相关单位，以便采取相应措施。监测工作全部结束后，应编写并提交监测技术总结报告。

9. 组织机构形式及质量管理体系

为了确保监测工作的顺利进行，在监测方案中应明确监测工作的组织机构形式。首先，监测单位应具备结构工程、岩土工程和工程测量等方面的专业资质，具备承担建筑与桥梁结构工程监测的相应设备及其他测试条件，有经过专门培训的监测人员以及经验丰富的数据分析人员，有必要的监测程序，有严格的监测质量管理制度；其次，在监测方案中，必须明确开展监测工作的项目负责人和主要技术人员及其组织形式。

在监测方案中，还必须建立健全的质量管理体系，其内容主要包括：1）监测质量保证措施，例如测点保护措施及其损坏后的修补方案、防止断电后漏采数据的措施、防雷和防潮措施等；2）关键环节的作业技术要求和管理细则等；3）环境保护措施等。

监测单位编制好监测方案后，提交委托单位审查。委托单位应遵照建设主管部门的有关规定，组织设计、监理、施工、监测等单位讨论审定监测方案。当监测工程影响范围内有重要的市政、公用、供电、通信、人防工程以及文物等时，还应组织有关单位参加协调会议。监测方案经协商一致通过后，监测工作方能正式开始。必要时，应根据工程特点及有关部门的要求，编制专项监测方案并组织专家进行方案论证。

【推荐目录】

《土木工程监测与健康诊断—原理、方法及工程实例》段向胜，周锡元著，中国建筑工业出版社，2010年，第2章；

《建筑基坑工程监测技术规范》GB 50497—2009 第3章。

第3.1.6条

【规范规定】

3.1.6 对需要监测的结构，设计阶段应提出监测要求。

【规范条文分析】

在设计阶段，出现下述一些情况时，设计单位应明确提出监测要求：

（1）设计单位采用的结构计算简化模型需要通过监测手段来验证和调整时；

（2）结构形式非常复杂，难以按照现行的设计规范或者参照国外设计规范规定的设计方法进行设计时；

（3）结构采用了新材料和新工艺，施工时难以保证安全和质量时；

（4）施工方案难度较大，施工时可能会影响到周围建（构）筑物的安全时；

（5）施工时结构需要进行体系转换时，例如大跨度屋盖钢结构在临时支架上拼装完成后整体卸载、空间钢结构合拢、桥梁合龙等；

（6）其他有特殊需求而需要监测的结构。

在设计阶段就明确需要对结构进行监测时，设计单位可以与监测单位协作，将监测点布置、监测设备安装、走线方式、预埋管线、保护装置及其标志标识的设立等直接体现在结构施工设计图纸上。对结构监测的要求提出得越早，监测方案的优化空间也越大。

【结构监测应用】

根据监测项目的难易程度，监测工作可分为四个阶段，各阶段的工作应满足以下要求：

（1）可行性研究阶段。提出监测系统的总体设计专题、监测仪器及设备的数量；监测系统的工程概算等。该阶段宜在主体工程初步设计阶段之前完成。

（2）招标设计阶段。提出监测系统设计文件，包括监测系统流程图、仪器设备清单、监测仪器设备的安装技术要求、监测频次要求及工程预算等。该阶段宜在主体工程施工图设计阶段之前完成。

（3）施工阶段。提出施工详图；应做好仪器设备的检验、埋设、安装、调试和保护，绘制仪器设备安装、测点布置、管线布设等竣工图，编写埋设记录和竣工报告。固定专人进行监测工作，保证监测设施完好和监测数据连续、可靠、完整，按时进行监测资料分析，评价施工期间或使用期间结构安全状况，为委托单位提供决策依据。该阶段宜与主体工程结构施工阶段统筹考虑，同步进行。

（4）运行阶段。进行经常的和特殊情况下的监测工作；定期对监测设施进行检查、维护和检定，以确定是否应报废、封存或继续检测、补充、完善和更新；定期对监测资料进行整编和分析，对结构的性态作出评价；建立监测技术档案。

对需要监测的结构，应由主体工程设计单位承担第一阶段的工作，即编制可行性研究报告。招标设计阶段应对结构监测系统进行专题设计，提出对现场监测的具体要求，由委托单位组织审查，有关部门及监测单位参加。施工及运行阶段应由监测单位承担，其他相关单位配合实施。

【推荐目录】

《大坝安全监测自动化技术规范》DL/T 5211—2005 第4章。

第3.1.7条

【规范规定】

3.1.7 下列工程结构的监测方案应进行专门论证：

1 甲类或复杂的乙类抗震设防类别的高层与高耸结构、大跨空间结构。

2 特大及结构形式复杂的桥梁结构。

3 发生严重事故，经检测、处理与评估后恢复施工或使用的工程结构。

4 监测方案复杂或其他需要论证的工程结构。

【规范条文分析】

甲类或复杂乙类抗震设防类别的高层与高耸结构、大跨空间结构属于《建筑工程抗震设防分类标准》GB 50223—2008 划分的特殊设防和重点设防类建筑，这类建筑属于生命线相关建筑，地震时可能造成重大灾难性后果，建筑物复杂性应按照建筑物的平面和竖向规则性确定，具体可按照《建筑抗震设计规范》GB 50011—2010 第 3.4 节执行。

按照《公路桥涵设计通用规范》JTG D60—2015 的规定，特大及复杂结构桥梁是指多孔跨径总长大于 1000m，单孔跨径大于 150m，且计算与施工复杂的桥梁。

已发生严重事故的工程等级确定应按照国务院及地方部门规定，这里的国务院及地方部门规定可参考《生产安全事故报告和调查处理条例》等具体执行。

监测方案复杂或其他需要论证的建筑与桥梁结构包括优秀近现代复杂建筑结构、采用新技术、新工艺、新材料、新设备等的建筑与桥梁结构。"新材料、新技术、新工艺、新设备"是指尚未被规范和有关文件认可的新型建筑材料、建筑技术和结构形式、施工工艺、施工设备等。

【结构监测应用】

对工程中出现超过规范应用范围的重大技术难题、新成果的合理推广应用以及严重事故的处理，采用专门技术论证的方式可达到安全适用、技术先进、经济合理的良好效果。全国部分省市在主管部门领导下，采用专家技术论证的方式在解决重大工程技术难题和减少工程事故方面已取得良好的效果，值得借鉴。

监测单位应严格按照审定通过后的监测方案对建筑与桥梁结构进行监测，不得任意减少监测项目、测点，降低监测频次。在实施过程中，由于客观原因需要对监测方案进行调整时，应按照工程变更程序和要求，向委托单位提出书面申请，新的监测方案经审定通过后方可实施。

【推荐目录】

《建筑工程抗震设防分类标准》GB 50223—2008 第 1 章；

《建筑抗震设计规范》GB 50011—2010 第 3 章；

《公路桥涵设计通用规范》JTG D60—2015 第 1 章；

《生产安全事故报告和调查处理条例》2007 年，国务院第 493 号令。

第 3.1.8 条

【规范规定】

3.1.8 建筑与桥梁结构监测应设定监测预警值，监测预警值应满足工程设计及被监测对象的控制要求。

【规范条文分析】

所谓预警，是指在灾害或灾难以及其他需要提防的危险发生之前，根据以往总结的规律或观测得到的可能性前兆，向相关部门发出紧急信号，报告危险情况，以避免危害在不知情或准备不足的情况下发生，从而最大限度地减低危害所造成损失的行为。

建筑与桥梁结构的监测预警是整个监测工作的核心，通过监测预警能够使相关单位对异常情况及时作出反应，采取相应措施，预防工程事故发生，确保结构自身和周边环境安全。监测预警需有一定的标准值，并要按照不同的等级进行预警，在编制监测方案时，应针对建筑与桥梁结构的重要程度，制定相应的监测预警等级及其预警值。

警情报送是工程监测的重要工作之一，也是监测单位和人员的重要职责，通过警情报送能够使相关各方及时了解和掌握结构的工作状态，以便采取相应措施，避免工程事故的发生。

当监测数据达到预警值时应进行警情报送，这就要求外业监测工作完成后，应及时对监测数据进行内业整理、计算和分析，发现监测项目的累计变化量或变化速率无论达到任何一级预警值都要进行警情报送。

目前，由于各地的建设管理水平、施工队伍的素质和施工经验，以及工程地质条件和施工环境不同，对工程监测预警的分级不尽相同，分级标准也不完全一致。通常由建设单位组织设计单位、施工单位、监理单位及相关专家，根据工程结构特点、监测项目控制值、当地施工经验等，综合考虑前述的结构安全等级，来研究制定监测预警等级和预警值。

监测预警值可结合工程结构的设计计算结果、周边环境中被保护对象的控制要求等来确定。如设置水平伸臂桁架的高层结构，伸臂桁架作为主体结构的一部分，主体结构设计要求也应予以考虑，因此监测预警值按照监测预警等级由结构工程设计计算结果初步确定。

【结构监测应用】

结构分析为监测方案提供理论依据，然后根据分析结果按预警等级初步确定预警值。对需要进行监测的构件或节点，应提供与监测频次、监测内容相一致的计算分析结果，并宜提出相应的限值要求和不同危急程度的预警值。当预警值无明确规定时，可按下列规定确定：

（1）应力预警值：按构件的承载能力设定，按结构安全等级将预警等级设为三级时，可分别取设计承载力的 50%、70%、90%；

（2）变形预警值：按设计要求或规范限值要求设定，按结构安全等级将预警等级设为三级时，可分别取规定限值的 50%、70%、90%；

（3）预警值按施工过程结构分析结果设定时，可取理论分析结果的 130%。

如监测结果与分析结果较为接近，一般无须预警；如监测应力或变形较分析结果大很多，应及时分析处理，具体超出多少因工程而异，以上规定超过 50% 为一般规定，供工程实际参考。

实际工程结构所处的工作状态，由其受力和（或）变形确定。一般的工程结构其受力或变形有逐渐变化的特征，因此，有条件时监测预警不但要控制监测项目的累计变化量，还要注意控制其变化速率。累计变化量反映的是监测对象即时状态与危险状态的关系，而变化速率反映的是监测对象发展变化的快慢。

【推荐目录】

《建筑工程容许振动标准》GB 50868—2013 第 7 章；

《建筑工程施工过程结构分析与监测技术规范》JGJ/T 302—2013 第 4 章；

《建筑基坑工程监测技术规范》GB 50497—2009 第 8 章。

第 3.1.9 条

【规范规定】

3.1.9 监测期间，应对监测设施采取保护和维护措施。

【规范条文分析】

监测设施的保护分两种情况，一种是保护监测设施采集和传输数据不受外部环境的影响，应根据现场情况采取相应的防风、防雨雪、防水、防雷、防尘、防晒等措施，例如应力传感器应避免阳光的直接照射、根据现场情况在信号线外增加电气屏蔽、将设备外壳接地、采用防雷插座等，以提高监测设备的抗干扰能力；另一种是采取保护措施，防止仪器设备遭受人为破坏，例如测点被掩埋或移动、测孔或观测井被异物堵塞、信号线被割断等。这些情况往往会造成监测数据不准确或者监测点失效，从而有可能造成监测盲区，有些关键部位监测数据缺失甚至可能威胁到工程的安全，影响监测工作的顺利进行，因此应高度重视监测设备和测点的保护和恢复工作。维护措施主要是指结合监测设备自身特点、使用频次及使用环境，定期对监测设备及其保护措施进行检查，对监测系统进行维护，以确保监测系统的正常运行。

监测设备的保护与结构参建或管理单位等严格管理密切相关，监测期间其他各方应协助监测单位保护监测设施。

【结构监测应用】

监测设备应符合本规范第 3.2.7 条、第 3.2.8 条、第 3.2.9 条规定，应有通过相关认证的标志和处于有效期内的合格证书。并应有计量主管部门定期检定或校准。

监测设施安装前，应编制施工进度计划和操作细则（包括仪器检验、电缆连接和走向、安装方法、现场观测及资料整理等方面的规定），并须对设备进行检验。

应根据监测方案完成预留槽孔、导管、集线箱壁龛及各种预埋件的施工和加工，并对安装点进行测量放样，对各种监测设备进行检测，进行电缆连接和编号。

监测设施宜做好如下安装记录：仪器设备代号和出厂编号、仪器的坐标位置、电缆走向和高程、仪器安装时间及安装前后的检查和监测数据、结构温度、环境温度及周围环境情况等。

电缆的编号牌应防止锈蚀、混淆或丢失。电缆长度不得随意改变，必须改变时，应在改变长度前后读取监测值，并做好记录。集线箱及测控装置应保持干燥。监测设施安装后，必须确定基准值。基准值应根据材料特性、仪器设备的性能及周围的温度等，从初期各次合格的观测值中选定。

安装和调试对相对位置和方向有要求的监测设备时，现场放样应严格控制坐标位置。监测自动化设备的安装支架应埋设牢靠，水平度和垂直度应满足设计要求。系统安装过程中，应对系统设备进行参数标定，并作好详细记录。

监测系统调试时，宜与人工观测数据进行同步比测，并应将监测自动化的基准调整到与人工测量相一致，应进行整机和取样检验考核。

长期监测系统每年应至少进行一次系统检查，做好正式记录，存档备查。应设法改善测点和监测站的工作环境，不宜让水滴直接溅落到监测设备上。

【推荐目录】

《建筑基坑工程监测技术规范》GB 50497—2009 第 3 章；

《大坝安全监测自动化技术规范》DL/T 5211—2005 第 10 章。

第 3.1.10 条

【规范规定】

3.1.10 建筑与桥梁结构监测应明确其目的和功能，未经监测实施单位许可不得改变测点或损坏传感器、电缆、采集仪等监测设备。

【规范条文分析】

本条宜在强调保护测点及设备的重要性。若发现测点或设备（包括信号线）被损坏，需及时恢复或采取补救措施，以保证监测数据的连续性。另外，为便于监测和管理，应对测点及设备按一定的编号原则进行编号，标明测点或设备类型、保护要求等，有条件时应在现场清晰喷涂标识或挂标示牌。

【结构监测应用】

布设电缆时应避免电缆承受过大拉力和接触毛石或振捣器，电缆在导管的出口和入口处应用橡皮或麻布包扎，以防受损；混凝土浇筑后电缆未引入永久测站前，应用胶管或木箱加以保护，并设临时测站和防雨棚，严禁将电缆观测端浸入水中，以免芯线锈蚀或降低绝缘度。

电缆应加以保护，特别是室外电缆应布设在电缆沟或电缆保护管内。电缆沟宜封闭，并应做好排水措施。易受周围环境影响的传感器应加以保护；安装在建筑与桥梁结构外部的设备，应考虑日照、温度、风沙等恶劣天气对监测设备的影响，必要时应采取特殊防护措施。野外及离结构主体较远的设备应采取防雷措施，并予以封闭，以利防盗。

监测系统应有可靠的防雷电感应措施，系统的接地应可靠，接地电阻应满足电气设备接地要求；监测系统设备的防震、防潮、防尘等防护包装按《机电产品包装通用技术条件》GD/T 13384—2008 中的有关规定进行。

同时，监测系统电源供电也宜专用，不应直接用现场照明电源。监测系统电源应有稳压及过电压保护措施，以避免受当地电源波动过大的影响。

除人为因素（损坏测点及设备等）的影响外，现场监测工作也会受自然环境条件变化（气候、天气等）的影响，监测成果可能因为监测设备等问题出现偏差。因此，完成现场监测后，应对各类资料进行整理、分析和校对。当发现监测数据波动较大时，应分析是监测对象实际变化还是测点或监测设备出现问题所致。难以确定原因时，应进行复测，防止错误的监测数据影响监测成果。

【推荐目录】

《大坝安全监测自动化技术规范》DL/T 5211—2005 第 10 章；

《机电产品包装通用技术条件》GB/T 13384—2008 第 5 章。

3.2 监测系统、测点及设备规定

第 3.2.1 条

【规范规定】

3.2.1 应根据监测项目及现场情况对结构的整体或局部建立监测系统，并宜设置专用监控室。

【规范条文分析】

顾名思义，所谓整体结构监测系统，是指将整体结构作为监测对象，监测其工作状态，例如对连续梁桥悬臂浇筑施工全过程进行监测时，需要针对整体桥梁结构建立监测系统，监测基础沉降、控制截面的应力和位形等内容；所谓局部结构监测系统，是指将工程项目的局部结构作为监测对象，监测局部结构的工作状态，例如对空间结构或桥梁分节段顶推施工进行监测时，只需要针对该节段结构的受力或位形建立监测系统，监测千斤顶的顶推力、控制构件的受力和变形等内容。施工期间，工程现场情况复杂，可根据施工方案或结构的重要程度建立整体或局部结构监测系统；使用期间可根据监测目的、项目及监测期等建立整体或局部结构监测系统。

根据施工进度或工序转换，施工期间监测系统可分为施工全过程监测系统和重点工序监测系统。例如对斜拉桥悬臂吊装施工进行监测时，需要对其从首节段吊装直至合龙的施工全过程进行监测；对大跨空间钢结构在临时支撑上拼装完成后的整体卸载过程进行监测时，只需要对逐级卸载过程中每个支点的卸载量、结构的受力和变形等内容进行监测。

为了避免监测工作受到外界施工、灰尘、天气等因素的影响，宜将监测系统的控制设备等置于专用监控室内，这主要针对在线实时监测系统，其主要功能是接收各种传感器的信号，并进行处理和存储，通过显示器等显示，达到人机交互作用。为了保持监测设备能够正常工作，监控室环境温度宜保持在 20℃～30℃，湿度宜不大于 85%。

【结构监测应用】

除了整体或局部结构监测系统之外，还可以根据工程项目的需要建立专项监测系统，例如：

抗风方面，包括风场特性观测、结构在自然风场中的行为以及抗风稳定性。

抗震方面，包括研究各种场地地面运动的空间与时间变化、土—结构相互作用、行波效应、多点激励对结构响应的影响等。例如通过对墩顶与墩底应变、变形及加速度的监测建立恢复力模型，这对桥梁的抗震分析具有重要的意义。

耐久性问题，结构耐久性问题尚有许多问题需要深入研究，缆（拉）索与吊杆的腐蚀、锈蚀等问题尤须重视。

大直径桩基础，大直径桩的采用也带来一些设计问题，直接套用原先用于中等直径桩的计算方法不很合理。借助大型监测系统调查大直径桩的变形规律、研究桩的承载力问题，也是设计部门的需要。

因此，某些监测系统以开发结构整体性与安全性评估技术为目的，有些监测系统也有监测项目是专为研究或技术服务的，特别是施工监测方面。不同的监测目的所要求的监测项目不尽相同，要根据结构物所处的环境、地理位置和地质条件、使用功能及重要性、结构形式、受力特点、施工方案等来确定监测目的、监测内容、监测的频率和持续时间等来建立结构整体或局部监测系统，做到目的明确，有的放矢，避免盲目跟从或追求形式。

【推荐目录】

《结构健康监测系统设计标准》CECS 333—2012 第 1 章。

第 3.2.2 条

【规范规定】

3.2.2 监测系统宜具有完整的传感、调理、采集、传输、存储、数据处理及控制、预警及状态评估功能。

【规范条文分析】

所谓传感，是指将感受到的被测量信息，按一定规律变换成为电信号或其他所需形式的信息输出，以满足信息的传输、处理、存储、显示、记录和控制等要求。所谓调理，简单地说就是将被测信号通过放大、滤波等操作转换成采集设备能够识别的标准信号。所谓采集，是指从传感器和其他被测设备等模拟和数字被测单元中自动采集非电量或者电量信号，送到计算机中进行分析处理。所谓传输，是指将数据从一个地方传送到另一个地方的通信过程。所谓存储，是指数据流在加工过程中产生的临时文件或需要查找的信息以某种格式记录在计算机内部或外部存储介质上。所谓数据处理，是指对数据采集、存储、检索、加工、变换和传输，基本目的是从大量的、可能是杂乱无章的、难以理解的数据中抽取并推导出有价值、有意义的数据。预警的含义见第 3.1.8 条。所谓状态评估，是指依据既有数据对结构的工作状态进行评判。

传感、调理、采集、传输、存储、数据处理及控制、预警及状态评估功能构成监测系统的完整链条，缺一不可。前述表 1-3-1 中规定了监测系统的基本构成，表中各个子系统分别对应第 3.2.2 条中的相应功能。其中数据分析子系统应包括分析评价和数据管理两部分，是整个系统的核心内容之一。施工和使用期间系统硬件基本一致，监测参数可能不尽相同，但是数据分析子系统中的软件在变形、应力、稳定性及安全监测等方面要求不同。

【结构监测应用】

施工期间，监测系统的分析和评价功能应着眼于结构在施工期内各阶段或关键阶段的整体几何状态、主要构件的截面应力状态及整体结构稳定性能，确保施工期的结构安全性和工程质量。

使用期间，监测系统的分析和评价功能应着眼于结构在使用期间可预见的环境影响、运营荷载作用下的结构效应，确保使用期间结构的安全，并为结构的维修养护提供所需数据，例如荷载的变化状况、主要构件的应力和变形状态等。

【推荐目录】

《土木工程监测与监测诊断－原理、方法与工程实例》段向胜，周锡元著，中国建筑工业出版社，2010 年，第 8 章；

《结构健康监测指南》加拿大，2001 年，第 2 章。

第 3.2.3 条

【规范规定】

3.2.3 监测系统应按规定的方法或流程进行参数设置和调试，并应符合下列规定：

1 监测前，宜对传感器进行初始状态设置或零平衡处理；

2 应对干扰信号进行来源检查，并应采取有效措施进行处理；

3 使用期间的监测系统宜继承施工期间监测的数据，并宜进行对比分析与鉴别。

【规范条文分析】

传感器的调平衡处理是使传感器的输出为零。若有零漂现象，应进一步进行处理。可以采用分段线性零漂假设进行信号的零漂处理，其基本思想是：假设信号的零漂在较短时间内是线性变化的，并将较长的测试时间历程分成若干段，认为各段内的零漂是线性的，则整个历程的零漂连起来是一条折线，用实测信号逐点减去这条折线便可得到所需要的信号。需要指出，在实际进行零漂处理时，选择零漂分析段数比较关键，每段的时间太短，会对比较典型的信号造成较大的失真，宜根据实际情况确定。

如数据信号仍有漂移等现象，可对干扰信号进行来源检查，干扰源检查一般方法为：

（1）首先排除仪器内部等因素造成的干扰，如传感器本身的漂移、多台仪器之间的干扰等。

（2）在未加载时接上监测导线检查仪器是否有输出信号，如果有输出信号，就表明干扰信号通过传感器及监测导线进入。

（3）用标准无感电阻代替传感器，如果干扰信号消除，表明干扰就是通过应变计进入的，可能是应变计受潮，绝缘电阻下降等原因而引起的地电压、地电流的干扰。如果干扰仍然存在，那就可能是外界对监测导线造成的电磁干扰和静电干扰，移动监测导线的位置或改变走向，寻找干扰来源。

（4）加载后卸载发现记录结果中有零点漂移，那就表明有直流干扰。这种干扰现象往往发生在发动机或电动机开动或关闭时，可以在这些物体上安放不受载的传感器，并用监测导线接到传感器和记录仪，检查发动机和电动机开动和关闭时的干扰情况。

对进行使用期间监测的结构，宜在施工阶段即进行相应参数的监测，并与使用阶段的监测相互衔接，以便使监测信息具有连续性、完整性和可靠性，并取得结构内力和变形等参数的绝对值。使用阶段量测到的应变、变形等指标均为相对量，从施工阶段即开始监测有助于更加全面地掌握结构的性能参数。如条件允许时，使用期间的监测系统应继承施工期间监测的数据，并进行对比分析与鉴别，这是了解结构各阶段的工作状况，判断结构目前所处状态，避免事故发生的有效手段。

【结构监测应用】

传感器的安装应与监测目的相一致，监测系统调试过程中，若记录曲线出现漂移情况，一般从以下几点查找原因：检查电源是否正常、检查测试接头是否包好、检查传感器是否与被测点固定好、检查输入插座是否可靠。

检查干扰信号时，可进行现场测试信号的时频域分析，通过时频域分析了解干扰信号特征参数，如频谱特征，根据其特征参数对可能存在的干扰信号源进行检查，信号分析时可根据具体情况对受干扰信号选择滤波器处理。

《建筑地基基础设计规范》GB 50007—2011 已明确规定，有条件的建筑物应进行整个施工期间和使用期间的沉降观测，明确监测频率，并要求以实测资料作为建筑物地基基础工程质量检查的依据之一，对于确保结构及周边环境安全和正常使用是极其重要的。

【推荐目录】

《建筑地基基础设计规范》GB 50007—2011 第 10 章。

第 3.2.4 条

【规范规定】

3.2.4 监测系统的采样频率应能满足监测要求。

【规范条文分析】

采样频率，也称为采样速度或者采样率，定义为每秒从连续信号中提取并组成离散信号的采样个数，用赫兹（Hz）来表示。采样频率的倒数就是采样周期或者叫作采样时间，是采样之间的时间间隔。

应根据监测参数和传感器类型选择适当的采样频率，且应满足采样定理的基本要求。对于静态信号，一般采样频率可以设置低于 1Hz；对于动态信号，采样频率应满足奈奎斯特定理，一般为动态信号包含频率上限的 3～10 倍。此外，为进行数据间的相关性分析，同类型监测传感器的采样频率宜相同，或采用一定的倍频进行采集。

【结构监测应用】

数据采集应满足采样频率基本要求。振动监测中，只作频域分析时，采样频率宜为被监测结构关注最高频率的 4 倍；既作频域分析又作时域分析时，采样频率宜为被监测结构关注最高频率的 8～10 倍；仅作时域分析时，采样频率宜为被监测结构关注最高频率的 2.56 倍；作失真度测试时，采样频率宜不小于被监测物体感兴趣最高频率的 28 倍。动态测试中，对于强迫振动，采样时间一段应不少于 4～5 个完整波形；环境激励采样时间一段不应少于 30min，可设为 60min。

【推荐目录】

《结构健康监测系统设计标准》CECS 333—2012 第 3 章、第 4 章、第 7 章；

《工程振动测量仪器和测试技术》杨学山著，中国计量出版社，2001 年，第 15 章。

第 3.2.5 条

【规范规定】

3.2.5 监测期间，监测结果应与结构分析结果进行适时对比，当监测数据异常时，应及时对监测对象与监测系统进行核查，当监测值超过预警值时应立即报警。

【规范条文分析】

监测结果不仅包括仪器设备监测数据，也包括巡视检查测试数据。巡视检查信息、监测数据、结构分析结果三者间均应对比分析。当监测数据出现异常时，应分析原因，必要时应进行现场核对或复测。现场巡查时发现异常更应足够重视，应结合异常区域的监测数据和施工方案或使用情况综合分析判断。监测的核心工作就是对结构自身异常情况发出预警，可根据事故发生的紧急程度、发展势态和可能造成的危害程度由低到高进行分级管理。内容包括监测预警等级、分级对应预警值及不同预警等级的警情报送对象、时间、方式、流程及分别采取的应对措施等。

【结构监测应用】

进行结构监测时，宜同步进行施工或使用期间多工况的结构分析，结构分析时应考虑对监测结果有影响的主要荷载作用及因素。分析结果宜与监测结果及时对比分析，当发现结构分析模型不合理时，应及时修正分析模型，并重新计算。

施工期间数值模拟时，国内目前设计的一种做法是：计算模型结构一次整体成型后，再施加竖向、水平荷载进行分析。对于复杂建（构）筑物和桥梁（超高层建筑、带转换层结构、非满堂支撑缓慢均匀整体卸载施工的大跨结构、大跨度桥梁结构等），该种简化分析方法与考虑施工过程进行的结构分析结果可能出现较大差异。当出现差异时，可尝试下列解决途径：

（1）施工单位尝试调整施工方案，研究是否可能通过改进施工方案减小该差异性；

（2）如仅是施工期间，结构或构件安全性不足，结构整体成型受力状态无明显变化，则可研究采用临时补强加固，完成后再拆除的方案；

（3）既定条件下，施工方案较为合理时，应进一步和设计单位沟通，将施工过程结构分析结果作为初始受力状态，与后续荷载作用组合后进行结构设计，必要时进行补强处理。

使用期间建立计算模型模拟结构分析时，应按照不同的分析目的选择建模方案。对于非线性结构，例如悬索桥、整体张拉结构等，需要在计算时考虑非线性的影响。

进行结构抗震分析时，宜采用反应谱法或时程分析法。一般情况下，应首先建立结构的空间动力计算模型，计算模型应能正确反映上部结构、下部结构、支座和地基的刚度、质量分布及阻尼特性。进行钢结构疲劳寿命分析时，宜采用雨流法或泄水池法对应力时程曲线进行计数。疲劳关注点的动应力宜采用实测的应力数据。监测混凝土构件的腐蚀时，应建立基于混凝土碳化的腐蚀模型和基于氯离子侵蚀的腐蚀模型。腐蚀模型应模拟碳化发展（氯离子浓度发展）、钢筋开始锈蚀、钢筋锈蚀发展、结构锈胀开裂、混凝土保护层剥落的全过程。

【推荐目录】

《建筑工程施工过程结构分析与监测技术规范》JGJ/T 302—2013 第 4 章；

《重要桥梁健康监测指南的范例研究》美国，2002 年，第 3 章。

第 3.2.6 条

【规范规定】

3.2.6 测点布置应符合下列规定：

1 应反映监测对象的实际状态及其变化趋势，且宜布置在监测参数值的最大位置；

2 测点的位置、数量宜根据结构类型、设计要求、施工过程、监测项目及结构分析结果确定；

 3 测点的数量和布置范围应有冗余量，重要部位应增加测点；

 4 可利用结构的对称性，减少测点布置数量；

 5 宜便于监测设备的安装、测读、维护和替代；

 6 不应妨碍监测对象的施工和正常使用；

 7 在符合上述要求的基础上，宜缩短信号的传输距离。

【规范条文分析】

  本条文是测点布设的基本规定，监测点的布设是开展监测工作的基础，是反映工程结构自身和周边环境性态的关键。监测点布设时需要认真分析工程结构和周边环境特点，确保受力或位移变化较大的部位有监测点控制，以真实地反映工程结构和周围建（构）筑物性态的变化情况。同时，还要兼顾监测工作量及费用，达到既控制了安全风险，又节约了费用成本。

  实际使用过程中部分硬件可能不能正常工作甚至完全损坏，因此对关键参数或特别重要部位的监测，可配备多个同类型的设备或多种不同类型的设备，避免出现重要的监测数据质量不高或丢失的现象。

【结构监测应用】

  传感器布置的基本规定从宏观上说明了传感器布置的原则，在实际监测系统中，总期望用最少的传感器获得能够反映结构状态尽可能多的信息，因此，确定传感器的最佳数目，并将其布置在最优位置，对于整个监测系统的有效运行具有重要意义。一般而言，一个好的测点布置方案应满足以下要求：

  （1）传感器子系统的设备、维护和数据通信等费用最省；

  （2）记录的时程信息对结构的损伤参数最为敏感；

  （3）测得的结构信息能够为损伤识别算法所利用；

  （4）噪声条件下仍能较为准确地捕捉结构状态信息；

  （5）能够通过合理添加传感器实现局部结构的重点监测。

  测点位置优化的目的就是在系统约束条件下寻找满足某种性能的最优测点位置。测点的优化选择过程大致分为以下三部分：

  （1）建立优化目标，以监测为目的的传感器测点布置，应以结构损伤的准确识别为目标；

  （2）确定优化准则，即建立对传感器测点性能度量的评价标准；

  （3）选择优化算法，即在结构全部可选择集中寻找最优的传感器测点。

  振动测点优化准则及算法具体可参见《结构健康监测系统设计标准》CECS 333—2012第3章、第4章。

【推荐目录】

  《结构健康监测系统设计标准》CECS 333—2012 第3～4章；

  《城市轨道交通工程监测技术规范》GB 50911—2013 第3章。

第 3.2.7 条

【规范规定】

3.2.7 监测设备应符合下列基本规定：

1 监测设备的选择应满足监测期、监测项目与方法及系统功能的要求，并具有稳定性、耐久性、兼容性和可扩展性；

2 测得信号的信噪比应符合实际工程分析需求；

3 在投入使用前应进行校准；

4 应根据监测方法和监测功能的要求选择安装方式，安装方式应牢固，安装工艺及耐久性应符合监测期内的使用要求；

5 安装完成后应及时现场标识并绘制监测设备布置图，存档备查。

【规范条文分析】

目前市场上监测设备的种类较多，质量及费用差别较大，在选型上应重点考虑工程的监测情况和特殊要求，如监测时间的长短、气象和水文地质条件，以及与量测介质的适应性等。

监测设备的稳定性是指仪器设备保持其计量特性随时间恒定的能力。

耐久性是指仪器设备无故障（或不需维护）的工作期。

兼容性是指硬件之间、软件之间或是软硬件组合系统之间相互协调工作的程度。监测系统内部各种仪器设备如果在工作时能够相互配合、稳定地工作，就说它们之间的兼容性比较好，反之就是兼容性不好。软件的兼容性指的是指监测软件能稳定地工作在若干个操作系统之中，不会出现意外的退出等问题。

可扩展性包含两个含义，一是硬件设备的可扩展性，即监测设备支持根据工程需要增加的监测内容或测点，也就是可以增加通道数量；二是软件的可扩展性，以添加新功能或修改完善现有功能来考虑软件的未来发展。

信噪比是表示传感器测量微弱信号能力的一种评价指标，指的是传感器接收的被测信号量与噪声量的比值。信噪比的计量单位是 dB，其计算方法是 $10\lg(P_s/P_n)$，其中 P_s 和 P_n 分别代表信号和噪声的有效功率，也可以换算成电压幅值的比率关系 $20\lg(V_s/V_n)$，V_s 和 V_n 分别代表信号和噪声电压的有效值。例如放大器除了放大信号外，不应该添加任何其他额外的东西，因此信噪比应该越高越好。

监测设备的校准是将量测仪器设备加以测试与调整以了解其准确度，仪器设备的校准必须由国家法定计量检定机构或授权机构实施并出具国家认可的检测证书和校准报告。

监测点的埋设位置应便于观测，不应影响和妨碍监测对象的正常受力和使用。监测点应埋设稳固，标识清晰，并应采取有效的保护措施，同时要保证现场作业过程中的人身安全。在满足监测要求的前提下，应尽量避免在材料运输、堆放和作业密集区埋设监测点，以减少对现场观测造成不利影响，同时也可避免监测点遭到破坏，保证监测数据的质量。

【结构监测应用】

监测仪器设备宜实用、经济，鼓励选用先进可靠、高精度的监测设备。采集频次较密、同步性要求较高的监测项目宜选用自动采集系统。人工读数的仪表应进行估读，读数的末位数字应比所用量测仪表的最小分度值小一位，仪表的监测值宜控制在量测仪表满量程的 30%～80%范围之内。所有监测设备的测量精度应满足监测要求。

设备应根据现场情况采取相应防风、防雨雪、防水、防雷、防尘、防晒等保护措施，监测过程中应避免预埋传感器元件及导线损伤。可根据现场情况在信号线外增加电气屏蔽：把电荷拦截到屏蔽网上，然后进行处理。处理的方式有两种：一种是将所有信号线的屏蔽接到一起，通过一个公共点接地，将电荷通至大地；另一种是屏蔽线不接大地或仪器机壳，使其与机壳或大地之间无直流联系，称其为浮空。系统浮空，可以加大屏蔽地与大地或外壳地之间的阻抗，阻断干扰电流的通路。

监测过程中应采取措施将导线中产生的感应电压互相抵消。如针对导线中经常出现的干扰频段，将相应的导线采用特定的绞数绞合起来，使其在一个环路中产生的感应电压或感应电流与另一环路互相抵消，以达到减小电磁噪声的目的。同时，尽量缩短电缆的长度，并注意不把多余的电缆整齐地卷起来放置，以减小电磁噪声。在实际应用中，电缆和电缆接头的选择、制作比较重要。条件允许时可采用无线传输装置。

采集设备与传感器之间应有明确的拓扑关系，根据工程特点与现场具体条件，可以选择数据集中采集与分散采集两种模式。采集设备的性能应与对应传感器性能匹配，并满足被测物理量的要求。为保证所采集数据的质量，必要时宜对信号进行放大、滤波、去噪、隔离等预处理，对信号强度量级有较大差异的不同信号，应严格进行采集前的信号隔离，避免强信号对弱信号的干扰。采集信号的信噪比应满足实际工程需求。信噪比小于 3 时，应实时校核监测结果，并在监测报告中注明采用的修正和估计误差。

传感器信噪比就整个监测系统而言，应从全局出发来考虑信号处理系统的信噪比提高问题，从整个信号测量与识别系统全面考虑，综合应用技术措施降低噪声，提高信噪比。可以从如下几个方面去考虑：

（1）传感器的选择。从抗干扰和提高信噪比角度，要求选择适于设计监测系统的传感器类型、响应频带及其他适宜参数的传感器，以期消除或抑制输入噪声，并减少或消除自身产生的噪声或失真。

（2）增强传感器监测系统中的信号传输能力。系统中的放大（包括前置放大与主放大器）、滤波/检波与预处理电路，计算机接口电路，输出电路等自身应该是低噪声的，如低热噪声、低电磁噪声和少/无伴随噪声的器件、元件与电路，且要求有抗干扰能力的措施，包括必要的屏蔽及通风/冷却措施。

（3）根据对信号和噪声的研究分析结果，利用高通、低通或带滤波、数字滤波技术，滤除或抑制特征频段外的各种噪声和信号，使特征频段内的信噪比提高。

（4）利用相关技术、功率谱分析与倒谱分析等随机信号处理技术进一步剔除噪声，提高信噪比。

（5）与信号的特征频段同在的噪声，难于应用滤波技术消除，可采用以下方法处理：

① 重新进行研究分析，寻找新的高信噪比特征频段代替原有频段；

② 与特征提取相结合寻找高信噪比的特征参数，并按它们确定特征频段和降低噪声的其他措施；

③ 与信号识别技术相结合，统一考虑提高信噪比的硬软件措施；

④ 利用其他一些先进的识别技术和降噪技术，如微弱信号识别技术、人工智能识

别等。

【推荐目录】

《工程振动测量仪器和测试技术》杨学山著，中国计量出版社，2001年，第15章；

《建筑工程施工过程结构分析与监测技术规范》JGJ/T 302—2013 第3章；

《结构健康监测系统设计标准》CECS 333—2012 第5章。

第3.2.8条

【规范规定】

3.2.8 监测传感器除应符合本规范第3.2.7条基本要求以外，尚应符合下列规定：

1 传感器的选型应根据监测对象、监测项目和监测方法的要求，遵循"技术先进、性能稳定、兼顾性价比"的原则；

2 宜采用具有补偿功能的传感器；

3 传感器应满足监测系统对灵敏度、通频带、动态范围、量程、线性度、稳定性、供电方式及寿命等要求。

【规范条文分析】

无论何种传感器，尽管它们的原理、结构不同，使用环境、条件、目的不同，其技术指标也不尽相同，但是基本要求却是相同的，这就是：灵敏度高，输入和输出之间应具有较好的线性关系；噪声小，并且具有抗外部噪声的性能；滞后、漂移误差小；动态特性良好；在接入测量系统时，对被测量不产生影响；功耗小，复现性好，有互换性；防水及抗腐蚀等性能好，能长期使用；结构简单，容易维修和校正；低成本、通用性强。

监测对象包括高层、高耸、大跨、桥梁等不同结构；监测项目有应变监测、变形监测等不同内容；监测方法有安装位置、采样频率、保护措施等不同方式。其对传感器的要求均有差异，因此监测传感器的选型需考虑监测对象、监测项目和监测方法等因素。

传感器选型应注意以下几个方面：

（1）宜建立比较精确的力学模型，并进行适当的分析。

对结构的内力分布和动力特性作全面的分析，并结合监测数据寻找结构静动力反应较大的部位，确定需要监测的结构反应类型和监测参数。

（2）选择合适的传感器类型。

根据前述条文的结果、工程经验判断以及当前传感器产品的制作水平、性能参数和价格确定传感器的类型。

（3）选择恰当的监测位置、数量及安装方式。

根据现场调研和力学分析结果确定必要和合理的监测位置、数量和安装方式。

（4）选择可靠的数据采集和通信方式。

结合传感器类型，选择操作方便、耐候性好且精度合适的数据采集及信号通信系统，保证监测结果的可信度。

【结构监测应用】

传感器主要性能参数定义如下：

（1）量程：传感器能测量的物理量的极值范围。

（2）最大采样频率：传感器每秒从实际连续信号中提取并组成离散信号的采样最大个数。

（3）线性度：传感器的输出与输入呈线性关系的程度。

（4）灵敏度：传感器在稳态下输出量变化对输入量变化的比值。

（5）分辨率：传感器能够感知或检测到的最小输入信号增量。

（6）迟滞：在相同测量条件下，对应于同一大小的输入信号，传感器正反行程的输出信号大小不相等的现象。

（7）重复性：传感器在输入量按同一方向做全量程多次测试时所得的输入-输出特性曲线的一致程度。

（8）漂移：传感器在输入量不变的情况下，输出量随时间变化的现象。

（9）供电方式：传感器采用直流电供电还是交流电供电。

（10）寿命：传感器的有效期。

（11）精确度：传感器的输出与被测量的对应程度。

（12）稳定性：传感器长期使用后，其输出特性不发生变化的性能。

（13）通频带：系统输出信号从最大值衰减 3dB 的信号频率为截止频率，上下截止频率之间的频带称为通频带。

（14）动态范围：指灵敏度随幅值的变化量不超出给定误差限的输入机械量的幅值范围。在此范围内，输出电压和机械输入量成正比，所以也称为线性范围。

对于实时监测要求比较高的传感器，还需要考虑以下动态特性：传感器的传递函数、传感器的频率响应函数、传感器的静态标定与校准、传感器的动态标定与校准。

在传感器选用原则中，对以上性能参数中相对重要的参数及其关系阐述如下：

（1）传感器的灵敏度。传感器的灵敏度越高，可以感知越小的变化量，即被测量稍有微小变化时，传感器即有较大的输出。但灵敏度越高，与测量信号无关的外界噪声也容易混入，并且噪声也会被放大。因此，对传感器往往要求有较大的信噪比。

传感器的量程范围是和灵敏度紧密相关的一个参数。当输入量增大时，除非有专门的非线性校正措施，传感器不应在非线性区域工作，更不能在饱和区域内工作。有些需在较强的噪声干扰下进行的测试工作，被测信号叠加干扰信号后也不应进入非线性区。因此，过高的灵敏度会影响其适用的测量范围。

如被测量是一个向量时，则传感器在被测量方向的灵敏度愈高愈好，而横向灵敏度愈小愈好；如果被测量是二维或三维向量，那么对传感器还应要求交叉灵敏度愈小愈好。

（2）传感器的线性范围。任何传感器都有一定的线性范围，在线性范围内输出与输入成比例关系。线性范围愈宽，则表明传感器的工作量程愈大。

为了保证测量的精确度，传感器必须在线性区域内工作。例如，机械式传感器的弹性元件，其材料的弹性极限是决定测量量程的基本因素。当超过弹性极限时，将产生非线性误差。

任何传感器都不容易保证其具有绝对线性，在某些情况下，在许可限度内，也可以在其近似线性区域应用。例如，变极距型电容、电感传感器，均采用在初始间隙附近的近似线性区内工作。选用时必须考虑被测物理量的变化范围，令其非线性误差在允许范围以内。

（3）传感器的响应特性。传感器的响应特性必须在所测频率范围内尽量保持不失真。实际传感器的响应总有一迟延，但迟延时间越短越好。

一般光电效应、压电效应等物性型传感器，响应时间小，可工作频率范围宽。而结构型传感器，如电感、电容、磁电式传感器等，由于受到结构特性的影响，往往受机械系统惯性的限制，其固有频率低。

在动态测量中，传感器的响应特性对测试结果有直接影响，在选用时，应充分考虑到被测物理量的变化特点（如稳态、瞬变、随机等）。

（4）传感器的稳定性。影响传感器稳定性的因素是时间与环境。为了保证传感器的稳定性，在选用传感器之前，应对使用环境进行调查，以选择合适的传感器类型。例如电阻应变式传感器，湿度会影响其绝缘性，温度会影响其零漂，长期使用会产生蠕变现象。又如，对于变极距型电容传感器，环境湿度或油剂浸入间隙时，会改变电容器介质。光电传感器的感光表面有灰尘或水泡时，会改变感光性质。对于磁电式传感器或霍尔效应元件等，当在电场、磁场中工作时，亦会带来测量误差。滑线电阻式传感器表面有灰尘时，将会引入噪声。

在有些监测系统中，所用的传感器往往是在比较恶劣的环境下工作，其灰尘、油剂、温度、振动等干扰是很严重的。这时传感器的选用，必须优先考虑其稳定性。

（5）传感器的精确度，包含两部分：精密度，它表明仪表指示值的分散性，即对某一稳定的被测量，由同一个测量者，用同一个仪表，在相当短的时间内，连续重复测量多次，其测量结果（指示值）的分散程度。精密度是随机误差大小的标志，精密度高，意味着随机误差小。但是必须注意，精密度与准确度是两个概念，精密度高不一定准确。准确度，它表明仪表指示值与真值的偏离程度。准确度是系统误差大小的标志，准确度高，意味着系统误差小。同样，准确度高不一定精密。精确度，它是精密度与准确度的综合反映，精确度高，表示精密度和准确度都比较高。在最简单的情况下，可取两者的代数和。精确度常以测量误差的相对值表示。因为传感器处于测试系统的输入端，因此，传感器能否真实地反映被测量，对整个测试系统具有直接影响。

然而，传感器的精确度也并非愈高愈好，因为还要考虑到经济性。传感器精确度愈高，价格越昂贵，因此应从实际出发来选择。首先应了解测试目的，是定性分析还是定量分析。如果属于相对比较性的试验研究，只需获得相对比较值即可，那么对传感器的精确度要求可低些。然而对于定量分析，为了必须获得精确量值，因而要求传感器应有足够高的精确度。

（6）传感器在实际测试条件下的工作方式，也是选用传感器时应考虑的重要因素。因为测量条件不同对传感器要求也不同。在机械振动中，运动部件的被测参数（例如回转轴的转速、振动、扭矩），往往需要非接触式测量。因为对部件的接触式测量不仅造成对被测系统的影响，且有许多实际困难，如测量头的磨损、接触状态的变动，信号采集等都不易妥善解决，也易于造成测量误差。采用电容式、涡流式等非接触式传感器，会有很大方便。若选用电阻应变计时，则还需配用遥测应变仪。

另外，为实现自动化过程的控制与监测系统，往往要求真实性与可靠性。因此必须在现场实际条件下才能达到监测要求，因而对传感器及测试系统都有一定特殊要求。

【推荐目录】

《结构健康监测系统设计标准》CECS 333—2012 第 3 章。

第 3.2.9 条

【规范规定】

3.2.9　监测设备作业环境应符合下列基本规定：

　　1　信号电缆、监测设备与大功率无线电发射源、高压输电线和微波无线电信号传输通道的距离宜符合现行国家标准《综合布线系统工程设计规范》GB 50311 的相关要求；

　　2　监测接收设备附近不宜有强烈反射信号的大面积水域、大型建筑、金属网及无线电干扰源。

　　3　采用卫星定位系统测量时，视场内障碍物高度角不宜超过 15°。

【规范条文分析】

随着各种类型的电子信息系统在建筑与桥梁内的大量设置，各种干扰源将会影响到综合布线电缆的传输质量与安全。当建筑与桥梁结构在建或已建成但尚未投入使用时，为确定综合布线系统的选型，应测定建筑与桥梁周围环境的干扰场强度。对系统与其他干扰源之间的距离是否符合规定要求进行摸底，根据取得的数据和资料，用《综合布线系统工程设计规范》GB 50311—2007 规定的各项指标要求进行衡量，选择合适的器件和采取相应的措施。综合布线电缆与电力电缆、电气设备及管线与其他管线的最小间距应符合《综合布线系统工程设计规范》GB 50311—2007 表 7.0.1 的规定。

采用卫星定位系统测量时，控制点位应选在土质坚实、稳固可靠的地方，同时要有利于加密和扩展，每个控制点至少应有一个通视方向；点位应选在视野开阔，高度角在 15° 以上的范围内，应无障碍物；点位附近不应有强烈干扰接收卫星信号的干扰源或强烈反射卫星信号的物体。监测中，应避免在接收机近旁使用无线电通信工具。作业同时，应做好测站记录，包括控制点点名、接收机序列号、仪器高、开关机时间等相关的测站信息。

【结构监测应用】

光缆布线具有最佳的防电磁干扰性能，既能防电磁泄漏，也不受外界电磁干扰影响，在电磁干扰较严重的情况下，是比较理想的防电磁干扰布线系统。如果局部地段与电力线等平行敷设，或接近电动机、电力变压器等干扰源，且不能满足最小净距要求时，可采用钢管或金属线槽等局部措施加以屏蔽处理。

卫星实时定位（GPS-RTK）技术，视场内障碍物高度角不宜超过 10°，且周围无 GPS 信号反射物（大面积水域、大型建构物），及无高压线、电视台、无线电发射站、微波站等干扰源。卫星定位测量控制网的点位之间原则上不要求通视，但考虑到在使用其他测量仪器对控制网进行加密或扩展时的需要，故提出控制网布设时，每个点至少应与一个以上的相邻点通视；卫星高度角的限制主要是为了减弱对流层对定位精度的影响，由于随着卫星高度的降低，对流层影响愈显著，测量误差随之增大。因此，卫星高度角一般都规定大于 15°，实时定位要求更高，一般规定大于 10°。定位卫星信号本身是很微弱的，为了保证接收机能够正常工作及观测成果的可靠性，故应注意避开周围的电磁波干扰源。如果接收机同时接收来自卫星的直接信号和很强的反射信号，会造成解算结果不可靠或出现错误，这种影响称为多路径效应。为了减少监测过程中的多路径效应，故提出控制点位要远离强烈反射卫星接收信号的物体；符合要求的旧有控制点就是指满足卫星定位测量的外部环境条件、满足网形和点位要求的旧有控制点。

【推荐目录】

《综合布线系统工程设计规范》GB 50311—2007 第 7 章；

《工程测量规范》GB 50026—2007 第 3 章。

3.3 施 工 期 间 监 测

第 3.3.1 条

【规范规定】

3.3.1 施工期间监测应为保障施工安全，控制结构施工过程，优化施工工艺及实现结构设计要求提供技术支持。

【规范条文分析】

施工安全包含三个方面的含义：一是结构自身的安全，二是周围建（构）筑物的安全，三是人员安全。在施工期间对结构的应力和变形等内容进行监测，及时向建设单位、设计单位、施工单位和监理单位反馈关于结构工作状态的各种信息，当监测数值达到预警值时，及时提出预警，可以防患于未然，保障施工安全；同时，通过分析监测数据，可以对结构经历下一步施工过程后的工作状态进行预测，按照监测单位提出的参数进行施工，即优化施工工艺，最终目的是保证结构在施工完成之后的应力和变形满足设计要求。

【结构监测应用】

施工期间监测的首要目的是确保施工安全、控制工程质量，由此可知监测内容必然是制约施工安全和结构成型准确性的关键因素。在此基础上进一步控制结构施工过程，优化施工工艺，以满足实现结构设计要求。

【推荐目录】

《土木工程监测与健康诊断—原理、方法及工程实例》段向胜，周锡元著，中国建筑工业出版社，2010 年，第 1 章。

第 3.3.2 条

【规范规定】

3.3.2 施工期间监测，宜重点监测下列构件和节点：

1 应力变化显著或应力水平较高的构件；

2 变形显著的构件或节点；

3 承受较大施工荷载的构件或节点；

4 控制几何位形的关键节点；

5 能反映结构内力及变形关键特征的其他重要受力构件或节点。

【规范条文分析】

理论上讲，为了保证施工完成后整体结构所有构件的受力和变形满足设计要求，需要对所有构件和节点进行监测，但是受成本和工期等因素限制，在实际工程中，只是对少数构件和节点进行监测。条文中之所以推荐重点监测这些构件和节点，是因为整体结构的受力和几何形态主要受这些构件和节点控制，一旦这些构件的应力和节点的变形满足设计要求，则整体结构均容易满足设计要求。

【结构监测应用】

监测构件和节点应尽可能反映监测对象的实际受力和变形状态，以保证对监测对象的整体状况做出准确判断。在结构的内力和变形变化显著的部位，监测点应适当加密，以便更加准确地反映监测对象的受力和变形特征。

在实际监测过程中，除了结构自身的重要构件和节点外，根据工程施工的实际需要，还可以监测施工过程中的临时结构或临时支撑中的主要构件和节点，以及周边环境监测点，其中周边环境监测点布设应能反映环境对象特征的关键部分和易受施工影响的部位。

为了满足本条的规定，监测单位应在充分调查现场环境和收集资料的基础上，认真计算和分析工程设计图纸、计算书，结合主要构件和节点的内力包络图及受力变形特征、周边环境等特点，寻找最能反映结构受力和变形的关键构件和节点。

影响监测费用的主要方面是监测内容的多少、监测点的数量以及监测频率的大小。构件和节点的选择首先要满足对监测目的的要求，这就要求必须保证一定数量的监测点。但不是测点越多越好，工程监测一般工作量比较大，又受人员、光线、仪器设备数量的限制，监测构件和节点过多，测点数量大，当天的工作量过大会影响监测的质量，同时也增加了监测费用。

以上是针对施工期间监测构件和节点的总体性归纳，具体监测构件和节点在本规范第5.2节、第6.2节、第7.2节，以及第8.1.2条、第8.1.3条、第8.2.3条已分类阐述。

【推荐目录】

《建筑基坑工程监测技术规范》GB 50497—2009 第 5 章；

《建筑工程施工过程结构分析与监测技术规范》JGJ/T 302—2013 第 3 章。

第 3.3.3 条

【规范规定】

3.3.3 施工期间监测项目可包括应变监测、变形与裂缝监测、环境及效应监测。变形监测可包括基础沉降监测、竖向变形监测及水平变形监测；环境及效应监测可包括风及风致响应监测、温湿度监测及振动监测。

【规范条文分析】

本条对施工期间监测项目进行了基本规定，应变监测是直观了解构件受力状态的最佳手段，是实现施工期间结构安全性的一个最重要的方法，因此，对所有要进行施工期间安全性监测的结构均应提出对应变进行监测的技术要求。需注意的是，对于混凝土结构，混凝土收缩和徐变对应变监测结果有较为显著的影响，因此，应变监测时，宜制作无约束的混凝土试块，安装同型号的应变传感器，准确记录从混凝土初凝开始的应变全过程发展曲线，为后期数据分析处理，以及监测数据与施工过程结构分析结果的对比提供基础数据。

环境的变化，尤其是温度作用对超静定结构的影响非常显著，环境温度值的测量可以为后期数据分析处理，以及监测数据与施工过程结构分析结果的对比提供基础数据。施工期间，风荷载的影响相对较小，可相对放松其监测要求。

【结构监测应用】

施工阶段结构监测的具体项目完全根据工程的实际情况和特点而定，监测方案应突出重点，并配合进行其他相关项目的监测，以校核和验证监测结果，确保施工完成后结构的状态符合设计要求，并确保结构安全。施工阶段结构监测内容主要包括：结构体形和构件变形的监测、结构重要部位钢筋、混凝土应变的监测以及结构振动的监测等，对关键监测项目应制定监测预警等级及对应预警值。一般情况下，监测项目预警值可按监测项目的性质分为变形监测预警值和应力监测预警值。变形监测预警值应包括变形监测数据的累计变化值和变化速率值；应力监测预警值宜包括应力监测数据的最大值和最小值。

具体而言，不同结构类型应监测项目、宜监测项目、可监测项目在本规范第 5.1.5 条、第 6.1.4 条、第 7.1.4 条、第 8.1.2 条、第 8.2.2 条分类进行了阐述。

【推荐目录】

《建筑工程施工过程结构分析与监测技术规范》JGJ/T 302—2013 第 3 章；

《混凝土结构试验方法标准》GB/T 50152—2012 第 10 章。

第 3.3.4 条

【规范规定】

3.3.4 施工期间监测前应对结构与构件进行结构分析，结构分析应符合下列规定：

1 内力验算宜按荷载效应的基本组合计算，结构分析计算值与应变实测值对比应按荷载效应的标准组合计算，变形验算应按荷载效应的标准组合计算；

2 应考虑恒荷载、活荷载等重力荷载，可根据工程实际需要计入地基沉降、温度作用、风荷载及波浪作用；

3 应以实际施工方案为准，施工过程中方案有调整的，施工全过程结构分析应相应更新。计算参数假定与施工早期监测数据差别较大时，应及时调整计算参数，校正计算结果，并应用于下一阶段的施工期间监测中；

4 宜采用实测的构件和材料的参数及荷载参数；

5 结构分析模型应与设计结构模型进行核对；

6 应结合施工方案，采用实际的施工工序，并应考虑可能出现风险的中间工况；

7 应充分考虑施工临时支护、支撑对结构的影响。

【规范条文分析】

永久荷载和可变荷载包括结构自重、附加恒载（地面铺装荷载、固定设备荷载）、建（构）筑物幕墙荷载、施工活荷载（模板及支撑、施工机械）等。除结构自重外，上述荷载应根据现场实际情况，并结合施工进度具体确定。规范条文说明中的施工活荷载标准值参考《美国结构施工荷载规范》ASCE 37—02，具体如表 1-3-2 所示。

施工活荷载参考值 表 1-3-2

类别		均布荷载（kN/m²）
微量负载	稀少的人；手动工具；少量建筑堆料	0.96
轻度负载	稀少的人，手动操作的设备，轻型结构施工中的脚手架	1.2
中等负载	人员集中，中型结构施工中的脚手架	2.4
重度负载	需电动设备放置的材料，重型结构施工用的脚手架	3.59

注：表中荷载不包括恒荷载、施工恒荷载、固定材料负载。

对预加应力作用，应根据预应力锚固、压浆、漏张、断丝或滑丝等检测情况，以及结构表面开裂和几何参数变化情况，结合结构拟合计算分析综合推定实际有效预应力。

汽车荷载可按现行行业标准《城市桥梁设计规范》CJJ 11—2011 和《公路桥梁承载能力检测评定规程》JTG/T J21—2011 的规定取值。当桥梁需要临时通过特殊重型车辆荷载，且重车产生的荷载效应大于该桥的设计荷载效应时，可按重型车辆的实际载重进行检算。桥梁基础变位的影响应根据桥梁墩台与基础变位的情况调查，以及桥梁几何形态参数测定的结果，综合确定基础变位的最终值。基础变位引起的超静定结构附加内力可按弹性理论计算。

对于混凝土结构，施工过程结构分析中应考虑混凝土收缩、徐变以及预应力的施加与损失因素的影响；对于大跨度空间及桥梁结构，分析中应考虑几何非线性因素的影响；同时，对应结构整体升降温、结构不同构件间温差、结构构件温度梯度引起的结构内力和变形的变化规律也应进行仿真分析。

【结构监测应用】

应将施工过程结构分析按关注对象的区域大小、涉及的施工过程长短进行细分，可选择施工全过程结构分析、部分施工过程结构分析、部分施工过程局部结构分析、施工临时加强措施结构分析。实际操作时，应根据实际工程结构关注部位及涉及的施工过程时间区段合理确定分析内容。有些情况下，仅需对整体结构中的某一部分进行施工过程结构分析即可满足工程需要，此种情况下，要求进行施工全过程主体结构分析就会带来不必要的工作量。比如，某结构中仅局部设有大跨转换桁架，为了解转换桁架在施工过程中的内力变化情况，可建立转换桁架相关部分及其上下、左右以及前后方的子结构计算模型。

施工临时加强措施的分析，包括大型塔吊设备及对塔楼结构的影响分析、施工临时胎架及对结构的影响分析等。比如超高层建筑中的附着塔吊，其重量和塔吊工作时产生的水平力需要通过塔楼外框或核心筒向下传递。大型施工胎架有些情况下支撑在主体结构上（如地下室顶板或基础底板），有些情况需要与主体结构拉结。上述情况都会对主体结构产生影响，通过结构分析验证施工中主体结构、临时措施结构及相关结构构件的安全性或采取临时加固措施。

施工过程中结构刚度随着构件的安装和刚度生成不断变化，如混凝土构件的浇筑和强度生成、索和预应力筋的张拉、后浇带封闭、构件铰接转刚接、延迟构件后安装。支撑的设置和拆除对构件的内力分布也会产生影响，支撑的设置和拆除有时可以通过构件自重施加时机的不同进行模拟；支撑设置或拆除对整体结构受力状态和变形有较大影响时，尚应在计算模型中反映。

结构均匀温度变化可以根据关注的时间段以及可获得的温度数据的情况，按日平均气温或月平均气温进行取值。在围护结构没有封闭情况下，对于钢结构应考虑极端气温，对于混凝土可考虑日平均气温，限于多方面原因，以往通常的分析中不考虑不均匀温度作用的影响，主要基于以下原因：

（1）日照不均匀温升的数据难以准确获得；

（2）日照不均匀温升时刻处于变化过程中，因此，某一个固定的安装时间段内，没有一个固定对应的日照不均匀温度场；

（3）现有的分析手段也受到一定的限制。因此，对绝大多数结构在规范或规程中均不提出计入不均匀温升影响的要求。

对于超高层及超大跨建筑与桥梁结构，其施工周期通常较长，不同施工时间段安装构件的季节温度（可取该时间段内的日平均气温）均不相同，该温度对建筑与桥梁的变形产生显著影响，从提高计算精度并兼顾可行性角度出发，宜计入结构均匀升温或降温作用影响的要求。

施工过程结构安全性受风荷载影响较明显时，宜计入风荷载的影响。风荷载确定时，宜考虑结构主体实际建造进度、外围护结构安装进度等因素。对于建（构）筑物结构，作用在施工过程中结构上的风荷载应考虑幕墙尚未安装，透风面积与建成后建（构）筑物不同，因此，风荷载体型系数宜作调整；施工过程中结构刚度不断变化，风载下结构的振动特性也是变化的，风振系数或阵风系数也需根据施工进度作必要调整。

计算分析时宜计入地基沉降等边界变形的影响。有条件时，宜将施工过程关注的结构体与其支承结构或基础建立统一计算模型，进行整体施工过程结构分析。

实际工程施工中，混凝土强度通常会比设计要求的强度要高，为提高施工过程结构分析结果的准确度，当条件许可时，宜采用实际混凝土设计强度值对应的混凝土弹性模量作为输入参数。

混凝土收缩或混凝土徐变特性对结构位形产生影响包括多种原因：

（1）混凝土的收缩和徐变的发展过程目前国内外尚无十分精确的计算公式。

（2）发展过程是与众多因素相关的非线性曲线。

（3）现有的分析手段尚不充分，因此，准确和定量分析的难度很大，无法要求每一实际工程施工过程结构分析时计入其影响。

（4）混凝土收缩和徐变可能对结构安全性产生不利影响或对结构位形产生不可接受的偏差时，在此建议采用简化方法评估其影响。

（5）简化方法举例：

① 选取单榀或单片模型进行混凝土收缩和徐变的影响分析，得出规律后，推算到整体结构中去。

② 假定混凝土强度为 0 或为设计强度的 25%、50%、75%、100% 等多种不同情况，分别进行验算。

③ 将混凝土收缩换算为当量的降温荷载进行考虑。

【推荐目录】

《建筑工程施工过程结构分析与监测技术规范》JGJ/T 302—2013 第 4 章；

《城市桥梁设计规范》CJJ 11—2011 第 10 章；

《公路桥梁承载能力检测评定规程》JTG/T J21—2011 第 6 章。

第 3.3.5 条

【规范规定】

3.3.5 施工期间的监测预警应根据安全控制与质量控制的不同目标，宜按"分区、分级、分阶段"的原则，结合施工过程结构分析结果，对监测的构件或节点，提出相应的限值要求和不同危急程度的预警值，预警值应满足相关现行施工质量验收规范的要求。

【规范条文分析】

分区：是指依据结构主体及周边环境的情况，采用不同的控制指标，比如根据结构分析最大变形点所在区域控制指标为位移，结构分析应力比最大杆件区域最大指标为应力。分级：根据结构危险程度将结构统一划分为不同的监测预警等级，结构危险程度应采用工程风险评估方法，考虑结构重要性、复杂程度、施工工况、地质条件等因素确定。分阶段：是指将施工过程划分为几个主要的施工阶段，对于每个阶段，提出阶段控制指标，比如采用滑移施工，滑移阶段结构滑移的速度、滑移点的侧向位移、滑移点的高程差、轨道支撑体系的内力均为该阶段控制指标。对分区、分级、分阶段的详细说明应根据结构特点、环境条件等进行综合分析。施工期间监测预警值应根据施工过程结构分析结果及现场周边环境设定，根据监测预警等级不同，可采用结构分析结果及周边环境设定的单控监测控制值的 50％、70％和 90％进行预警，如采用双控及其以上控制指标，可取为监测控制值的 70％、85％和 100％进行预警，即任一控制指标达到上述数值均应报警；同时，所有监测值应满足相应施工质量验收规范的要求。

【结构监测应用】

本规范第 3.1.8 条结构监测应用中已提出了预警值预设的具体规定，在什么情况下应进行预警，可考虑几种情况：

（1）变形、应力监测值接近规范限值或设计要求时；

（2）当监测结果明显大于（一般超过 40％）施工过程分析结果时；

（3）当施工期间结构可能出现较大的荷载或作用（例如台风、强震、极端气温变化等）时。

为实际操作方便，这里给出了设计无明确规定时预警等级及其对应预警值的确定方法。应力预警值取构件达到承载力设计值对应监测值的一定比例，是在构件应力较大时提出预警，以免构件超过设计承载力。变形预警值取构件达到规定限值（一般为规范限值）的一定比例，是在构件变形较大时提出预警，以免构件在施工过程中出现过大变形。针对构件应力或变形较小，但与分析结果差异较大的情况时，可取差别超过 40％作为预警值以引起相关人员注意。

【推荐目录】

《建筑工程施工过程结构分析与监测技术规范》JGJ/T 302—2013 第 4 章；

《城市轨道交通工程监测技术规范》GB 50911—2013 第 9 章。

第3.3.6条

【规范规定】

3.3.6 施工期间的监测频次应符合下列规定：

    1 每一个阶段施工过程应至少进行一次施工期间监测；

    2 由监测数据指导设计与施工的工程应根据结构应力或变形速率实时调整监测频次；

    3 复杂工程的监测频次，应根据工程结构形式、变形特征、监测精度和工程地质条件等因素综合确定；

    4 停工时和复工时应分别进行一次监测。

【规范条文分析】

    监测频次的确定是监测工作的重要内容，与施工方法、施工进度、工程所处的地质条件、周边环境条件，以及监测对象和监测项目的自身特点等密切相关。同时，监测频次与投入的监测工作量和监测费用有关，在制定监测频次时既要考虑不能错过监测对象工作状态的重要变化时刻，也应当合理安排工作量，控制监测费用，选择科学、合理的监测频次有利于监测工作的有效开展。

    监测频次在整个工程施工过程中要根据施工进度、施工工况及监测对象与施工作业面所处的位置关系进行不断调整，其基本要求应是监测频次能满足反映监测对象随施工进度（时间）变化规律的要求。每一个阶段施工过程应包括关键结构部位或节段的施工、结构后浇带封闭、结构封顶完成时等。采用整体吊装、滑移就位、临时支撑、张拉成形、预加应力、合龙拼装等工艺施工时，结构施工安装期间相关联的结构构件内力会发生较大变化，进行监测时应予以关注。

    监测频次还应以能系统反映监测对象所测项目的重要变化过程而又不遗漏其变化时刻为原则。施工监测具有很强的时效性，必须具有足够高的频次，监测必须是及时的，应能及时捕捉到监测项目的重要发展变化情况，以便对设计与施工进行动态控制，纠正设计与施工中的偏差，保证结构及周边环境的安全，否则，易遗漏监测对象所监测项目的重要变化过程，不能及时发现监测对象的异常变化，造成错误的判断，危及结构及周边环境的安全。

【结构监测应用】

    施工过程监测宜采用定时监测的方法，可以反映相同时间间隔下，监测对象的变形、变化大小，以便于计算监测对象的变化速率，判断监测对象的变化快慢，及时关注短时内发生较大变化的现象，从累计变化量和变化速率两个方面评价监测对象的安全状态。

    监测宜在环境温度和结构本体温度变化相对缓和的时段内进行，同时记录结构施工进度、荷载状况、环境条件等。对于升温或降温等强烈变化过程，可以在一段时间内进行多次监测，提高监测频次，以获得特定过程中的应力或位移变化情况。

    工程施工期间，现场巡查每天不宜少于一次，并应做好巡查记录，在关键工况、特殊天气等情况下应增加巡查次数。

【推荐目录】

    《建筑工程施工过程结构分析与监测技术规范》JGJ/T 302—2013 第6章；

《建筑基坑工程监测技术规范》GB 50497—2009 第 7 章。

第 3.3.7 条

【规范规定】

3.3.7　当出现下列情况，应提高监测频次：

1　监测数据达到或超过预警值；

2　当结构受到地震、洪水、台风、爆破、交通事故等异常情况影响；

3　工程结构现场、周边建（构）筑物的结构部分及其地面出现可能发展的变形裂缝或较严重的突发裂缝等可能影响工程安全的异常情况。

【规范条文分析】

本条文所列情况均容易导致监测对象累计变化量、变化速率超过控制值或其他影响结构安全的现象，所以应提高监测频次，减小监测时间间隔；监测对象变形、变化趋于稳定时，可适当增大监测时间间隔，减小监测频次。

对于重要工程结构、关键施工部位及节点，对施工控制要求较高，控制值相对较严格，为确保安全，也应考虑提高监测频次。

【结构监测应用】

除上述情况外，监测数据变化较大或者变换速率加快时，结构及周边大量积水、长时间连续降雨等恶劣环境时，结构及周边建筑突发较大沉降、不均匀沉降或出现严重开裂时，也应加强监测，提高监测频次。对于重要工程结构、关键施工部位及节点中的关键监测项目，必要时应进行 24h 实时监测；当有危险事故征兆时，结构的变形与受力等往往发展较快，为避免遗漏监测对象所监测项目的重要变化过程，及时发现监测对象可能出现的加速趋势与恶化情况，也应 24h 实时跟踪监测。

【推荐目录】

《建筑工程施工过程结构分析与监测技术规范》JGJ/T 302—2013 第 6 章；

《建筑基坑工程监测技术规范》GB 50497—2009 第 7 章。

第 3.3.8 条

【规范规定】

3.3.8　监测数据应进行处理分析，关键性数据宜实时进行分析判断，异常数据应及时进行核查确认。

【规范条文分析】

对监测数据应及时计算累计变化值、变化速率值，并绘制时程曲线及其他相关图表等，并应根据施工工况、地质条件和环境条件分析监测数据的变化原因和变化规律，预测其发展趋势。异常数据是指个别数据偏离预期或大量统计数据结果的情况，正确判断异常数据是由结构状态变化引起还是监测系统自身异常引起，剔除由监测系统自身引起的异常数据。数据采集前，应对含噪信号进行降噪处理，提高信号的信噪比，剔除粗差，保证监测数据的准确可靠；对于监测值中的系统误差，应该尽可能按其产生的原因和规律加以改正、抵消或削弱；增加测量次数，减小偶然误差。

对短时间内频繁发生的异常数据进行报警，要求现场技术人员查看现场状况、检查传感器的工作状态以及相应传输线路和数据采集硬件的工作状态，但采集系统仍正常工作。在此过程中，对偶然的、瞬时的异常数据一般不作处理和存储。

【结构监测应用】

一般有两种情况造成监测数据出现异常，一是施工现场或监测对象出现异常；二是测量误差或者测量工作中出现的错误对测量成果产生影响。第一种情况应及时通知有关各方，调整设计和施工，或者采取应急措施，避免事故的发生；第二种情况当监测人员由于粗心、失职造成读错、记错、看错目标时，应进行重测。

监测工作中各项原始记录应齐全，包括粗差剔除的数据。对于变形监测数据，应该在每次监测工作结束后，及时进行数据平差计算处理，并对主要平差结果进行统计分析，宜采用数据库方式进行结果存储。对于应力监测数据，宜计算相邻测次间的应力增量和累积量，并形成图表。

【推荐目录】

《建筑工程施工过程结构分析与监测技术规范》JGJ/T 302—2013 第 5 章、第 6 章；

《建筑基坑工程监测技术规范》GB 50497—2009 第 9 章。

第 3.3.9 条

【规范规定】

3.3.9 施工期间监测应按施工进度进行巡视检查。

【规范条文分析】

巡查人员应以填表、拍照或摄像等方式对观测到的有关信息和现象进行记录。工程施工期间，应根据巡查计划，结合施工进度，及时进行巡查，并详细做好巡查记录。现场巡查每天不宜少于一次，在关键工况、特殊天气等情况下应增加巡查次数。

【结构监测应用】

巡视检查虽简单，但应给予足够重视，一是要经常性地进行；二是要由有经验的技术人员参加。做到这两点，才能及时发现问题和准确分析问题。施工监测期间，每天均应由专人进行巡视检查。

巡视检查的内容，应包括自然条件、结构现状及周边环境、施工工况、监测设备等，应特别重视结构现状及周边环境，以及监测设施。结构现状及周边环境的巡查内容一般包含：周边管道有无破损、泄漏情况；结构及周边建筑有无新增裂缝；结构成型质量；支撑、立柱有无较大变形及裂缝；周边道路（地面）有无裂缝、沉陷；邻近基坑及建筑的施工变化情况等。监测设施的巡查内容一般包含：基准点、监测点完好状况；监测元件的完好及保护情况；有无影响监测工作的障碍物等。

巡视检查应以目测为主，配以简单的工具，如锤、钎、量尺、放大镜等，以及摄像、摄影等设备。

巡视检查如发现异常和危险情况，应及时通知建设方及其他相关单位。巡视检查表如表 1-3-3 所示。

现场巡查表 表 1-3-3

监测工程名称： 报表编号：
巡查时间： 年 月 日 时 天气：

分类	巡查内容	巡查结果	备注
施工工况	结构主体构件有无裂缝及较大变形		
	主体结构成型质量		
	主体结构上部及周边较大临时荷载变化情况		
	其他		
支护结构	支护结构成型质量		
	支撑、立柱有无较大变形		
	其他		
周边环境	周边建筑、桥梁墩台或梁体等有无新增裂缝，设施能否正常使用		
	工程周边开挖、堆载、打桩等可能影响工程安全的生产活动		
	邻近建筑、桥梁的施工变化情况		
	周边管道有无破损、泄漏情况		
	周边道路（地面）有无裂缝、沉陷		
	其他		
监测设备	基准点、监测点完好状况		
	监测元件的完好及保护情况		
	有无影响监测工作的障碍物		
	其他		

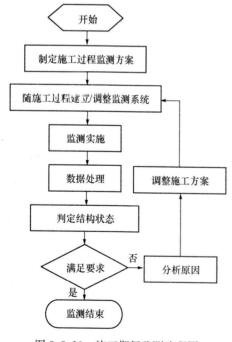

图 3.3.10 施工期间监测流程图

【推荐目录】

《建筑基坑工程监测技术规范》GB 50497—2009 第 4 章。

第 3.3.10 条

【规范规定】

3.3.10 施工期间监测工作程序，可按图 3.3.10 的流程实施。

【规范条文分析】

本条文中具体流程步骤如下：

（1）制订施工过程监测方案。

施工监测方案中应明确施工中结构的受力及变形趋势，确定监测的关键部位及监测预警值。

（2）随施工过程建立/调整监测系统。

施工期间监测系统应至少完成以下三个步

骤：①设备安装；②设备连接；③系统调试。初次建立监测系统后，根据施工过程受力、变化趋势判断是否需要局部调整监测方案，进而调整监测系统。

（3）监测实施。

监测实施的主要任务是监测施工各步骤中各种监测指标的发展变化趋势，并将其记录、储存以备数据后处理分析。

（4）数据处理。

将监测得到的数据进行整理、分析，得到各个施工步骤结构状态。

（5）安全评估，判断结构状态。

监测结果应及时反馈给设计、施工部门，进行安全评估，以验证设计与施工方案，判断结构状态，出现异常情况时，应分析原因，及时与相关单位协商调整设计与施工方案。

【结构监测应用】

考虑施工过程结构分析过程，整个监测工作流程图可进一步如图 1-3-2 所示：

【推荐目录】

《土木工程监测与健康诊断—原理、方法及工程实例》段向胜，周锡元著，中国建筑工业出版社，2010 年，第 1 章；

《建筑工程施工过程结构分析与监测技术规范》JGJ/T 302—2013 第 3 章。

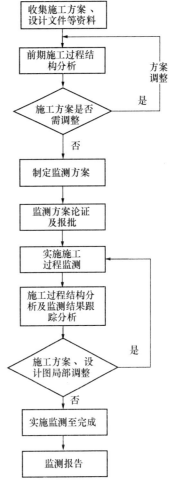

图 1-3-2 施工期间监测流程细化

第 3.3.11 条

【规范规定】

3.3.11 施工期间的监测报告宜分为阶段性报告和总结性报告。阶段性报告应在监测期间定期提交，总结性报告应在监测结束后提交。

【规范条文分析】

阶段性报告是经过一段时间的监测后，监测单位通过对以往监测数据和相关资料、工况的综合分析，总结出各监测项目以及整个监测系统的变化规律、发展趋势及其评价，用于总结经验、优化设计和指导下一步的施工。

总结性报告是监测工作全部完成后监测单位提交给委托单位。总结性报告一是要提供完整的监测资料；二是要总结工程的经验与教训，为以后的工程设计、施工和监测提供参考。

【结构监测应用】

阶段性报告可以是周报、月报或根据工程的需要不定期地进行。报告的形式是文字叙述和图形曲线相结合，对于监测项目监测值的变化过程和发展趋势尤以过程曲线为好。阶段性报告和总结性报告均应强调分析和预测的科学性、准确性，报告的结论应依据充分，当施工过程需进行跟踪分析，在阶段性和总结性报告中均应分阶段提交跟踪分析项目，以及施工过程结构分析与监测数据对比分析项目。

【推荐目录】

《建筑工程施工过程结构分析与监测技术规范》JGJ/T 302—2013 第 8 章；

《建筑基坑工程监测技术规范》GB 50497—2009 第 9 章。

第 3.3.12 条

【规范规定】

3.3.12 监测报告应满足监测方案的要求，内容完整、结论明确、文理通顺；应为施工期间工程结构性能的评价提供真实、可靠、有效的监测数据和结论。

【规范条文分析】

结构监测系统是一个整体，监测项目之间有着必然的、内在的联系。某一单项的监测结果往往不能揭示和反映整体情况，必须结合相关项目的监测数据和自然环境、施工工况、施工过程分析等情况以及以往数据进行分析对比，才能通过相互验证、去伪存真，正确地把握结构及周边环境的真实状态，提供出高质量的综合分析报告。

【结构监测应用】

各类监测成果报告应按固定格式要求完成编制，以便报告查阅人员可以及时、准确获得重点关注的信息。报告内容应包括本规范规定的基本内容，言简意赅地总结各类监测信息。

监测方对大量的测试以及结构分析数据进行综合整理后，应将结果制成表格。通常情况下，要绘出各类变化曲线或图形，使监测成果更"形象化"，让工程技术人员能够一目了然，便于及时发现问题和分析问题。

为了提高海量数据传输的可靠性，必须根据系统前端传感器单位时间采集的数据量大小，结合设计的传输实际通信能力，对数据进行分包处理，以包为单位实施传输。

【推荐目录】

《建筑基坑工程监测技术规范》GB 50497—2009 第 9 章。

第 3.3.13 条

【规范规定】

3.3.13 阶段性监测报告应包括下列内容：

1 项目及施工阶段概况；

2 监测方法和依据，包括：监测依据的技术标准，监测期和频次，监测参数，采用的监测设备及设备主要参数，测点布置，施工过程结构分析结果及预警值；

3 监测结果。包括：监测期间各测点监测参数的监测结果，与结构分析结果的对比情况，预警情况及评估结果，测点的变化情况，对监测期间异常情况的处理记录；

4 监测结论与建议；

5 预警报告、处理结果及相关附件。

【规范条文分析】

阶段性报告是某一段时间内对各类监测信息、监测分析成果的较深入的总结和分析。综合分析后得出该阶段内监测点各个监测项目以及工程整体的变化规律、发展趋势和评价，以便于为信息化施工提供阶段性指导。阶段性监测报告也包含现场巡查信息，如巡查照片和记录等；监测参数的累计变化值、变化速率值、时程曲线等。结论中应包含监测数据和巡查信息的分析与说明。

【结构监测应用】

监测报告中施工过程结构分析与监测对比分析一般包括下列内容：

（1）结构模拟的计算方法；

（2）施工各阶段的结构变形、受力特征，包括频率对比、部分突出部位模态对比、反应施工期间模拟与实际情况对比等；

（3）施工变形预调值（构件的加工预调值和安装预调值）；

（4）结构施工期间的初始位形和各分步位形；

（5）提交的成果清单，结构静力参数及动力参数监测要求；

（6）附图附表等。

监测报告中施工过程跟踪分析项目一般包括下列内容：

（1）主要施工方法及施工阶段划分；

（2）分析模型及分析方法；

（3）施工过程结构的验算结果；

（4）分析及评价；

（5）附图附表。

【推荐目录】

《建筑工程施工过程结构分析与监测技术规范》JGJ/T 302—2013 第 8 章；

《城市轨道交通工程监测技术规范》GB 50911—2013 第 11 章。

第 3.3.14 条

【规范规定】

3.3.14 总结性监测报告应反映整个监测期内的监测情况，报告内容应包括各阶段监测报告的主要内容。

【规范条文分析】

工程监测工作全部完成后，监测单位应向委托单位提交工程监测的总结报告。总结报告包括各类监测数据和巡查信息的汇总、分析与说明，对整个工程监测工作进行分析、评价，得出整体性监测结论与建议，为以后类似工程监测工作积累经验，以便于相关工程监测借鉴和参考。

【结构监测应用】

监测结果主要包括各阶段的结果汇总；监测期间的各测点应力变化曲线；监测结果与

模拟分析对比曲线；预测方法及其效果评估；对监测期间异常情况的处理记录及结果等。

监测结论与评价主要是对变形和应力监测结果进行总结，评价结构施工期间的工作状态，对监测信息反馈效果进行总结，提出开展同类工作有益的建议等。

除阶段性监测报告内容外，宜包括采用的仪器设备型号、规格和元器件标定资料；监测数据采集方式等。

【推荐目录】

《建筑施工过程结构分析与监测技术规范》JGJ/T 302—2013 第 8 章。

第 3.3.15 条

【规范规定】

3.3.15 监测记录应在监测现场或监测系统中完成，记录的数据、文字及图表应真实、准确、清晰、完整，不得随意涂改。

【规范条文分析】

本条提出了监测记录的要求。监测记录是监测过程的真实反映，应准确、清楚、全面地反映科研或工程背景、探讨目的、监测方案、详尽的监测过程和现象描述、量测结果等，记录应实事求是，并根据监测结果进行分析，得出监测结论。

【结构监测应用】

监测记录应准确、清楚、全面，并符合下列要求：

（1）监测记录内容及形式应根据监测方案和目的进行撰写；

（2）数字修约应满足运算规则，计算精度应符合相应的要求；

（3）表达的图表应准确、清晰；

（4）必要时还应进行监测参数与结果的误差与统计分析。

【推荐目录】

《混凝土结构试验方法标准》GB/T 50152—2012 第 3 章。

第 3.3.16 条

【规范规定】

3.3.16 监测方案、监测报告、原始记录应进行归档，原始记录中应包括施工过程结构分析的计算书、结构变形及应变监测的监测记录和对比分析结果，对异常情况的处理记录，预警报告及处理结果。

【规范条文分析】

依据建筑工程文档管理的规定，监测的原始过程、数据记录和处理过程、监测报告等技术资料应完整保存，注释清楚，并分类存档。监测资料应可供长期查询、复核及追溯。

【结构监测应用】

归档除文字记录外，还应包括存储设备归档，即可利用数据库管理系统自身提供的归档功能进行数据归档，归档的数据可以存储在大容量存储设备中并要支持使用时的可访问性。大容量存储设备包括大容量磁盘、光盘、磁带等二级存储设备等。

3.4 使 用 期 间 监 测

第 3.4.1 条

【规范规定】

3.4.1 使用期间监测应为结构在使用期间的安全使用性、结构设计验证、结构模型校验与修正、结构损伤识别、结构养护与维修以及新方法新技术的发展与应用提供技术支持。

【规范条文分析】

该条指明了使用期间监测的目的，主要包括但不限于：

（1）验证结构设计、分析、试验时的假定和所采用的参数；

（2）为结构的日常保养和管理提供建议；

（3）发生异常情况时及时预警，之后为结构状态评估和处理提供实测数据；

（4）为新方法、新技术的发展及应用提供建议。

结构使用期间监测系统的设计需要坚持长远规划的原则，结合工程结构的具体特点和场地条件，综合考虑工程结构各阶段的监测需求、特征以及环境条件变化（具体包含依据所处的环境、地理位置和地质条件、使用功能及重要性、结构形式、受力特点来确定监测目的、监测内容、监测的频次和持续时间等）的影响，使整个系统做到安全可靠、技术先进、方案可行、经济合理、便于维护，做到目的明确，有的放矢，避免盲目跟从或追求形式。

【结构监测应用】

使用期间监测最主要的目的是服务于建筑与桥梁结构的管理和维护，最大限度地降低工程使用期间管养成本，保障其安全运营。因此，宜留有与工程养护管理软件系统的数据接口，实现数据共享，作为建筑与桥梁结构综合评判的依据。

第 3.4.2 条

【规范规定】

3.4.2 使用期间监测项目可包括变形与裂缝监测、应变监测、索力监测和环境及效应监测，变形监测可包括基础沉降监测、结构竖向变形监测及结构水平变形监测；环境及效应监测可包括风及风致响应监测、温湿度监测、地震动及地震响应监测、交通监测、冲刷与腐蚀监测。

【规范条文分析】

针对不同的环境条件、使用功能和结构特点，使用期间监测应因地制宜，有针对性地对监测项目进行取舍，并区分主要和一般监测项目，以便突出重点，以较低的监测成本达到预期目的。

【结构监测应用】

使用期间结构监测结果应能评估结构的主要力学性能，并预测其发展趋势。本条文监测项目应根据监测目的和结构特点、使用功能、环境条件，从下列内容中选择：

（1）环境条件：包括结构所处环境的温度、湿度、气压、风力、风向等参数；

（2）结构的整体性能：包括特定环境和使用条件下，结构材料特性、整体静力状态和动力特性的变化情况，也包括结构在强风、强地面运动下的非线性特性等；

（3）结构关键部位的局部性能：包括结构边界和连接条件，构件、节点及连接部分的疲劳问题，构件的应力状态、损伤、变形以及预应力损失等；

（4）材料性能劣化：包括混凝土的碳化、疏松、粉化、破碎等损伤以及钢筋锈蚀等。

【推荐目录】

《混凝土结构试验方法标准》GB/T 50152—2012 第 10 章。

第 3.4.3 条

【规范规定】

3.4.3　使用期间的监测宜为长期实时监测。

【规范条文分析】

使用期间监测周期一般较长，重要结构为全寿命监测周期。因此，使用期间的监测系统应能够不间断工作，在日常维护中能保持正常运行，具备支持热备份和手动故障恢复功能。

【结构监测应用】

使用期间监测系统设备宜能够 24h 不间断自动工作。系统的计算机工作站、服务器、采集器应采用主流的计算机架构体系。配置应高于系统的最低容量和速度要求。设备设计应考虑设备的平均无故障时间和平均修复时间。同类数据或不同类数据如果需要做严格相关分析（含模态分析），则所有相关数据须严格同步采集，同步精度应不低于 0.1s，严格同步要求信号时间的时间差不超过 0.1ms，伪同步的时间差要满足响应的安全评估需要。

【推荐目录】

《结构健康监测指南》加拿大，2001 年，第 2 章；

《重要桥梁健康监测指南的范例研究》美国，2002 年，第 2 章。

第 3.4.4 条

【规范规定】

3.4.4　重要结构使用期间监测宜进行结构分析模型修正，修正后模型应反映结构现状。

【规范条文分析】

模型修正是指通过识别或修正有限元分析模型中的参数，使有限元计算结果与实际测量值尽可能接近的过程。模型修正包括结构参数修正、结构模型修正等，经过模型修正校准计算参数、计算模型和边界条件后，计算可能遇到的各个工况的反映，便于确定预警指标，据此预测结构的性态。

【结构监测应用】

使用期间监测结构分析力学模型应首先与设计基准数值模型进行核对，应能反映结构现状。除考虑重力荷载外，应根据情况考虑使用期间环境条件影响，计入地基沉降、风荷载、地震作用、波浪作用以及温度作用等，如有实测数据，应采用实测值。

（1）结构使用期间受风荷载影响较明显时，宜计入风荷载的影响。无实测值时，基本风压取值可根据监测期考虑重现期折减；风荷载体型系数、风振系数或阵风系数宜分别根据使用期间的结构围护情况、使用过程刚度情况作适当调整。

（2）结构使用期一般较长，分析时宜计入地震作用影响。无实测值时，地震作用取值可根据设计监测期考虑重现期的影响适当折减。

（3）特殊情况下，结构使用期受波浪荷载影响较明显时，宜计入波浪荷载的影响。

（4）当结构内力和变形受环境温度影响较大时，宜计入结构均匀温度变化作用的影响；特殊需要时，还宜计入日照引起的结构不均匀温度作用。温度作用取值宜根据历史气象记录、环境温度理论分析、现场实测温度结果等方法综合确定。

【推荐目录】

《结构健康监测指南 F08b》欧盟，2006 年，第 4 章。

第 3.4.5 条

【规范规定】

3.4.5 使用期间的监测预警应根据结构性能，并结合长期数据积累提出结构安全性、适用性和耐久性相应的限值要求和不同的预警值，预警值应满足国家现行相关结构设计标准的要求。

【规范条文分析】

使用阶段结构监测系统应存储各种历史监测数据，与当前监测结果进行对比、分析，对结构的安全性、适用性和耐久性给出定性或定量的评价，为结构维护、维修提供依据。

结构的安全性、适用性和耐久性的限值要求应根据监测项目控制值确定，预警值应根据工程特点、监测项目控制值、当地施工经验等制定的监测预警等级确定。

【结构监测应用】

使用期间，当结构响应与力学模型的计算结果明显不符时，应立即核查。如结构遭受突发事件时，应实时将结构监测数据与力学模型计算数据进行对比，当发现结构响应异常时，应及时进行预警。

应针对结构各类监测参数建立明确的预警指标，并对其监测结果进行分级预警。对结构主要危险状态进行识别，宜按 3 个级别进行预警，具体可参考前文第 3.3.5 条部分，根据不同的危险状态和预警级别应给出相应的应急方案，并以最快的方式通知相关部门。

保证监测系统长期稳定运行，安全预警的误报率应不高于 2%，且不允许出现漏报。
【推荐目录】

《结构健康监测指南 F08b》欧盟，2006 年，第 4 章；

《天津市桥梁结构健康监测系统技术规程》DB/T 29—208—2011 第 6 章。

第 3.4.6 条

【规范规定】

3.4.6　使用期间监测系统应能不间断工作，宜具备自动生成监测报表功能。

【规范条文分析】

本条文的实现应在监测系统数据库中完成，数据库信息管理应包括监测信息的自动导入（含巡视记录信息）、以图形或文件形式导出数据、历史监测信息的查询、监测信息的可视化分析和预案处理，以及生成监测报表等功能。

【结构监测应用】

报表是信息化监测的重要依据，项目报表宜包括但不限于下列内容：

（1）现场情况；

（2）监测项目各监测点的测试值、单次变化值、变化速率以及累计值等，可绘制有关曲线图；

（3）巡视检查的记录；

（4）对监测项目应有正常或异常的判断性结论；

（5）对达到或超过监测预警值的监测点应有预警标示；

（6）对巡视检查发现的异常情况应有详细描述，危险情况应有预警标示，并有分析和建议；

（7）其他相关说明。

【推荐目录】

《建筑基坑工程监测技术规范》GB 50497—2009 第 9 章。

第 3.4.7 条

【规范规定】

3.4.7　当监测数据异常或报警时，应及时对监测系统及结构进行检查或检测。

【规范条文分析】

在编制使用期间监测方案时，应分析结构可能出现的异常行为，明确监测参数的正常范围、预警等级及对应预警值。

监测数据异常或报警时，应按照前述第 3.2.3 条部分及时排查，检查监测系统是否存在问题，同时对监测的结构区域进行排查。难以确定原因时，应进行复测，防止错误的监测数据影响监测成果的质量。

【结构监测应用】

基于主要截面和关键构件监测结果的性态评价，针对可能出现异常的采集数据，宜采用监测数据的统计值，如均值和方差，根据它们的异常变化情况，进行性态评价和预警分级。

【推荐目录】

《混凝土结构试验方法标准》GB/T 50152—2012 第 10 章；

《天津市桥梁结构健康监测系统技术规程》DB/T 29—208—2011 第 6 章。

第 3.4.8 条

【规范规定】

3.4.8 使用期间监测应定期进行巡视检查和系统维护。

【规范条文分析】

建筑与桥梁结构长期监测中，定期对监测系统进行巡视检查和系统维护非常必要。监测系统的硬件除特殊位置的传感器外，大部分重要的传感器、所有的数据子站和数据总站宜考虑到巡视检查和后期维护的可行性，方便巡视及维护人员检查。

【结构监测应用】

监测系统维护应符合前述第 3.1.3 条的基本要求，巡视检查应符合本规范第 4.9 节相关内容的要求。

应安排专职人员进行巡视检查、日常和定期维护管理，专职人员应掌握系统的硬件性能和技术参数，熟练操作系统各类软件，能独立处理系统中可能出现的各类故障。

系统建成后，应建立相应的系统维护制度，并编制工作手册。系统维护是一项专业性很强的工作，鉴于使用期间监测期较长，维护人员应进行专业培训。系统后期数据分析可委托有相关资质或工程经验的单位提供技术支持。

【推荐目录】

《天津市桥梁结构健康监测系统技术规程》DB/T 29—208—2011 第 9 章。

第 3.4.9 条

【规范规定】

3.4.9 使用期间监测工作程序，可按图 3.4.9 的流程实施。

【规范条文分析】

使用期间监测是一个长期的监测过程，且大部分情况下是实时的，因此必须有一套完备的监测系统，以实现监测、诊断、处理的全过程。图 3.4.9 具体流程步骤如下：

（1）编制使用期间结构监测方案。

监测应根据当前监测结果并参考结构长期监测数据，判断结构的实时工作状态和安全性，并

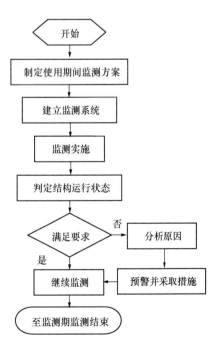

图 3.4.9 使用期间监测流程图

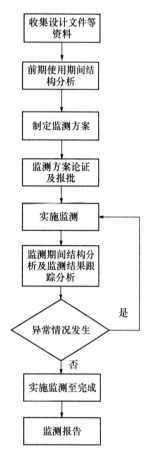

图 1-3-3　使用期间监测
流程细化

预测结构性能的变化趋势，以确定维护或维修方案，保证结构的安全和正常使用。

（2）建立使用期间结构监测系统。

结构使用期监测系统应包含监测设备与安全评定机制。

（3）监测实施。

记录并储存监测结构中各种监测指标的发展变化趋势，以备数据后处理分析。

（4）安全评估，判断结构运行状况。

采用结构安全评估机制对监测得到的数据进行整理、分析，判断结构的运行状况，不满足要求应分析原因，采取措施，若发现结构损伤部位应及时加固修复。

【结构监测应用】

使用阶段的结构监测数据传输系统一般由三级网络系统构成，分别是工作站与服务器之间的一级传输网络、工作站与工作站之间的二级传输网络、传感器与工作站之间的三级传输网络。由于传输线路仅需要布设一次，实际工程的各级传输网络均较多地采用有线传输的方式，在条件受限等情况下，一级和二级传输网络也可采用无线传输方式。

考虑使用期间结构分析过程，整个监测工作流程可进一步如图 1-3-3 所示：

【推荐目录】

《土木工程监测与健康诊断—原理、方法及工程实例》段向胜，周锡元著，中国建筑工业出版社，2010 年，第 1 章。

第 3.4.10 条

【规范规定】

3.4.10　使用期间的监测报告分为监测系统报告和监测报表，监测系统报告应在监测系统完成时提交，监测报表应在监测期间由监测系统自动生成。

【规范条文分析】

监测系统报告是监测系统完成时的综合结果报告，其目录应包含如下：

（1）系统文档，提供的系统操作应用方面的文件包括：系统用户手册和维护指南；

（2）监测过程监测技术方案；

（3）监测系统试用期过程结构分析报告；

（4）监测过程试用期监测技术报告；

（5）监测过程试用期结构分析与监测对比分析报告；

（6）项目实施评价报告。

以上各项内容可参考前文第 3.3.13 条及第 3.3.14 条部分执行。监测系统完成后应为管理部门的指定人员提供系统的使用维护培训。目标是让用户完全熟练使用系统的各种功能模块，胜任日常管理和维护功能。监测报表宜参照前文第 3.4.6 条内容执行。

【结构监测应用】

监测系统应根据巡视检查和监测信息自动形成监测报表，并能得出在线评估的初步结论，各分项评估结论尽可能实行等级划分，并且评估结论的等级划分直接与结构状态的安全和养护、维修决策对应。自动生成的监测报表完成的功能应包括：

（1）监测并报告结构的环境、荷载及参数；

（2）监测并报告结构在各种荷载作用下主要构件的结构响应情况；

（3）实现异常状况下（包括监测各类荷载和各类结构响应超限）的预警；

（4）分析并报告结构各主要构件是否已有任何病害或积累损伤，并推断各主要构件是否存在潜在损伤危机，如台风过后，给出结构的状态评估情况，针对不同构件，定制不同频率的巡检日历；给出结构整体及其各主要构件的性能评价，并为结构养护和维修管理措施的制定提供技术支持。

【推荐目录】

《大坝安全监测自动化技术规范》DL/T 5211—2005 第 6 章。

第 3.4.11 条

【规范规定】

3.4.11 监测报表应为使用期间结构性能的评价提供真实、可靠、有效的监测数据和结论。

【规范条文分析】

监测报表可通过监测系统设置，自动生成。监测报表应强调及时性和准确性，对监测项目应有正常、异常和危险的判断性结论。

【结构监测应用】

真实、可靠、有效的监测数据决定了结论的准确性。有必要对数据进行诊断、修正或隔离，剔除失真数据。在此基础上，监测系统对结构的养护、维修提供依据和指导性建议的过程应基于评估和预警两种方式来实现。通过监测系统提供的监测报表，管理人员应能给出结构整体及其各主要构件的性能评价，并给结构养护和维修管理措施的制定提供技术支持。评估结果达到预警等级规定，应及时核查，排除结构安全性风险。

【推荐目录】

《既有结构评估指南 F08a》欧盟，2006 年，第 3 章。

第 3.4.12 条

【规范规定】

3.4.12 监测系统报告应包括项目概况、施工过程、监测方法和依据、监测项目及监测系统操作指南。

【规范条文分析】

本条文陈述了监测系统报告的一般内容；但本节是使用期间监测部分，因此条文中缺少使用期间运营情况内容；同时，系统报告中宜有施工过程阐述，若工程使用期间监测未延续或衔接施工期间监测，条件不允许时也可不对施工过程进行介绍。

【结构监测应用】

监测系统报告各项内容已在前文第 3.4.10 条的条文分析中陈述。使用期间运营情况应包括监测系统试用过程中结构各监测项目监测值的发展变化分析及整体评述，以及是否有异常情况发生（如地震、撞击等）等内容。监测系统报告应内容完整、数据准确、结构可靠、操作方便、体例规范。

【推荐目录】

《建筑基坑工程监测技术规范》GB 50497—2009 第 9 章；

《既有结构评估指南 F08a》欧盟，2006 年，第 3 章。

第 3.4.13 条

【规范规定】

3.4.13 监测报表应包括下列内容：

1 监测结果及对比情况。包括：规定时间段内的监测结果及与结构分析结果的对比，预警值。

2 监测结论。

【规范条文分析】

除满足本条监测报表基本内容外，监测报表内容宜符合前文第 3.4.6 条第三部分要求，并符合前文第 3.4.10 条第三部分功能规定，监测结论应强调分析和预测的科学性、准确性，报表结论应依据充分。

【结构监测应用】

监测报表还应包括巡视检查内容，通过监测数据、现场巡查信息综合分析判断得出监测结论。

【推荐目录】

《大坝安全监测自动化技术规范》DL/T 5211—2005 第 6 章；

《建筑基坑工程监测技术规范》GB 50497—2009 第 9 章。

第 3.4.14 条

【规范规定】

3.4.14 监测报表、原始记录应进行归档。

【规范条文分析】

监测报表、原始记录是信息化监测的重要依据，应参照前文第 3.3.16 条阐述执行。

【结构监测应用】

监测报表、原始记录应注释清楚并分类整理；数据库管理系统对数据归档后，可作为离线数据处理分析使用；同时，使用期间监测系统应支持在线实时数据处理分析和离线数据处理分析两种工作方式。

【推荐目录】

《混凝土结构试验方法标准》GB/T 50152—2012 第 3 章；

《建筑基坑工程监测技术规范》GB 50497—2009 第 9 章。

4 监 测 方 法

说明：

结合目前国内外监测应用的实际情况，本章分别对应力应变监测、变形监测、温湿度监测、振动监测、地震动及地震响应监测、风及风致响应监测、索力监测和腐蚀监测进行了相关的技术规定，其中应力应变监测部分规定了应力的监测方法，即通过测试应变值反算应力，直接的应力测试如预应力筋及索力监测将分类进行阐述；尽管疲劳应力监测技术尚未成熟，但是在第7章中还是有所规定；本章对腐蚀监测中已经成熟的原则和方法进行了规定，但是未规定腐蚀应力监测；振动监测涉及动力特性及动力响应测试的具体规定；地震动及地震响应监测部分涉及工程结构部分，规范未涉及地面部分。

实际现场选择监测设备时，满足基本精度规定即可，不宜优先考虑高精度监测设备；由于建筑与桥梁结构现场监测环境复杂，应优先选择可靠性高的监测设备。

4.1 一 般 规 定

第 4.1.1 条

【规范规定】

4.1.1 监测项目宜包括应变监测、变形与裂缝监测、温湿度监测、振动监测、地震动及地震响应监测、风及风致响应监测、索力监测和腐蚀监测。

【规范条文分析】

本条叙述了本章的主要内容。以上监测项目是经过大量工程调研，结合实际工程监测应用现状，咨询全国相关监测领域专家，且结合现行规范以及目前建筑与桥梁结构监测技术水平后提出的，是我国建筑与桥梁结构监测领域近二十多年来的经验总结，有较强的针对性和可操作性。按照本条所列监测项目，其监测内容均分节进行了具体规定。

【结构监测应用】

监测项目的选择既关系到工程结构的安全，也关系到监测费用的多少。盲目减少监测项目很可能因小失大，造成严重的工程事故和更大的经济损失，得不偿失；随意增加监测项目也会造成不必要的浪费。对于每一个具体工程应该也必须把安全放在第一位，在此前提下可以根据工程结构重要性、工程及环境特点等有目的、有针对性地选择监测项目。

对于同一个监测对象，上述监测项目之间都存在内在关系，如受力和变形之间有着必然的内在联系，各监测项目之间应相辅相成，配套监测，可以帮助判断数据的真伪，做到去伪存真。

【推荐目录】

《建筑基坑工程监测技术规范》GB 50497—2009 第 4 章。

第 4.1.2 条

【规范规定】

4.1.2 监测参数可分为静态参数与动态参数，监测参数的选择应满足对结构状态进行监控、预警或评价的要求。

【规范条文分析】

在监测项目中，数值不随时间而变化，或变化与其平均值相比可以忽略不计，或其变化是单调的并能趋于确定值的参数均可认为是静态参数，如静力作用下的变形；数值、作用位置、作用方向等随时间而变化的参数可认为是动态参数，如动力作用下的加速度等。

【结构监测应用】

静力参数值可以每小时的平均值和相关的标准差形式表示，信号采集采用传统的量测仪表，应符合相关规范如《混凝土结构试验方法标准》GB/T 50152—2012、《钢结构现场检测技术标准》GB/T 50621—2010 等有关精度等级的规定，并应有计量主管部门定期检定校准、处于有效期内的合格证书。人工读数的仪表应进行估读，读数的末位数字应比所用量测仪表的最小分度值小一位。

目前动态参数信号采集分析系统多采用高度集成的模块化设计，集信号调理器、低通滤波器、放大器、抗混滤波器、A/D 转换器等功能于一体。随着无线传输技术的发展，各种组合式测试系统还可采用无线传输的方式。

动力特性测试系统仪器中某些元件的电气性能和机械性能会因使用程度和时间而有所变化，各类传感器、放大器和采集记录等设备需配套使用，且需要定期进行标定。标定内容主要包括灵敏度标定、频率响应标定和线性度标定，根据需要有时尚需进行自振频率、阻尼系数、横向灵敏度等项目的标定。仪器的标定方法有分部标定和系统标定两种，为保证各级仪器之间的耦合和匹配关系，并取得较高的精度，宜采用系统标定法。

【推荐目录】

《混凝土结构试验方法标准》GB/T 50152—2012 第 6 章、第 10 章；

《钢结构现场检测技术标准》GB/T 50621—2010 第 14 章。

4.2 应 变 监 测

第 4.2.1 条

【规范规定】

4.2.1 应变监测可选用电阻应变计、振弦式应变计、光纤类应变计等应变监测元件进行监测。

【规范条文分析】

本条指出了常用的应变监测传感器类型。混凝土构件可采用钢筋应力计、混凝土应变计、光纤传感器等进行监测；钢构件可采用轴力计或应变计等进行监测。无论是应力计还是轴力计，其工作原理都是基于电阻式应变或振弦式应变测试推算应力。

【结构监测应用】

工程上常用的应变计分内埋式和表面式两种，内埋式应变计安装在混凝土内部，表面式应变计安装在混凝土或钢结构表面，主要测试混凝土或钢结构的表面应变。钢筋计安装在被测主筋上，测钢筋的应力。轴力计又称反力计，多用在基坑的钢支撑等构件上，测试其轴向力。

本条中给出了常用的应变测量仪表，各种应变传感器需要配套相应的数据采集与传输子系统进行量测和记录。直接测量是指直接将敏感元件安装于构件表面或内部，形成协同变形的整合，敏感元件测出的应变为构件测点处的应变；间接测量指构件在受力过程中出现明显扭转或防护要求不能在表面直接安装敏感元件，而采用测量间接量值来计算构件受力的测量方法。

当通过测量应变值推算监测点应力值时，需要测量监测对象材料的弹性模量，材料弹性模量可通过轴向拉伸试验时的应力增量除以应变增量确定。

【推荐目录】

《建筑工程施工过程结构分析与监测技术规范》JGJ/T 302—2013 第6章。

第4.2.2条

【规范规定】

4.2.2 应变计宜根据监测目的和工程要求，以及传感器技术、环境特性进行选择。

【规范条文分析】

由于混凝土和钢结构材质不同，市场上针对不同材料均有相应的应力计、应变计、轴力计以及光纤等，采用的原理均为前面陈述的三类基本应变计，其特性对比如表1-4-1所示：

三类应变计的技术特点　　　　　　　　　　　　　　　　　　　　表1-4-1

特性 ＼ 类型	振弦式应变计	电阻应变计	光纤类应变计
时漂	小，适宜长期测量	较高，可通过特殊定制适当减小	小，适宜长期测量
灵敏度	较低	高	较高（与解调仪精度有关）
对温度的敏感性	需要修正	通过电桥实现温度补偿	需要修正
信号线长度影响	几乎不影响测量结果	需进行导线电阻影响的修正	不影响测量结果
信号传输距离	较长	短	很长，可达几十公里
抗电磁干扰能力	较强	差	很好

类 型 特 性	振弦式应变计	电阻应变计	光纤类应变计
对绝缘的要求	不高	高	光信号，无须考虑
动态响应	差	很好	好
精度	较高	高	较高

【结构监测应用】

应变计的选择应充分考虑监测结构在制作、养护、施工及服役阶段的环境条件。比如监测长期处于潮湿、易腐蚀及高电磁干扰的结构应变时，宜优先采用光纤应变计；需要监测动荷载作用下的结构应变时，宜采用电阻应变计或光纤类应变计。

【推荐目录】

《结构健康监测系统设计标准》CECS 333—2012 附录 A。

第 4.2.3 条

【规范规定】

4.2.3　应变计应符合下列基本规定：

1　量程应与量测范围相适应，应变量测的精度应为满量程的 0.5%，监测值宜控制为满量程的 30%～80%；

2　混凝土构件宜选择大标距的应变计；应变梯度较大的应力集中区域，宜选用标距较小的应变计；

3　应变计应具备温度补偿功能。

【规范条文分析】

应变监测应排除温度变化等因素的影响，钢筋混凝土结构应排除混凝土收缩、徐变以及裂缝的影响。若使用应变计进行轴力监测，应在构件同一断面上布置 2～4 个应变计，以真实反映构件轴力的变化。

应变计的输出量表示沿测试方向标距范围内的平均应变。当应变场梯度大、应变波频率高，以及测量应力分布时，选用小标距应变计。材质非均匀而强度不等的材料（如混凝土）或应力分布变化比较缓慢的构件，宜选较大标距应变计。

【结构监测应用】

以下两点容易导致应变监测数值的偏差，应予以注意：

（1）测点布设的合理性：表面附着式传感器的布设位置应符合圣维南原理，避开应力集中的位置，并对称布设以消除附加弯矩的影响；

（2）长期处于室外高、低温恶劣环境带来的传感器温度漂移的影响。

一般情况下，标距可选大些，长期使用时，大标距应变计可减少胶体的应力松弛。标距越小，测量精度越高，越能正确反映出被测量点的真实应变。对于冲击荷载或高频动荷载作用下的应变测量，还要考虑应变片的响应频率，如表 1-4-2 所示。

各种栅长应变计的最高工作频率 表 1-4-2

应变计栅长 L（mm）	1	2	5	10	20	25	50
可测频率（kHz）	250	125	50	25	12.5	10	5

应变计应具有足够的强度、抗腐蚀性和耐久性，并具有抗震和抗冲击性能；连接电缆应采用耐酸碱、防水、绝缘的专用电缆。条文中对应变计的基本规定是最低要求，对于不同的应变计有不同的规定。不同位置的应变计测点应按一定的时间间隔进行测读，全部测点读数时间应基本相同；环境温度、湿度对量测结果有影响时，宜在每次记录读数的同时记录环境的温度和湿度。

【推荐目录】

《混凝土结构试验方法标准》GB/T 50152—2012 第 6 章；

《结构健康监测系统设计标准》CECS 333—2012 附录 A。

第 4.2.4 条

【规范规定】

4.2.4 选用不同类型的应变传感器应符合下列规定：

1 电阻应变计的测量片和补偿片应选用同一规格产品，并进行屏蔽绝缘保护；

2 振弦式应变计应与匹配的频率仪配套校准，频率仪的分辨率不应大于 0.5Hz；

3 光纤解调系统各项指标应符合被监测对象对待测参数的规定；

4 采用位移传感器等构成的装置监测应变时，其标距误差应为 ±1.0%，最小分度值不宜大于被测总应变的 1.0%。

【规范条文分析】

大阻值电阻应变计具有通过电流小、自热引起的温度低、持续工作时间长、动态测量信噪比高等优点。因此，在不考虑价格因素前提下，尽可能选择大阻值应变计，对提高传感器精度是有益的。同时，应根据使用环境温度（如大体积混凝土）选用不同的丝栅材料。选择电阻应变计还宜考虑蠕变，传感器一般由弹性体、应变片、粘结剂、保护层等部分组成，弹性体金属材料本身存在弹性后效以及热处理工艺等现象，可以造成传感器的正蠕变现象，而粘结剂、基底材质可以造成负蠕变效应，因此，同一种结构形式的传感器量程越小、蠕变越正，应该选用蠕变补偿序号更负的应变计与之匹配。

光纤类应变计按照光纤类应变计说明书的技术要求严格执行。

本条位移传感器的标距误差及最小分划值等技术指标参考《混凝土结构试验方法标准》GB/T 50152—2012 第 6.2.4 条条文规定。

【结构监测应用】

电阻应变计可按全桥或半桥方式制作。传感器的测量片和补偿片应选用同一规格同一批号的产品。需使用绝缘胶保护电阻应变计及裸露焊点；测点的连接应采用屏蔽电缆，导线的对地绝缘电阻值应在 500MΩ 以上；电缆屏蔽线应与被测物绝缘；测量和补偿所用连接电缆的长度和线径应相同。电阻应变计及其连接电缆均应有可靠的防潮绝缘防护措施；电阻应变计及电缆的系统绝缘电阻不应低于 200MΩ。不同材质的电阻应变计应使用不同的粘贴剂。在选用电阻应变片、粘贴剂和导线时，应充分考虑监测对象在制作、养护和施工工程中的环境条件。

振弦式应变计的分辨率不应大于其满量程的 0.15%，误差不应大于其满量程的 ±1.5%，滞后不应大于其满量程的 1.0%，非线性度不应大于其满量程的 2.0%。

采用光纤光栅应变计进行监测时应合理解决应变和温度交叉敏感的问题，消除温差引起的反射波长变化。光纤布设应避免过度弯折，光器件的连接应保持光接头的清洁。长期监测所用光纤光栅的性能参数应满足以下条件：光纤光栅进行退火处理，以保证其长期稳定性；光纤光栅反射光 3dB 带宽低于 0.25nm；光纤光栅反射率大于 90%；边模抑制比应高于 15dB；对于 0.25nm 的带宽，推荐光纤光栅的物理长度为 10mm；光纤光栅阵列波长间隔大于 3nm；厂商所标出的传感器中心波长不超过 ±0.5nm 的误差。

位移传感器的精度要求应符合本规范第 4.3 节要求。

【推荐目录】

《混凝土结构试验方法标准》GB/T 50152—2012 第 6 章；

《结构健康监测系统设计标准》CECS 333—2012 附录 A；

《大坝监测仪器　应变计　第 2 部分：振弦式应变计》GB/T 3408.2—2008 第 5 章。

第 4.2.5 条

【规范规定】

4.2.5　应变传感器的安装应符合下列规定：

1　安装前应逐个确认传感器的有效性，确保能正常工作；

2　安装位置各方向偏离监测截面位置不应大于 30mm；安装角度偏差不应大于 2°；

3　安装中，不同类型传感器的导线或电缆宜分别集中引出及保护，无电子识别编号的传感器应在线缆上标注传感器编号；

4　安装应牢固，长期监测时，宜采用焊接或栓接方式安装；

5　安装后应及时对设备进行检查，满足要求后方能使用，发现问题应及时处理或更换；

6　安装稳定后，应进行调试并测定静态初始值。

【规范条文分析】

传感器安装前，应加以保护；布设自动采集和监测网络时，应对各种线缆采取恰当的保护措施。

应变传感器埋设前，应进行密封性能、力学性能和温度性能等检验，可在水下浸泡进行检验，且 24h 不损坏，满足要求后方能使用。

应变传感器的安装位置应准确，固定应牢固。采用电阻应变计时，其敏感栅与被测结构之间必须绝缘。

应变传感器的引出线宜集中布置，并应加以保护。传感器的导线或电缆应进行编号，并采用适当的方式进行保护。多个相邻传感器的导线或电缆宜集中引出，无电子识别编号的传感器应在线缆上标注传感器编号。设备和线箱应按设计要求安置。

安装过程中和安装后及时对仪器进行检查，发现问题应及时处理或更换。安装完成应及时绘制监测仪器竣工图，存档备查。

【结构监测应用】

钢筋应力计、应变计、光纤传感器和轴力计应根据其特点，采用适宜的安装埋设方法和步骤。

（1）监测只承受静载的钢筋混凝土结构时，钢筋应力计的安装埋设要求如下：

① 钢筋应力计应焊接在同一直径的受力钢筋上，宜保持在同一轴线上，焊接时尽可能使其处于不受力状态，特别不应处于受弯状态；

② 钢筋应力计的焊接可采用对焊、坡口焊或熔槽焊；对直径大于 28mm 的钢筋，不宜采用对焊焊接；

③ 焊接过程中，仪器测出的温度应低于 60℃，为防止应力计温度过高，可采用间歇焊接法，也可在钢筋应力计部位包上湿棉纱浇水冷却，但不得在焊缝处浇水，以免焊层变脆硬。

（2）混凝土应变计的安装埋设要求如下：

① 用丙酮等有机溶剂清除测试部位表面的油污；表面粗糙不平时，可用细砂轮或砂纸磨平，再用丙酮等有机溶剂清除表面残留的磨屑；

② 在试件上划两根光滑、清楚且互相垂直交叉的定位线，使混凝土应变计基底上的轴线标记与其对准后再粘贴；

③ 粘贴时在准备好的混凝土应变计基底上均匀地涂一层胶粘剂，胶粘剂用量应保证粘结胶层厚度均匀且不影响混凝土应变计的工作性能；

④ 用镊子夹住引线，将混凝土应变计放在粘贴位置，在粘贴处覆盖一块聚四氟乙烯薄膜，且用手指顺混凝土应变计轴向，向引线方向轻轻按压混凝土应变计。挤出多余胶液和胶粘剂层中的气泡，用力加压保证胶粘剂凝固。

（3）光纤传感器的安装埋设要求如下：

① 光纤传感器应先埋入与工程材料一致的小型预制件中，再埋入工程结构中，传感器埋入后应确保其方向与受力方向一致；

② 钢筋混凝土结构中，光纤传感器可粘结到钢筋上，以钢筋受力、变形反映结构内部应力/应变状态；

③ 可先用小导管保护光纤传感器，在胶粘剂固化前将导管拔出。

（4）轴力计的安装埋设要求如下：

① 宜采用专用的轴力计安装架。在钢支撑吊装前，将安装架圆形钢筒上设有开槽的一端面与钢支撑固定端的钢板电焊焊接。焊接时安装架中心点应与钢支撑中心轴线对齐，保持各接触面平整，使钢支撑能通过轴力计正常传力；

② 焊接部位冷却后，将轴力计推入安装架圆形钢筒内，用螺丝把轴力计固定在安装架上，并将轴力计的电缆绑在安装架的两翼内侧，防止在吊装过程中损伤电缆；

③ 钢支撑吊装、对准、就位后，在安装架的另一端（空缺端）与支护墙体上的钢板中间加一块加强钢垫板；

④ 轴力计受力后即松开固定螺丝。

【推荐目录】

《工程测量规范》GB 50026—2007 第 10 章；

《大体积混凝土施工规范》GB 50496—2009 第 6 章；

《建筑工程施工过程结构分析与监测技术规范》JGJ/T 302—2013 第 6 章；

《城市轨道交通工程监测技术规范》GB 50911—2013 第 7 章。

第 4.2.6 条

【规范规定】

4.2.6 应变监测应与变形监测频次同步且宜采用实时监测。

【规范条文分析】

为便于分析应力与变形随时间变化的关系，应变和变形的监测频次宜同步。本条文提到的实时监测主要针对每个监测阶段期间的监测。

【结构监测应用】

结构变形反映结构在空间位形上的总体变化，而应力是监测界面上的局部受力反应，二者可以相互补充和验证。因此，应力监测不仅应与变形监测的频次基本同步，更宜考虑应变测点与变形测点的统筹布置。

【推荐目录】

《建筑工程施工过程结构分析与监测技术规范》JGJ/T 302—2013 第 6 章。

第 4.2.7 条

【规范规定】

4.2.7 应变监测数据处理应符合下列规定：

1 采用电阻应变计量测时，按下列公式对实测应变值进行导线电阻修正：

采用半桥量测时：

$$\varepsilon = \varepsilon' \left(1 + \frac{r}{R}\right) \tag{4.2.7-1}$$

采用全桥量测时：

$$\varepsilon = \varepsilon' \left(1 + \frac{2r}{R}\right) \tag{4.2.7-2}$$

式中 ε ——修正后的应变值；

ε' ——修正前的应变值；

r ——导线电阻（Ω）；

R ——电阻应变计电阻（Ω）。

2 采用光纤类应变计及振弦式应变计量测时，应按校准系数进行换算。

【规范条文分析】

电阻应变计通过胶粘接在结构上，胶接层的存在导致应变片实际量测到的应变小于结构的真实应变。应变片上任一点的应变可通过下式计算：

$$\varepsilon_g(x) = \varepsilon_m \left(1 - \frac{\cosh(kr)}{\cosh(kL)}\right) \tag{1-4-1}$$

式中 ε_g——应变片的应变；

         ε_m——结构的应变；

         L——粘接长度。

其中 k 为与应变片等材料有关的应变传递系数，如式（1-4-2）所示：

$$k = \left((1+\mu) \frac{E_g}{E_c} r_g^2 \ln\left(\frac{r_m}{r_g}\right) \right)^{-1/2} \tag{1-4-2}$$

式中 μ——粘接层的泊松比；

      E_c——粘接层的弹性模量；

      E_g——应变片的弹性模量；

      r_m——结构表面至应变片中心的距离；

      r_g——应变片的厚度；

       r——粘接层的厚度，$r = r_m - r_g$。

应变片测量数值与结构真实应变的差值会随着粘接层厚度的增加而增加，与粘接长度成反比。正常情况下，该误差小于 10%。如果粘接层较厚，则需要进一步修正才能得到结构的真实应变。

【结构监测应用】

（1）采用振弦式应变计时，应变量的计算有两种拟合方法：

① 线性拟合

$$P_i = kN + C + b(T_t - T_i) \tag{1-4-3}$$

式中 P_i——应变计当前时刻相对于初始位置时的应变量，10^{-6}；

      k——应变计系数，单位为 10^{-6} 每二次方赫兹（$10^{-6}/\text{Hz}^2$）；

      N——输出频率的平方差，$N = f_i^2 - f_0^2$，单位为二次方赫兹（Hz^2）；

      f_i^2——应变计当前时刻输出频率的平方，单位为二次方赫兹（Hz^2）；

      f_0^2——应变计初始输出频率的平方，单位为二次方赫兹（Hz^2）；

      C——应变计的自由状态输出；

      b——应变计温度修正系数，单位为 10^{-6} 每摄氏度（$10^{-6}/℃$）；

      T_t——测试点温度，单位为摄氏度（℃）；

      T_i——基准温度，单位为摄氏度（℃）。

② 非线性拟合：可采用多项式拟合，数据处理宜采用最小二乘法，其方程可包含温度补偿项。当应变计温度修正系数很小，不影响测量精度时，允许忽略温度影响。

（2）采用光纤光栅测量时，其解调设备的选型宜符合以下条件：

① 对于静态测量，波长测量精度小于 3pm，重复性小于 5pm，波长年漂移量低于 30pm。

② 对于动态测量，波长测量精度小于 5pm，重复性小于 10pm，波长年漂移量低于 60pm。

③ 建议采用气体（HCN 及 C_2H_2）吸收光谱作为波长参考。

采用可调谐滤波器解调原理的波长解调设备时，应考虑光在光缆中的有限传播速度造成的相位差，该相位差会导致解调波长误差。同一对象不同时期的监测，建议采用相等长度的光缆。由于光缆长度引起的解调波长误差按下式计算：

$$X = \frac{2LAf}{c}$$

(1-4-4)

式中　X ——光缆长度引起的解调波长误差，nm；
　　　A ——波长解调设备的扫描波长范围，nm；
　　　f ——波长解调设备的采样频率，Hz；
　　　L ——测量用光缆长度，m；
　　　c ——光速，m/s。

【推荐目录】
　　《结构健康监测系统设计标准》CECS 333—2012 附录 A；
　　《大坝监测仪器　应变计　第 2 部分：振弦式应变计》GB/T 3408.2—2008 附录 A。

4.3　变形与裂缝监测

第 4.3.1 条

【规范规定】
4.3.1　变形监测可分为水平位移监测、垂直位移监测、三维位移监测和其他位移监测。

【规范条文分析】
　　本节适用于建筑与桥梁结构的地基、基础、上部结构及场地的变形监测。以监测项目的主要变形性质为依据，考虑结构设计、施工习惯用语等因素，将变形监测分为水平位移监测、垂直位移监测、三维位移监测和其他位移监测四类。其中水平位移监测是指主要监测结构构件、局部或整体的水平位移；垂直位移监测是指主要监测结构构件、局部或整体的竖向位移（含沉降）；三维位移监测是指主要采用卫星定位系统（如 GPS）、地理信息系统（GIS）、摄影以及全站仪等手段或设备进行的结构三维空间位置监测。考虑到相对滑移、转角、倾斜、挠度、瞬时变形及日照变形的性质与前三类位移监测有所区别，因此本条将其归为其他位移监测。另外，考虑到实时变形的特殊性，本规范动态变形相关规定见第 4.5 节振动监测内容。

【结构监测应用】
　　确定水平（或竖向）位移监测的精度应主要考虑监测等级和其控制值两方面的因素，水平（或竖向）位移控制值包括变化速率控制值和累计变化量控制值。水平（或竖向）位移监测的精度首先要根据控制值的大小进行确定，特别是要满足速率控制值或在不同工况条件下按各阶段分别进行控制的要求。确定监测精度的原则是监测控制值越小要求的监测精度就越高，同时还要满足不低于同级别监测等级条件下的监测精度要求。水平和竖向位移监测精度可分别参考表 1-4-3 和表 1-4-4。

水平位移监测精度 表 1-4-3

工程监测等级		一级	二级	三级
水平位移控制值	累计变化量（mm）	＜30	≥30 且＜40	≥40
	变化速率（mm/d）	＜3	≥3 且＜4	≥4
监测点坐标中误差（mm）		≤0.6	≤0.8	≤1.2

注：1 监测点坐标中误差是指监测点相对测站点（如工作基点等）的坐标中误差，为点位中误差的 $1/\sqrt{2}$；

2 当根据累计变化量和变化速率选择的精度要求不一致时，优先按变化速率的要求确定。

竖向位移监测精度 表 1-4-4

工程监测等级		一级	二级	三级
水平位移控制值	累计变化量（mm）	＜25	≥25 且＜40	≥40
	变化速率（mm/d）	＜3	≥3 且＜4	≥4
监测点测站高差中误差（mm）		≤0.6	≤1.2	≤1.5

注：监测点测站高差中误差是指相应精度与视距的几何水准测量单程一测站的高差中误差。

【推荐目录】

《建筑变形测量规范》JGJ 8—2007 第 1 章；

《工程测量规范》GB 50026—2007 第 10 章。

第 4.3.2 条

【规范规定】

4.3.2 根据监测仪器的种类，监测方法可分为机械式测试仪器法、电测仪器法、光学仪器法及卫星定位系统法。

【规范条文分析】

机械式测试仪器法主要是指用百分表、千分表、张丝式挠度计等仪器测试位移。该方法操作简单、性能可靠、稳定性好，但一般依靠人工读数，测试效率低，在测试中需要采用磁性表座或搭设支架作为不动参考点，不适合于大跨以及净空较高的建筑与桥梁结构，适用于室内试验以及预制构件现场试验等。

电测仪器法是指将位移信号转化为电信号进行量测，主要包括电子倾斜仪、连通液位式挠度仪、静力水准仪、电子百分表、电子千分表、电阻式位移传感器、应变梁式位移传感器、差动变压器式位移传感器、裂缝测宽计等。该方法灵敏度高、数字化程度高、易于集成化，在目前工程实际中应用较为广泛。

光学仪器包括精密水准仪、全站仪、经纬仪、测距仪、读数显微镜、摄影技术等。光学仪器法具有技术成熟、精度高等优点，但需布置大量基准网、点，在工程实际中尤其是在建（构）筑物密集的城区较难实现。

卫星定位系统技术（如 GPS）以其精度高、速度快、全天候、操作简便而著称，已被广泛应用于测绘领域，鉴于其优点突出，在条件允许情况下，卫星定位测量技术宜作为大型工程控制网建立的首选方法。

鉴于地理信息系统（GIS）位移监测是利用前述方法采集的监测数据为基础，具有集中、存储、操作和显示地理参考信息的计算机系统，故不单独列为一类监测方法。

变形监测可包含几何线性和挠度监测两部分，几何线性监测仪器有：位移计、倾角仪、全球卫星定位系统（GPS）、电子测距仪（EDM）、全站仪。挠度（含振动位移）监测仪器有：百分表、连通管、线性可变差动变压位移传感器（LVDT）、电阻电位计、激光测距仪、综合型加速度计（位移档）、微波干涉仪、倾角仪等。

【结构监测应用】

量测特定方向的水平位移宜采用小角法、方向线偏移法、视准线法、投点法、激光准直法等大地测量法，并应符合下列规定：

（1）采用投点法和小角法时，应对经纬仪或全站仪的垂直轴倾斜误差进行检验，当垂直角超出±3°范围时，应进行垂直轴倾斜改正；

（2）采用激光准直法时，应在使用前对激光仪器进行校验；

（3）采用方向线偏移法时，测出对应基准线端点的边长与角度，求得偏差值；对其他监测点，可选适宜的主要监测点为测站，测出对应其他监测点的距离与方向值，按方向值的变化求得偏差值。

测定任意方向的水平位移可根据监测点的分布情况，采用交会、导线测量、极坐标等方法。

当监测点与基准点无法通视或距离较远时，可采用卫星定位系统技术（如 GPS）测量法或三角、三边、边角测量与基准线法相结合的综合测量方法。

竖向位移监测可采用几何水准测量、电子测距三角高程测量、静力水准测量等方法。对于采用的水准仪视准轴与水准管轴的夹角（i 角），监测等级一级时，不应大于 $10''$，监测等级二级时，不应大于 $15''$，监测等级三级时，不应大于 $20''$，i 角校验应符合现行国家标准《国家一、二等水准测量规范》GB/T 12897—2006 的有关规定；采用静力水准进行竖向位移自动监测时，设备的性能应满足监测精度的要求，并应符合现行行业标准《建筑变形测量规范》JGJ 8—2007 的有关规定；采用电子测距三角高程进行竖向位移监测时，宜采用 $0.5''\sim1''$ 级的全站仪和特制觇牌采用中间设站、不量仪器高的前后视观测方法，并应符合现行行业标准《建筑变形测量规范》JGJ 8—2007 的有关规定。

【推荐目录】

《工程测量规范》GB 50026—2007 第 3～4 章、第 8 章、第 10 章；

《建筑变形测量规范》JGJ 8—2007 第 4 章；

《国家一、二等水准测量规范》GB/T 12897—2006 第 7 章。

第 4.3.3 条

【规范规定】

4.3.3 应根据结构或构件的变形特征确定监测项目和监测方法。

【规范条文分析】

具体应用时，应根据监测项目的特点、精度要求、变形速率以及监测体的安全性等指标选用变形监测的内容和方法，监测方法并非唯一，也可同时采用多种方法。

【结构监测应用】

同一监测项目可选择多种监测方法，选择中应综合考虑上述各种因素，本规范第 4.3.2 条列出了各类方法可选仪器以及各类方法的优缺点，综合考虑这些因素后选择的监测方法无疑具有更好的科学性、可行性和合理性。

监测方法的合理易行有利于适应施工现场或运营条件的变化。比如常用的光学测量设备包括精密光学水准仪、电子水准仪、全站仪、精密经纬仪等，此类设备属非接触性设备，具有适用性强、量程大、测点距离远等优点，但分辨率相对较低、测试速度慢，夜间测试需要照明，主要适用于无法搭设支架以及结构变形响应较大的建筑与桥梁结构。若结构变形响应较小，应选用分辨率相对较高的设备，如应变式位移传感器等。

【推荐目录】

《工程测量规范》GB 50026—2007 第 10 章；

《建筑基坑工程监测技术规范》GB 50497—2009 第 6 章。

第 4.3.4 条

【规范规定】

4.3.4 变形监测应建立基准网，采用的平面坐标系统和高程系统可与施工采用的系统一致。局部相对变形测量可不建立基准网，但应考虑结构整体变形对监测结果的影响。

【规范条文分析】

一般情况下监测基准网的边长均较短，采用强制对中装置的观测墩是提高观测精度的有效方法，强制对中装置宜选用防锈的铜质材料，并采取有效防护措施保证点位的稳定性。部分监测点与水准基准点和工作基点组成闭合环或附合水准线路，有利于提高精度和避免粗差。在监测结构局部或构件的相对垂直位移，以及支座顶升、托换（如桥梁），构件吊装等短期监测时，局部相对变形测量采用精密光学水准仪、电子水准仪、全站仪、精密经纬仪等，可不布置监测基准网。

【结构监测应用】

为了保证监测和施工、运营的统一性，变形监测除应与施工坐标和高程系统一致外，应与设计、施工和运营诸阶段的坐标系统相一致，有条件的工程可与国家或当地坐标和高程系统联测；基准网在使用过程中应定期检测，检测精度与首次测量精度相同。

水平位移监测网可采用假设坐标系统，并进行一次布网。每次监测前，应对水平位移基准点进行稳定性复测，并以稳定点作为起算点。测角、测边水平位移监测网宜布设为近似等边的边角网，其三角形内角不应小于 30°，当受场地或其他条件限制时，个别角度可适当放宽。

竖向位移监测网宜采用国家或当地高程系统，也可采用假定高程系统；采用几何水准测量、三角高程测量时，监测网应布设成闭合、附合线路或结点网，采用闭合线路时，每次应联测 2 个以上的基准点。

【推荐目录】

《工程测量规范》GB 50026—2007 第 3～4 章。

第 4.3.5 条

【规范规定】

4.3.5 变形基准值监测应减少温度等环境因素的影响。

【规范条文分析】

温度等环境因素是分析研究结构及基础变形不可缺少的条件。温度变化不仅对结构应力及变形有影响,对设备本身测试的应力及位移也有影响,变形基准值是变形测量的基准参照值,其精度及可靠性要求均比较高,因此应尽可能在适宜环境下进行变形基准值(基准网)的监测,减少温度等环境因素影响。工作现场温度变化较大时,读数应进行温度修正。

【结构监测应用】

各个变形监测基准值的量测应在尽可能短的时间内完成,以保证变形基准值监测数据在时间上基本一致;当下雨,测量仪器横向有二级以上风或作业时的温度超过测量仪器检定时的温度范围时,不应进行量测。

基准值的量测时间应选在结构温度场相对稳定的时刻,如夜间或日出前。

【推荐目录】

《工程测量规范》GB 50026—2007 第 3～5 章。

第 4.3.6 条

【规范规定】

4.3.6 变形监测的结果应结合环境及效应监测的结果进行修正。

【规范条文分析】

修正是为了消除温度、收缩、徐变等对结构变形的影响。如施工期间考虑变形监测结果的修正,可为下一阶段施工预留变形量,以满足设计位置的变形要求。

【结构监测应用】

严格来讲,几乎所有的工程测量都受到环境因素的影响。即使结构所承受的荷载和环境没有任何改变,但是若量测仪器标定时的温度与实际使用时的温度存在差值,由于材料都存在热胀冷缩现象,也会造成实测值偏离真实值。另外,对于光学测量仪器,光线对其测量精度影响显著,例如采用光电测挠仪测试结构的挠度时,宜避开强光的影响。

【推荐目录】

《工程测量规范》GB 50026—2007 第 3～5 章。

第 4.3.7 条

【规范规定】

4.3.7 变形监测仪器量程应介于测点位移估计值或允许值的 2 倍～3 倍;采用机械式测试仪器时,精度应为测点位移估计值的 1/10。

【规范条文分析】

变形监测仪器的预计量程宜控制在量测仪表满量程的 30%～60% 范围之内；光学仪器法、卫星定位系统的精度要求应按照现行国家标准《工程测量规范》GB 50026—2007 执行；对于电测仪器，其指示仪表的最小分度值不宜大于所测总位移的 1.0%，示值误差应不大于满量程的 ±1.0%。

【结构监测应用】

具体而言，常用的位移量测仪器、仪表的精度、误差等应符合下列规定：

（1）根据《指示表》GB/T 1219—2008 和《金属直尺》GB/T 9056—2004 的规定，百分表、千分表和钢直尺的误差允许值应符合表 1-4-5 的规定。

百分表、千分表和钢直尺的误差允许值　　　表 1-4-5

名称	量程 S (mm)	最大允许误差（μm）							回程误差（μm）	重复性（μm）
		任意 0.05mm	任意 0.1mm	任意 0.2mm	任意 0.5mm	任意 1mm	任意 2mm	全量程		
百分表（分度值 0.01mm）	S≤3							±14		
	3<S≤5	—	±5	—	±8	±10	±12	±16	3	3
	5<S≤10							±20		
	10<S≤20							±25	5	4
	20<S≤30	—	—	—	±15	—	—	±35	7	
	30<S≤50							±40	8	5
	50<S≤100							±50	9	
千分表（分度值 0.001mm）	S≤1	±2	—	±3	—	—		±5	0.3	
	1<S≤3	±2.5	—	±3.5	±5	±6		±8	0.5	0.6
	3<S≤5	±2.5	—	±3.5	±5	±6		±9	0.5	
千分表（分度值 0.002mm）	S≤1	±3	—	±4	—	—		±7		
	1<S≤3	±3	—	±5	±5	±6		±9	0.6	0.6
	3<S≤5	±3	—	±5	±5	±6		±11		
	5<S≤10	±3	—	±5	—	—		±12		
钢直尺	150、300、500				—			150	—	—
	600、1000							200		

（2）根据《水准仪检定规程》JJG 425—2003 和《光学经纬仪检定规程》JJG 414—2011 的要求，水准仪和经纬仪的精度分别不应低于 DS3 和 DJ2；

（3）根据《混凝土结构试验方法标准》GB/T 50152—2012 的要求，倾角仪的最小分度值不宜大于 5″，电子倾角计的示值误差应不大于其满量程的 ±1.0%。

【推荐目录】

《水准仪检定规程》JJG 425—2003 第 3 章；

《光学经纬仪检定规程》JJG 414—2011 第 3 章；

《混凝土结构试验方法标准》GB/T 50152—2012 第 6 章；

《指示表》GB/T 1219—2008 第 3 章；

《金属直尺》GB/T 9056—2004 第 3 章；

《工程测量规范》GB 50026—2007 第 10 章。

第 4.3.8 条

【规范规定】

4.3.8 监测标志应根据不同工程结构的特点进行设计；监测标志点应牢固、适用和便于保护。

【规范条文分析】

标志埋设后，应达到稳定后方可开始监测，稳定期应根据监测要求与地质条件确定，不宜少于 1.5 天。监测标志是基准点及监测点位置的识别标志，要保证整个变形监测阶段监测稳定可靠，监测标志点必须牢固、方便使用且易于维护，裸露部位应采用耐氧化材料。

【结构监测应用】

若特殊工程结构需要进行科研相关工作，其沉降点标志一般用深埋标，与通常用于监测安全的浅埋标制作方法及要求均有所不同。不同监测项目的监测标志也有所不同，具体要求可参考《工程测量规范》GB 50026—2007 和《建筑变形测量规范》JGJ 8—2007 中的相关规定。

监测标志应便于量测，长期观测可采用镶嵌或埋入墙面的金属标志、金属杆标志或楔形板标志。

【推荐目录】

《工程测量规范》GB 50026—2007 第 3～4 章、第 8 章、第 10 章；

《建筑变形测量规范》JGJ 8—2007 第 4～7 章。

第 4.3.9 条

【规范规定】

4.3.9 基坑监测应按现行国家标准《建筑基坑工程监测技术规范》GB 50497 有关规定执行；当采用光学仪器法、卫星定位系统法进行变形监测时，应按现行国家标准《工程测量规范》GB 50026 有关规定执行；振动位移监测应按本规范第 4.5 节规定执行。

【规范条文分析】

为了保持各规范之间的协调统一，建筑基坑工程监测应参照《建筑基坑工程监测技术规范》GB 50497—2009 第 6 章执行；公路、市政、铁路桥梁、轨道交通桥梁基坑可参考《公路桥涵施工技术规范》JTG/T F50—2011 第 8 章到第 14 章、《城市桥梁工程施工与质量验收规范》CJJ 2—2008 第 10 章、《城市轨道交通工程监测技术规范》GB 50911—2013 第 5 章执行。激光准直法、基准线法（正倒垂线法、视准线法、引张线法）、边角法（三角形网、极坐标法、交会法）等光学仪器法以及 GPS 等卫星定位系统测试方法的相关规定可参照《工程测量规范》GB 50026—2007 第 10 章。

【结构监测应用】

除参考上述规范外，监测仪器相关指标要求可参看《混凝土结构试验方法标准》GB/T 50152 第 6 章以及《建筑工程容许振动标准》GB 50868 第 4 章。

【推荐目录】

《建筑基坑工程监测技术规范》GB 50497—2009 第 6 章；

《工程测量规范》GB 50026—2007 第 10 章；

《混凝土结构试验方法标准》GB/T 50152—2012 第 6 章；

《建筑工程容许振动标准》GB 50868—2013 第 4 章；

《公路桥涵施工技术规范》JTG/T F50—2011 第 8～14 章；

《城市桥梁工程施工与质量验收规范》CJJ 2—2008 第 10 章；

《城市轨道交通工程监测技术规范》GB 50911—2013 第 5 章。

第 4.3.10 条

【规范规定】

4.3.10　对于施工阶段累积变形较大的结构，应按设计要求采取补偿技术修正工程结构的标高，宜使最终的标高与设计标高一致，标高补偿技术应采用预测和监测相结合的方式进行。

【规范条文分析】

本条在超高层结构中宜优先考虑，超高层结构随着高度增加，底部构件压力增大，收缩徐变、不均匀沉降等引起的竖向构件累计变形增大，可以达到数厘米，因此必须通过标高监测，在施工阶段标高层预留长期变形量作为标高补偿，协调水平构件参与竖向构件变形协调，减小结构构件可能产生的附加内力。

【结构监测应用】

对于施工层标高的传递，若采用悬挂钢尺代替水准尺的水准测量方法，应对钢尺读数进行温度、尺长和拉力修正。超过检定温度范围±10℃、湿度范围 10％RH、变形基准值修正大于 1/10000 时，宜进行温度和变形量测值的修正。传递点的数目，应根据建（构）筑物的大小和高度确定。规模较小的工程结构，宜从两处分别向上传递，规模较大的工程结构，宜从三处分别向上传递。传递的标高较差小于 3mm 时，可取其平均值作为施工层的标高基准，否则，应重新传递。

同时，施工单位应采用适当的补偿技术修正建筑的楼面标高，使得最终的楼面标高与设计标高相一致。楼面标高补偿技术采用预测和监测相结合的方式进行。一方面，通过对楼层施工时楼面标高的监测，可以获得当前楼面标高的实际值。另一方面，通过考虑材料时变效应的分析技术预测包括收缩徐变和基础沉降的长期变形量，并在施工阶段楼面标高预留 80％的长期变形量作为标高补偿。

施工的垂直度监测精度，应根据建筑物的高度、施工的精度要求、现场监测条件和垂直度测量设备等综合分析确定，但不应低于轴线竖向投测的精度要求。

【推荐目录】

《工程测量规范》GB 50026—2007 第 8 章。

第 4.3.11 条

【规范规定】

4.3.11 变形监测的频次应符合下列规定：

1 当监测项目包括水平位移与垂直位移时，两者监测频次宜一致；

2 结构监测可从基础垫层或基础底板完成后开始；

3 首次监测应连续进行两次独立量测，并应取其中数作为变形量测的初始值；

4 当施工过程遇暂时停工，停工时及复工时应各量测一次，停工期间可根据具体情况进行监测；

5 监测过程中，监测数据达到预警值或发生异常变形时应增加监测次数。

【规范条文分析】

监测频次应使监测信息及时、系统地反映施工工况、使用状况及监测对象的动态变化，并宜采取定时监测，以反映相同时间间隔下，监测对象的变形、变化大小，便于计算监测对象的变化速率，判断监测对象的变化快慢，及时关注短时内发生较大变化的现象，从累计变化量和变化速率两个方面评价监测对象的安全状态。在监测对象累计变化量、变化速率超过控制值或出现其他异常情况时，应提高监测频率，减小监测时间间隔；监测对象变形、变化趋于稳定时，可适当增大监测时间间隔，减小监测次数。如条件允许，对关键监测项目可考虑进行实时监测。

【结构监测应用】

变形监测频次的确定应以能系统地反映所测结构变形的变化过程且不遗漏其变化时刻为原则，并综合考虑单位时间内变形量的大小、变形特征、观测精度要求及外界因素影响情况。当有多种原因使某一结构产生变形时，可分别以各种因素确定监测频次后，以其最高频次作为监测频次。

变形监测的时间性很强，它反映某一时刻结构相对于基点的变形程度或变形趋势，因此首次监测值是整个变形监测的基础数据，应认真监测，仔细复核，进行两次同精度独立监测，以保证首次监测成果有足够的精度和可靠性。

变形监测同时应进行现场巡查，巡查频率也应结合监测频率，根据施工进度以及使用状况合理安排，做好巡查记录，发现异常情况时，应立即报告。

【推荐目录】

《工程测量规范》GB 50026—2007 第 10 章。

第 4.3.12 条

【规范规定】

4.3.12 根据现场条件和精度要求，三维位移可选择光学仪器法、卫星定位系统法及摄影法进行监测。

【规范条文分析】

三维位移监测，不同的监测方法有不同的监测精度和场地条件要求，如卫星定位系统的监测精度高，但监测接收设备离电视台、电台、微波站等大功率无线电发射源的距离不应小于 200m；离高压输电线和微波无线电信号传输通道的距离不应小于 50m；附近不应有强烈反射卫星信号的大面积水域、大型建筑以及热源等；视场内障碍物的高度角不宜超过 15°。具体应用时，应根据监测项目的特点、精度要求、现场地质条件等综合选用。摄影法因很少受气候、地理等条件的限制，适用于大范围测绘，大型工程中，像控点的点位精度不宜低于结构监测精度的 1/3，其他具体技术要求可参见现行国家标准《工程摄影测量规范》GB 50167—2014 的有关规定。

【结构监测应用】

随着工程监测技术的不断发展，全站仪自由设站、测量机器人、静力水准、微波干涉测量三维位移等新技术逐渐得到应用和推广。这些监测技术可以弥补常规技术的不足，具有实施安全、高精度、高效率、操作灵活等特点，有效地提高了监测的技术水平，促进了监测工作的开展。用新技术、新方法进行工程监测的同时，应辅以常规监测方法进行验证，实践表明新技术、新方法应具有足够的可靠性时方可单独应用。

自动跟踪测量全站仪是全站仪系列中的高端产品，是常用的三维位移监测光学仪器法，在大型工程中已得到较为广泛的应用，其反射片通常用于较短的距离测量，精度可满足普通变形监测的精度需要，鉴于变形监测的重要性，要求数据通信稳定、可靠，故数据电缆以光缆或专用电缆为宜。

【推荐目录】

《工程测量规范》GB 50026—2007 第 10 章；

《建筑变形测量规范》JGJ 8—2007 第 7 章；

《工程摄影测量规范》GB 50167—2014 第 3 章。

第 4.3.13 条

【规范规定】

4.3.13 倾斜及挠度监测应符合下列规定：

1 倾斜监测方法的选择及相关技术要求应按现行国家标准《工程测量规范》GB 50026 有关规定执行；

2 重要构件的倾斜监测宜采用倾斜传感器，倾斜传感器可根据监测要求选用固定式或便携式；

3 倾斜和挠度监测频次应根据倾斜或挠度变化速度确定，宜与水平位移监测及垂直位移监测频次相协调，当发现倾斜和挠度增大时应及时增加监测次数或进行持续监测。

【规范条文分析】

倾斜监测应根据现场监测条件和要求，选用投点法、激光铅直仪法、垂准法、倾斜仪法或差异沉降法等监测方法。倾斜传感器又称为测斜仪，测斜仪是一种测定钻孔倾角和方位角的原位监测仪器，该仪器配合测斜管可反复使用；利用测斜仪可对土石坝、基坑、路基、边坡及其隧道等结构物进行原位监测，分为便携式测斜仪和固定式测斜仪，便携式测斜仪又分为便携式垂直测斜仪和便携式水平测斜仪，固定式测斜仪又分为单轴和双轴测斜仪。目前应用最广的是便携式测斜仪。

【结构监测应用】

投点法应采用全站仪或经纬仪瞄准上部观测点，在底部观测点安置水平读数尺直接读取偏移量，正、倒镜各观测一次取平均值，并根据上、下观测点高度计算倾斜度。

垂准法应在下部测点安装光学垂准仪、激光垂准仪或经纬仪、全站仪加弯管目镜，在顶部测点安置接收靶，在靶上读取或量取水平位移量与位移方向。

倾斜仪法可采用水管式、水平摆、气泡或电子倾斜仪等进行观测，倾斜仪应具备连续读数、自动记录和数字传输功能。

差异沉降法应采用水准方法测量沉降差，经换算求得倾斜度和倾斜方向。

当采用全站仪或经纬仪进行外部观测时，仪器设置位置与监测点的距离宜为上、下点高差的 1.5～2.0 倍。

各种方法应按照《工程测量规范》GB 50026—2007 第 10 章和《建筑变形测量规范》JGJ 8—2007 第 6 章相关规定执行。

【推荐目录】

《工程测量规范》GB 50026—2007 第 10 章；

《建筑变形测量规范》JGJ 8—2007 第 6 章。

第 4.3.14 条

【规范规定】

4.3.14 裂缝监测宜采用量测、观测、检测与监测方法独立或相互结合的方式进行。

【规范条文分析】

对工程监测对象的裂缝情况进行现状普查是结构抗裂性普查的重要内容。通过裂缝现状普查，一方面能够对建筑与桥梁结构的裂缝情况进行了解和掌握，选择其中部分重要的裂缝进行监测；另一方面也为解决后续工程施工及使用过程中的工程纠纷提供资料。

裂缝的位置、走向、长度、宽度是裂缝监测的 4 个要素内容，裂缝深度测量由于手段较为复杂、精度较低，并有可能需要对裂缝表面进行开凿，因此，只有在特殊要求时才进行监测。4 个要素内容宜采用下列方法：

（1）裂缝宽度监测宜采用裂缝观测仪进行测读，也可在裂缝两侧贴、埋标志，采用千分尺或游标卡尺等直接量测，或采用裂缝计、粘贴安装千分表及摄影量测等方法监测裂缝宽度变化；

（2）裂缝长度监测宜采用直接量测法；

（3）裂缝深度监测宜采用超声波法、凿出法等。

【结构监测应用】

裂缝监测过程中应满足下列要求：

（1）根据裂缝的走向和长度，裂缝监测点分别布设在裂缝的最宽处和裂缝的末端。

（2）裂缝监测标志应跨裂缝牢固安装。标志可选用镶嵌式金属标志、粘贴式金属片标志、钢尺条、坐标格网板或专用量测标志等。

（3）量测标志安装完成后，应拍摄裂缝观测初期的照片。

（4）对于尚未出现裂缝的结构，需要根据受力分析的结果，预先判定裂缝可能的走向。

（5）传感器量测方向应与裂缝可能的走向垂直。裂缝初期可每半个月监测一次，基本稳定后宜每月监测一次，当发现裂缝加大或变化速率较快时应及时增加监测次数，必要时应持续监测。

目前市场上应用较多的是智能型裂缝观测仪，分辨率为 0.02 或 0.01mm，量程为 2～6mm；如果需提高分辨率，可采用位移传感器或工具式应变仪横跨裂缝的方式进行裂缝宽度增量测试，适用于典型裂缝测试，测距内混凝土应变可忽略，如图 1-4-1、图 1-4-2 所示。

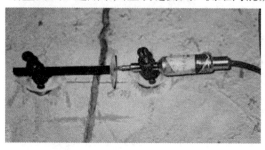

图 1-4-1　应变式位移传感器测量裂缝宽度增量图例（分辨率 0.002mm）

图 1-4-2　工具式应变仪（BDI 智能传感器，分辨率 $10^{-6} \times L$mm，L 为标距）

【推荐目录】

《工程测量规范》GB 50026—2007 第 10 章；

《建筑变形测量规范》JGJ 8—2007 第 7 章。

第 4.3.15 条

【规范规定】

4.3.15 裂缝监测参数包括裂缝的长度和宽度，监测中应符合下列规定：

1 裂缝长度和较大裂缝的宽度可采用钢尺或机械式测试仪器法测量。直接测量时可采用裂缝宽度检验卡、电子裂缝观察仪，每个测点每次量测不宜少于 3 次；裂缝宽度检验卡最小分度值不宜大于 0.05mm；利用电子裂缝观察仪时，量测精度应为 0.02mm；

2 对于宽度 1mm 以下的裂缝，可采用电测仪器法，仪器分辨率不应大于 0.01mm；

3 需监测裂缝两侧两点位移的变化时可用结构裂缝监测计，传感器包括振弦式测缝计、应变式裂缝计或光纤类位移计，传感器的量程应大于裂缝的预警宽度，传感器测量方向应与裂缝走向垂直；

4 已发生开裂结构，宜监测裂缝的宽度变化；尚未发生开裂结构，宜监测结构的应变变化。

【规范条文分析】

精度是测量值与真实值的接近程度，与分辨率没有必然关系。现场实际测试时，很难满足仪器标定精度下的环境时，应优先选用可靠性高且满足基本精度要求的仪器即可。

裂缝监测的分辨率越小，能测量的细微裂缝数量也将增多，但同时由于量测设备的刻度数量有限，分辨率越小，量程也会变小。因此，测量宽度较大的裂缝时，无须采用分辨率小的监测仪器。

【结构监测应用】

裂缝宽度是裂缝监测的首要内容，如裂缝监测长度有需要，可进行测量。

对于大面积且不便于人工量测的众多裂缝宜采用交会测量或近景摄影测量方法；需要连续监测裂缝变化时，可采用测缝计或传感器自动测量方法监测；需分析结构裂缝的发展趋势或长期监测时，可考虑布置裂缝监测传感器。裂缝监测传感器需了解属于电阻类、振弦类、还是光纤类传感器，长期监测应选择后两类传感器。

当建筑与桥梁结构出现裂缝且裂缝不断发展时，应进行裂缝监测。裂缝比较敏感的部位，应加测关键断面或埋设应变和位移传感器测试相关的应力应变，应力应变的量测应符合本章第4.2节、第4.3节以及第4.5节相应规定。

【推荐目录】

《工程测量规范》GB 50026—2007 第10章；

《建筑变形测量规范》JGJ 8—2007 第7章。

4.4 温 湿 度 监 测

第4.4.1条

【规范规定】

4.4.1 温湿度监测可包括环境及构件温度监测和环境湿度监测。

【规范条文分析】

温湿度监测是信息化施工和运营的体现，是从温湿度方面辅助应力及变形监测结构性态的一种直观方法，将温湿度监测分为环境温度监测、构件温度监测及环境湿度监测三类，是以监测对象为依据，并考虑了建筑设计、监测的习惯用语。

【结构监测应用】

当有如下情况发生时，应进行温湿度监测：

（1）温湿度变化会导致结构或构件应力及变形变化较大；

（2）温湿度监测用于修正其他对温湿度敏感的传感器量测值；

（3）长期处于恶劣环境条件下的结构使用期间监测。

温湿度传感器一般用于长期监测，因此，在使用中需要很仔细的保护。

【推荐目录】

《建筑工程施工过程结构分析与监测技术规范》JGJ/T 302—2013 第7章；

《公共场所卫生检验方法　第1部分：物理因素》GB/T 18204.1—2013 第3～4章 。

第4.4.2条

【规范规定】

4.4.2 大体积混凝土温度监测应按现行国家标准《大体积混凝土施工规范》GB 50496 有

关规定执行。

【规范条文分析】

　　大体积混凝土施工过程中应确定温控指标、温控监测设备和测试布置图；其中保温覆盖层的厚度可根据温控指标的要求按《大体积混凝土施工规范》GB 50496—2009 附录 C 计算。混凝土的测温监控设备也应按照《大体积混凝土施工规范》GB 50496—2009 的有关规定配置和布设，标定调试应正常，保温用材料应齐备，并应派专人负责测温作业。

【结构监测应用】

　　大体积混凝土施工需在监测数据指导下进行，及时调整技术措施。大体积混凝土温控监测主要包括混凝土浇筑体的温度、浇筑体里表温差、降温速率及环境温度、温度应变的测试四个方面的监测，在混凝土浇筑后，监测频次不宜少于 4 次每昼夜；入模温度的监测频次，每台班不宜少于 2 次。

　　多数大体积混凝土工程具有对称轴线，因此可选结构平面图对称轴线的半条轴线为测试区，如实际工程不对称，可根据经验及理论计算选择结构有代表性温度监测区域；具体布置应按照《大体积混凝土施工规范》GB 50496—2009 第 6 章的相关规定执行。

【推荐目录】

　　《大体积混凝土施工规范》GB 50496—2009 第 6 章。

第 4.4.3 条

【规范规定】

4.4.3　温度监测精度宜为±0.5℃，湿度监测精度宜为±2％RH。

【规范条文分析】

　　本条是根据《公共场所卫生检验方法　第 1 部分：物理因素》GB/T 18204.1—2013 第 3 章和第 4 章温湿度基本精度要求，结合实际工程结构施工及使用期间监测应用，并参考《馆藏文物保存环境质量检测技术规范》WW/T 0016—2008 附录 A 以及《建筑工程施工过程结构分析与监测技术规范》JGJ/T 302—2013 第 7 章温湿度相关规定而确定了本规范的温湿度的监测精度要求。

【结构监测应用】

　　温度监测可采用接触式或非接触式仪器。接触式仪器有：热电偶、热敏电阻、电阻温度检测器、半导体温度传感器、膨胀式温度计、光纤温度计等。非接触式仪器有：红外测温仪、光学温度计等。湿度监测可直接采用电子湿度计，不建议使用干、湿球温度计作为湿度监测仪器。

　　选择温湿度监测传感器时，应符合以下基本原则：

　　（1）选用传感器的量程和精度应能满足测试的要求，其灵敏度要与 PC 机及数据采集卡的字长位数相适应。

　　（2）频响特性传感器的频响特性必须保证信号在测试范围内不失真，且其反应速度要与计算机相匹配。

　　（3）有较强的输出能力，要求其输出时电平高，输出阻抗低，其带负载干扰能力强，信噪比高。

（4）应考虑被测物理量的变化范围，使传感器的线性误差在允许的范围内。

（5）应具有较高的隔离能力和抗干扰能力，以保证强电与弱电信号无直接的物理连接，避免被监测的强电信号干扰和破坏测试系统。

（6）不宜采用铂电阻类传感器；定期检查其测量传感器的示值，如果各传感器之间的不一致性过大，就要及时进行修正，以免影响校准/测试结果。

【推荐目录】

《公共场所卫生检验方法 第1部分：物理因素》GB/T 18204.1—2013 第3～4章；

《馆藏文物保存环境质量检测技术规范》WW/T 0016—2008 附录A；

《建筑工程施工过程结构分析与监测技术规范》JGJ/T 302—2013 第7章。

第 4.4.4 条

【规范规定】

4.4.4 环境及构件温度监测应符合下列规定：

1 温度监测的测点应布置在温度梯度变化较大位置，宜对称、均匀，应反映结构竖向及水平向温度场变化规律；

2 相对独立空间应设1个～3个点，面积或跨度较大时，以及结构构件应力及变形受环境温度影响大的区域，宜增加测点；

3 大气温度仪可与风速仪一并安装在结构表面，并应直接置于大气中以获得有代表性的温度值；

4 监测整个结构的温度场分布和不同部位结构温度与环境温度对应关系时，测点宜覆盖整个结构区域；

5 温度传感器宜选用监测范围大、精度高、线性化及稳定性好的传感器；

6 监测频次宜与结构应力监测和变形监测保持一致；

7 长期温度监测时，监测结果应包括日平均温度、日最高温度和日最低温度；结构温度分布监测时，宜绘制结构温度分布等温线图。

【规范条文分析】

本条文对温度监测测点、仪器选用、监测频次、监测结果进行了整体归纳总结。选择传感器类型时，应优先考虑稳定性指标，其次为线性化指标，再其次为监测范围（量程），最后为精度指标。条文第6款主要目的是分析温度与应力以及变形之间的关系；温差引起构件应力及变形变化大的部位，宜增加测点，便于研究其规律。监测结构温度的传感器可布设于构件内部或表面。考虑日照引起的结构温差时，宜分别设置传感器在结构迎光面和背光面。测量结构平均气温时，可在结构内部距结构平面1.5m、空气流通的百叶箱内设环境温度测点。监测频次应与监测目的匹配，采样时间应便于分析，监测温度连续变化时，可采用自动监测系统，采用人工读数，监测频次不宜少于每小时1次。

【结构监测应用】

监测点的数量根据工程设计等级及要求、监测结构类型、监测目的、任务要求、面（体）积大小和现场情况而确定，测量值应能真实反映结构所处环境的温度变化。若考察温度变化下的结构受力状态，结构温度测点可考虑在应变测点同一位置测量。

结构温度监测布点应尽可能代表结构局部或整体温度变化的位置，分布时可按对角线或梅花式均匀布点，宜避开通风口、墙壁和门窗口；对受温度梯度变化感兴趣的构件应布置测点，测点高度宜与构件中点高度一致。如需掌握整个结构的温度场分布情况和不同部位实际温度同气温的对应关系，监测点应分布于整个结构区域。

对于大部分结构，仅需监测无日照下的结构温度，而对受不均匀日照温度影响较大的重点关注构件，可提出对其不均匀温度场进行监测的要求。对于部分受不均匀温度场影响程度较大的特殊构件，则要求测量其不均匀温度的分布，从而为该构件受不均匀温度作用下的分析提供依据。

焊接温度监测中，在接触式测温方法不适合于部分材料焊接测温时，应选用非接触测温方法进行温度监测。其监测点可布置在焊缝中心或离焊缝 100mm 范围内，宜采用自动温度记录仪进行记录，测温点宜对称布置在焊缝两侧，且不应少于两点。采用红外测温仪时，测温仪须垂直于测温表面，距离不宜大于 20cm。箱形杆件对接时不应在焊件反面测量。

【推荐目录】

《公共场所卫生检验方法 第 1 部分：物理因素》GB/T 18204.1—2013 第 3 章；

《馆藏文物保存环境质量检测技术规范》WW/T 0016—2008 附录 A；

《建筑工程施工过程结构分析与监测技术规范》JGJ/T 302—2013 第 7 章；

《钢结构焊接规范》GB 50661—2011 第 7 章。

第 4.4.5 条

【规范规定】

4.4.5 环境湿度监测应符合下列规定：

1 湿度宜采用相对湿度表示，湿度计监测范围应为 12%RH～99%RH；

2 湿度传感器要求响应时间短、温度系数小，稳定性好以及湿滞后作用低；

3 大气湿度仪宜与温度仪、风速仪一并安装；宜布置在结构内湿度变化大，对结构耐久性影响大的部位；

4 长期湿度监测时，监测结果应包括日平均湿度、日最高湿度和日最低湿度。

【规范条文分析】

安装温度仪、风速仪的部分，湿度影响的可能性也比较大，条文中建议一并安装。湿度大，钢筋易锈蚀，对结构耐久性影响大，因此建议对混凝土脱落、潮湿环境等对结构主体耐久性影响大的部分考虑监测湿度，研究湿度对耐久性影响的规律，便于提出相关措施。湿度传感器的要求可参考《湿度传感器校准规范》JJF 1076—2001。

【结构监测应用】

湿度的布点原则上和环境温度布点相似，每个相对独立空间设 1～3 个点，面积或体积较大时，应适当增加监测点。可参考温度仪一并布置在结构内便于维修维护的部位。所选择的相对独立空间内应基本保证湿度、气态物质浓度均匀。布点方式可采用对角线或梅花式均匀布点。应避开通风口、墙壁和门窗口。采样点高度应与结构区域中点高度一致。

【推荐目录】

《湿度传感器校准规范》JJF 1076—2001 第 4 章；

《公共场所卫生检验方法 第 1 部分：物理因素》GB/T 18204.1—2013 第 4 章；

《馆藏文物保存环境质量检测技术规范》WW/T 0016—2008 第 4 章。

4.5 振 动 监 测

第 4.5.1 条

【规范规定】

4.5.1 振动监测应包括振动响应监测和振动激励监测，监测参数可为加速度、速度、位移及应变。

【规范条文分析】

振动的激励方式一般包含环境振动和人工振动；振动类型包括周期振动、随机振动和瞬态振动等。振动响应监测针对结构在动态荷载激励下的加速度、速度、位移或应变等结构反应的测量；振动激励监测针对引起结构反应的动态荷载量值进行测量，如交通荷载、人工激励荷载、爆破荷载、动力设备荷载、人流荷载、碰撞荷载等。

选择振动传感器时应合理选择测量参数，力图使最重要的参数能以最直接、最合理的方式测得。

振动位移是研究强度和变形的重要依据；振动加速度与作用力或载荷成正比，是研究动力强度的重要依据；振动速度决定了噪声的高低，人对振动的敏感程度在很大频率范围内是由振动速度决定的，振动速度又与能量和功率有关，并决定了力的动量。动应力是使构件残余应力消除的必要条件，只有当动应力与构件内的残余应力之和大于材料的屈服极限，才能出现塑性变形而释放应力，但是动应力如果太大，又有可能使构件损坏；振动时效工艺的制定过程中，应进行动应力的监测。

【结构监测应用】

振动监测的内容一般包含两部分：

（1）振动基本参数的测量。测量振动物体上某点的位移、速度、加速度、频率和相位，目的是了解被测对象的振动状态、评定振动量级和寻找振源，以及进行监测、诊断和评估。

（2）结构或部件的动态特性测量。以某种激振力作用在被测件上，对其受迫振动进行测试，通过测试的监测参数求得被测对象的振动力学参量或动态性能，如固有频率、阻尼、阻抗、响应和模态等。这类测试又可分为振动环境模拟试验、机械阻抗试验和频率响应试验等。

振动监测按振动信号转换的方式可分为电测法、机械法和光学法。各方法的原理及优缺点见表 1-4-6。

振动监测方法分类   表 1-4-6

名称	原理	优缺点及应用
电测法	将被测对象的振动量转换成电量,然后用电量测试仪器进行测量	灵敏度高,频率范围及动态、线性范围宽,便于分析和遥测,但易受电磁场干扰。是目前最广泛采用的方法
机械法	利用杠杆原理将振动量放大后直接记录下来	抗干扰能力强,频率范围及动态、线性范围窄,测试时会给工件加上一定的负荷,影响测试结果,用于低频大振幅振动及扭转振动的测量
光学法	利用光杠杆原理、读数显微镜、光波干涉原理,激光多普勒效应等进行测量	不受电磁场干扰,测量精度高,适于对质量小及不易安装传感器的试件作非接触测量。在精密测量和传感器、测振仪标定中用得较多

【推荐目录】

《结构健康监测指南 F08b》欧盟,2006 年,第 3~4 章。

第 4.5.2 条

【规范规定】

4.5.2 振动监测的方法可分为相对测量法和绝对测量法。

【规范条文分析】

振动测量按参考坐标分为相对测量法和绝对测量法。相对式振动测量是将振动变换器安装在被测振动体之外的基础上,其测头与被测振动体采用接触或非接触的测量,所以测出的是被测振动体相对于参考点的振动量,如图 1-4-3 所示。使用时壳体固定在被测物体上也被称为惯性拾振器。

绝对式振动测量采用弹簧—质量系统的惯性型传感器(或拾振器),将其固定在振动体上进行测量,所以测出的是被测振动体相对于大地或惯性空间的绝对运动,如图 1-4-4 所示。使用时其壳体和测杆分别和不同的测件联系。

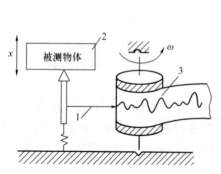

图 1-4-3 相对式测振仪原理
1—测量针与笔;2—被测物体;3—走动纸

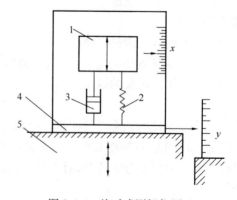

图 1-4-4 绝对式测振仪原理
1—质量块;2—弹簧;3—阻尼器;4—壳体机座;5—振动体

【结构监测应用】

振动位移监测可采用相对式位移传感器，如应变式动位移传感器、动挠度检测仪、光学类测量仪器等，此类位移监测设备需要在仪器附近设固定参考点，测量结构与参考点之间的相对位移，此类测试适用于振幅较大、周期较长的情况。对于其他情况下的位移以及加速度和速度测试，常采用惯性式测振传感器，如压电传感器、压阻式传感器等，此类传感器以大地为参考（绝对式），测量质量块相对外壳振动，得到振动体的振动。

对于净空较高的建筑与桥梁结构，当无法搭设支架时，此时无法利用应变式动位移传感器等相对式接触性仪器，如需进行相对式测试，只能采用相对式非接触性仪器，如光学测量仪器，但光学测量仪器分辨率较低，对于动挠度微小的结构不适合，建议采用惯性式测振传感器。

【推荐目录】

《机械工程测试·信息·信号分析》（第3版）卢文祥，杜润生著，华中科技大学出版社，2014年，第1章。

第4.5.3条

【规范规定】

4.5.3　相对测量法监测结构振动位移应符合下列规定：

　　1　监测中应设置有一个相对于被测工程结构的固定参考点；

　　2　被监测对象上应牢固地设置有靶、反光镜等测点标志；

　　3　测量仪器可选择自动跟踪的全站仪、激光测振仪、图像识别仪。

【规范条文分析】

相对测量有接触式和非接触式两种仪器设备，无论哪种仪器设备，均需要有固定参考点。对于设有支架的仪器，可以搭设支架作为固定参考点；对于无法搭设支架的结构，需在结构周边设固定参考点。

【结构监测应用】

除全站仪、激光测振仪、图像识别仪等光学仪器外，还存在应变式动位移传感器配套动应变放大器等相对测量仪器，主要用于可以搭设支架的建筑与桥梁结构。光学仪器测量距离远，但分辨率相对较低，一般情况下，全站仪分辨率最低，精度光学水准仪和电子水准仪次之，振动类光学仪器动位移监测实际效果还有待检验。

【推荐目录】

《工程振动测量仪器和测试技术》杨学山著，中国计量出版社，2001年，第1章。

第4.5.4条

【规范规定】

4.5.4　绝对测量法宜采用惯性式传感器，以空间不动点为参考坐标，可测量工程结构的绝对振动位移、速度和加速度，并应符合下列规定：

　　1　加速度量测可选用力平衡加速度传感器、电动速度摆加速度传感器、ICP型压电加速度传感器、压阻加速度传感器；速度量测可选用电动位移摆速度传感器，也可通过加速度传感器输出于信号放大器中进行积分获得速度值；位移测量可选用电动位移摆速度传感器输出于信号放大器中进行积分获得位移值；

2　结构在振动荷载作用下产生的振动位移、速度和加速度，应测定一定时间段内的时间历程。

【规范条文分析】

使用惯性式传感器，需注意被测结构的频率（f）和传感器自振频率（f_0）的关系。当 $f/f_0 \geqslant 1$ 时，传感器可以很好地量测结构的振动位移响应；当 $f/f_0 \leqslant 1$ 时，传感器可以很好地量测结构的振动加速度响应。对于结构刚度大，超低频振动的结构，微积分运算效果较差，建议不采用。

常用振动传感器量测设备如表 1-4-7 所示：

常用振动量测设备　　　　　　　　　　　　　　　　　　　表 1-4-7

传感器	配套放大器	技术特点	适用
应变式加速度计	动应变放大器	适用量程 1～2g，频率范围 0～100Hz，灵敏度较低	自振特性及加速度响应测试
压电加速度计	电荷放大器	频率范围宽，下限可达 0.5Hz，灵敏度高	自振特性及加速度响应测试
ICP 压电加速度计	电压放大器	频率范围宽，下限可达 0.5Hz，灵敏度高	自振特性及加速度响应测试
磁电式速度传感器	电压放大器微积分放大器	输出信号大，灵敏度高，低频特性好，下限可达 0.2Hz	自振特性及速度响应测试
伺服加速度计	伺服放大器	量程 1～5g，低频特性好，灵敏度高，可同时输出加速度、速度和位移	自振特性及加速度、速度、位移响应测试
压阻式加速度计	动应变放大器	量程 5～50g，频率范围 0～300Hz，灵敏度高	自振特性及加速度响应测试

【结构监测应用】

低频时加速度的幅值与测量噪声相当，用位移传感器更合理。高频时位移幅值与测量噪声相当，用加速度传感器更合理。应使最重要的参数能以最直接、最合理的方式测得，如考察惯性力可能导致的破坏时宜做加速度测量；考察振动环境（采用振动烈度）宜做振动速度的测量；要监测荷载的位置变化时，宜选用电涡流或电容传感器做位移的测量。选择时还需要注意实际安装的可行性。此外，选择传感器时，还要综合考虑：直接测量参数的选择、低频时加速度信噪比差、高频时位移信噪比差，综合考虑传感器的各个指标灵敏度、测量范围、频率范围，以及具体的使用环境、被测量设备等具体状况。

建筑与桥梁监测结构通常刚度大，具有超低频、响应信号小等特点，具体而言，监测传感器设备选用应考虑以下几方面问题：

（1）设备要具有足够的灵敏度和分辨能力。如混凝土石拱桥，动应变响应幅值小（活荷载下一般在几个到数十个微应变之间），这样对于动应变实测信号的动力增大效应分析的可靠性就会受到仪器分辨率及数据质量的严重影响，此时应优选灵敏度高、抗干扰能力强、信噪比高的传感器，如工具式应变计。

（2）常用设备的上限频率比较容易满足，但下限频率能否适应特定结构振动监测要求是需要重点考虑的问题。大跨结构，如空间网格结构、悬索桥、斜拉桥等，要求下限频率延伸至 $0.10 \sim 0.30 Hz$，甚至更低。压阻式、应变式加速度计的下限频率可以达到直流，磁电式速度传感器也有较好的低频特性，下限频率可延伸到 $0.2 Hz$ 左右。

（3）振动监测系统组成复杂，除要考虑灵敏度、频率响应等指标外，还要注意仪器间的阻抗匹配问题。在投入使用之前，对仪器进行系统标定，建立输入与输出之间的量值换算关系，对于模态测试，保持各通道相位的一致性尤为重要，应尽量采用相同类型和规格的测振传感器。如大跨结构的低阶模态频率可能在 $0.1 Hz$ 左右，一般测试设备的频率响应不能满足要求，此时应对下限频率附近的非平坦段进行严格的频响特性标定，并根据标定数据对监测结果进行修正。

（4）采集分析系统可分为专用和通用两类。专用系统是根据结构试验的实际需要设计，硬件配置和分析功能具有较强针对性，硬件有应变、电荷、电压等模块供选配。通用系统一般只能采集电压信号，系统还需配套动态应变仪、振动放大器。采集分析系统应尽量选用专用设备，且其分析功能应满足结构振动监测的特殊要求。

【推荐目录】

《工程振动测量仪器和测试技术》杨学山著，中国计量出版社，2001年，第1章；

《桥梁结构试验检测技术》施尚伟，向中富著，重庆大学出版社，2012年，第2章；

《工程测量规范》GB 50026—2007 第 10 章。

第 4.5.5 条

【规范规定】

4.5.5 振动监测前，宜进行结构动力特性测试。

【规范条文分析】

一般而言，结构动力特性测试（频率、阻尼、模态等）的计算可采用下列方法：

（1）频域方法，结构的自振频率在频域数据上可采用自功率谱或傅里叶谱方法进行计算；结构的阻尼比宜采用自相关函数分析、曲线拟合法或半功率点法计算；结构的振型宜采用自谱分析、互谱分析或传递函数分析等方法计算，当有噪声时，结构振型宜采用多次平均后的互功率谱与自功率谱之比。对于复杂结构的频域测试数据，宜综合采用谱分析、相关分析或传递函数分析等方法进行计算。

（2）时域方法，结构的自振周期可在时域记录曲线上比较规则的波形段内取若干个周期的平均值；结构的阻尼比可按自由衰减曲线求取，在采用稳态正弦波激振时，可根据实测的共振曲线采用半功率点法计算；结构的振型可通过比较多个测点的振幅和相位得到。

（3）时频域识别方法，实际工程中的很多激励是非平稳的随机过程，处理这种非平稳的时变信号需要能同时在时、频两域进行局部分析的方法和技术。联合时频域方法既有频域法的优点又有时域法的优点，既利用了直观的频率分布信息，又利用了包含丰富结构信息的时程响应数据。联合时频域方法将结构响应在时、频两域展开，有利于识别非线性响应结构的特征，是一种很有前途的动力学系统辨识方法。

基于小波变换以及基于希尔伯特—黄变换（HHT）的模态参数识别方法是两种主要的模态参数时频域方法，后者需要与经验模态分解（Empirical Mode Decomposition，简称 EMD）联合使用来识别模态参数，而 EMD 技术尚有许多问题需要解决。

【结构监测应用】

常用的结构动力特性识别方法及特点如表 1-4-8 所示。

常用结构动力特性识别方法及特点 表 1-4-8

类型	激励方式	方　法	特　　点
时域方法	—	单参考点复指数法（SRCE）	不受阻尼大小、模态密集程度和噪声干扰影响
	随机激励	随机子空间法（SSI）	基于线性系统离散状态空间方程的识别方法，适用于平稳激励，对输出噪声有一定的抗干扰能力，计算量大
		特征系统实现法（ERA）	计算量小，识别精度高
频域方法	人工激励	分量估计法	简单方便，识别精度有限
		Levy 法	识别精度高，计算量大
		最小二乘圆拟合法	基于图解法，精度不高
		分区模态综合法	适用于较大型结构
	随机激励	峰值拾取法	操作简单、识别速度快，但难以识别密集模态，阻尼比识别精度不高
		频域分解法（FDD）	可以识别密集模态，不能识别阻尼
		增强频域分解法（EFDD）	对 FDD 方法的补充，可以识别阻尼比
时频域方法	—	小波分析	适用于非稳定信号
		HHT 变换	分辨率高，可处理一类非线性问题

根据结构自振频率、振型、阻尼比等动力特性的测试结果，可从下列几方面对结构性能进行分析和判断：

（1）结构频率的实测值如果大于理论值，说明结构实际刚度比理论估算值偏大或实际质量比理论估算值偏小；反之说明结构实际刚度比理论估算值偏小或实际质量比理论估算值偏大。如结构使用一段时间后自振频率减小，则可能存在开裂或其他不正常现象。

（2）结构模态应当与计算吻合，如果存在明显差异，应分析结构的荷载分布、施工质量、使用状况或计算模型可能存在的误差，并应分析其影响和应对措施。

（3）结构的阻尼比，如果实测值大于理论值，说明结构耗散外部输入能量的能力强，振动衰减快；反之说明结构耗散外部输入能量的能力差，振动衰减慢；如阻尼比过大，应判断是否因裂缝等不正常因素所致。

测定结构动力特性时，传感器安装的位置应能反映结构的动力特性。测定结构受振动影响的动力响应时，应根据振源的范围、传播方向、振动衰减大致规律布置测点，即离振源近时测点间距离小，离振源远时测点间距离大；为了分析振动与结构动力响应的关系，应在结构所在地面处布置一定测点。当进行环境激励的动力特性测试时，如传感器数量不足需要做多次测试，每次测试中应至少保留一个共同的参考点。

第 4.5.6 条

【规范规定】

4.5.6 动态响应监测时，测点应选在建筑与桥梁结构振动敏感处；当进行动力特性分析时，振动测点宜布置在需识别的振型关键点上，且宜覆盖结构整体，也可根据需求对结构局部增加测点；测点布置数量较多时，可进行优化布置。

【规范条文分析】

结构监测中，应变传感器可以通过有限元分析确定极值处和关键控制位置，其他如风速仪等特殊类型的传感器也可依其测量特点进行布置。振动传感器布置一般指加速度传感器的优化布置，目前常用的优化布置方法有：（1）模态保证准则；（2）奇异值比法；（3）平均模态动能法；（4）Fisher 信息阵法；（5）模态的可视化程度；（6）表征最小二乘法准则；（7）模态动能法；（8）特征向量乘积法和模态分量加和法；（9）原点留数法；（10）有效独立法；（11）改进的 MinMAC 法；（12）模态矩阵的 QR 分解法。

应用不同的优化布置方法可能得到不同的优化方案，需要设计者根据经验和实际需求进行合理选择。实践中，可以采用几种方法初步确定传感器的布置位置组合，然后依据试验目的和要求结合几个方案进行取舍。

【结构监测应用】

（1）模态保证准则（Modal Assurance Criterion，MAC）

结构的实测模态向量必须尽可能相互线性独立，其判断办法为模态保证准则矩阵，按下式计算：

$$MAC_{ij} = \frac{(\boldsymbol{\Phi}_i^{\mathrm{T}} \boldsymbol{\Phi}_j)^2}{(\boldsymbol{\Phi}_i^{\mathrm{T}} \boldsymbol{\Phi}_i)(\boldsymbol{\Phi}_j^{\mathrm{T}} \boldsymbol{\Phi}_j)} \tag{1-4-5}$$

式中　MAC_{ij}——模态保证准则矩阵的第 (i, j) 个元素；

　　　　$\boldsymbol{\Phi}$——归一化后的模态矩阵，其每一列为结构的一个模态；

　　　　T——矩阵的转置。

模态保证准则要求该矩阵非对角元的值愈小愈好，表明各振型的线性相关性愈小。

（2）奇异值比（Maximum Singular Value Decomposition Ratio）

模态矩阵的奇异值比是指模态矩阵奇异值的最大值与最小值之比，可以作为衡量传感器布置位置好坏的一个尺度，按下式计算：

$$S = \frac{\sigma_{\max}}{\sigma_{\min}} \tag{1-4-6}$$

式中　S——模态矩阵的奇异值比；

　　　　$\sigma_{\max}$——模态矩阵的最大奇异值；

　　　　$\sigma_{\min}$——模态矩阵的最小奇异值。

该比值越小，传感器组合位置越优。模态矩阵的最大奇异值比的下限是 1，此时是最理想的情况，所选择的传感器位置所定义的结构模态矩阵完全规则正交。

（3）平均模态动能

结构的模态动能并不是平均地分配到结构的每个模态中，在结构的各个待选自由度上的分配也不均匀。因此希望结构测点所包含的结构模态动能占结构所有自由度中所包含的模态动能中较大的一部分。只有这样才能得到较好的测试信号信噪比，也才能得到精度相对较高的模态识别结果。

（4）Fisher信息阵（Fisher Information Matrix）

Fisher信息阵等价于待估参数估计误差的最小协方差矩阵，也同时度量了测试响应中所包含信息的多少，按下式计算：

$$F = \boldsymbol{\Phi}^{\mathrm{T}}\boldsymbol{\Phi} \tag{1-4-7}$$

式中　　F——Fisher信息阵。

实践中，Fisher信息阵有不同的指标，分别是信息阵的值、迹和最小的奇异值。信息阵的值和迹越大越好，提高最小奇异值则能相对增加信息量，也就同时降低了被估参数的不确定性。

（5）模态的可视化程度

在实际试验时，首先必须对结构的整个运动状况有一个初步了解，从模态试验中对识别的模态有个基本估计，也即待识别的模态要在结构的特征点或者整体上有一定分布，要有一定的可视化程度。该准则依赖于结构的特点和测试经验，具有一定程度的主观性。一般而言，结构的中间或是角落的点对于动态显示结构的模态非常有益。

（6）表征最小二乘法准则

表征最小二乘法准则可以评价在总体的测试数据中选出一部分来近似总体估计的优劣，按下式计算：

$$J_{\mathrm{rls}} = (\hat{q}_{\mathrm{s}} - \hat{q}_{\mathrm{OLS}})^{\mathrm{T}}(\hat{q}_{\mathrm{s}} - \hat{q}_{\mathrm{OLS}}) \tag{1-4-8}$$

式中　　J_{rls}——表征最小二乘法准则的目标函数，其越小则传感器位置所测数据估计的模态越准确；

　　　　$\hat{q}_{\mathrm{OLS}}$——利用较多传感器取得的模态坐标的最佳最小二乘估计；

　　　　$\hat{q}_{\mathrm{s}}$——采用某待选传感器组合时模态坐标的最小二乘估计。

（7）模态动能法（Modal Kinetic Energy）

模态动能法通过比较选择待选测点中模态动能较大的位置布设传感器，按下式计算：

$$MKE_{ik} = \boldsymbol{\Phi}_{ik}\sum\boldsymbol{M}_{ij}\boldsymbol{\Phi}_{jk} \tag{1-4-9}$$

式中　　MKE_{ik}——与第k个模态第i个自由度相对应的模态动能；

　　　　$\boldsymbol{\Phi}_{ik}$——第k个模态在i点的分量；

　　　　$\boldsymbol{M}_{ij}$——有限元质量阵的第(i,j)个元素；

　　　　$\boldsymbol{\Phi}_{jk}$——第k个模态在j点的分量。

模态动能法考虑了结构各待选传感器位置对目标模态的动力贡献，粗略地计算在相应位置可能的最大模态响应。其优点在于可能通过选择模态动能较大的点提高结构动态响应信号测量时的信噪比，这对于结构监测中环境噪音较大的特点较为合适。因此，模态动能法一般用于在较复杂的测点布设中初选传感器位置。

（8）特征向量乘积法（Eigenvector Component Product）和模态分量加和法（Mode

Shape Summation Plot)

根据特征向量乘积法，传感器布设在模态矩阵 $\boldsymbol{\Phi}$ 各行乘积绝对值较大的位置，按下式计算：

$$ECP_i = \prod_{k=1}^{m} |\boldsymbol{\Phi}_{ik}| \tag{1-4-10}$$

式中　ECP_i——第 i 个自由度的特征向量乘积指标。

模态分量加和法将结构模态矩阵每一行的绝对值相加，选取其中较大者作为传感器的位置。按下式计算：

$$MSSP_i = \sum_{k=1}^{m} |\boldsymbol{\Phi}_{ik}| \tag{1-4-11}$$

式中　$MSSP_i$——第 i 个自由度的模态分量加和指标。

特征向量乘积法和模态分量加和法比较符合一般的结构测试经验，而且计算简单。但实践表明，这两种方法虽然有助于避免选择结构各阶模态节点或者模态动能较小的位置，但是只能粗略地算出较好的传感器布设位置，并不能得出最佳的传感器位置组合。所以特征向量乘积法和模态分量加和法与模态动能法相似，只能用于初选传感器的位置。

（9）原点留数法（Drive Point Residue）

原点留数法按下式计算：

$$DPR = \boldsymbol{\Phi} \otimes \boldsymbol{\Phi}\boldsymbol{\Lambda}^{-1} \tag{1-4-12}$$

式中　DPR——原点留数法的指标；

　　　$\otimes$——两个矩阵相对应的元素点点相乘；

　　　$\boldsymbol{\Lambda}$——对角的结构特征值矩阵，其每一个对角元为结构圆频率的平方。

原点留数法考虑了结构各待选测点的可激励程度。因为根据互易性定理，容易激起各阶模态，适合于作结构激励的点也一般是结构较容易被激振的点，适合于布设传感器。

（10）有效独立法（Effective Independence）

有效独立法从所有可能测点出发，利用模态矩阵形成信息阵，按照各测点对目标模态矩阵独立性的贡献排序，依次删除对其秩贡献最小的待选测点，从而优化 Fisher 信息阵而使感兴趣的模态向量尽可能保持线性无关。有效独立系数按下式计算：

$$E_D = \mathrm{diag}(\boldsymbol{Q}\boldsymbol{Q}^{\mathrm{T}}) \tag{1-4-13}$$

式中　E_D——有效独立系数；

　　　$\boldsymbol{Q}$——与 $\boldsymbol{\Phi}$ 维数相同的 $n \times m$ 维的单位正交矩阵；

diag（·）——提取括弧内矩阵的对角元。

$\boldsymbol{Q}$ 按下式计算：

$$\boldsymbol{\Phi} = \boldsymbol{Q}\boldsymbol{R} \tag{1-4-14}$$

式中　$\boldsymbol{R}$—— $m \times m$ 维的上三角矩阵。

有效独立法计算过程为：删除 E_D 中最小的元素所对应的传感器位置，也即删除对目标模态矩阵 $\boldsymbol{\Phi}$ 独立性贡献最小的行；再重新组成目标模态矩阵 $\boldsymbol{\Phi}$ 计算式（1-4-14），然后根据式（1-4-13）删除 E_D 中最小的元素所对应的传感器位置；这样每次删除一个位置，直到达到所需的传感器数量为止。

（11）改进的 MinMAC 法（MinMAC algorithm）

MinMAC 法的具体过程如下：第一步，根据经验和结构特点选择初始若干传感器位置（少于所需传感器数目）；第二步，增加一个待选传感器位置，按照式（1-4-5）计算其 MAC 矩阵并存储最大的非对角元，然后更换增加的传感器为另一个待选传感器位置，重新按照式（1-4-5）计算其 MAC 矩阵并存储最大的非对角元，这样继续下去直至所有的待选传感器位置都被计算过。然后比较所存储的各个最大的非对角元，选择其中最小者，在其所对应的位置布设一个传感器；第三步，按照第二步的方法重复增加传感器，直到所需要的传感器数目为止。MinMAC 法通过这种方式使每一个新增加的传感器都能使 MAC 矩阵非对角元素最大值最小化。

在应用 MinMAC 法时经常遇到的一个问题是：最大的非对角元素并不如预期的那样随着传感器数量的增加而单调减小。此时，可采用改进的 MinMAC 法，其计算过程如下：第一步和第二步与原法相同；第三步，增加传感器到所需要的传感器数目时并不停止计算，而是继续增加传感器数量直到某个较大数值，比如 1.1 倍的传感器数量或者继续计算直至所有的待选传感器位置都被依次选中，这样所有待选传感器有一个前向依次增加的顺序。然后从所有这些选中的传感器中，逐次删除一个传感器使每次删除时 MAC 矩阵非对角元素最大值最小，直至达到所需要的传感器数量时停止计算。最后，比较前向增加过程和后向删除过程达到所需要的传感器数量时的两个 MAC 矩阵非对角元素的最大值，选择最小者所对应的那个传感器组合。与原来的前向连续增加的 MinMAC 法相比，这样扩展的 MinMAC 混合搜索算法一般能获得更小的最大非对角元，也即得到的结构振型有更好的分离度。

（12）模态矩阵的 QR 分解法（QR decomposition）

模态矩阵的 QR 分解法首先对结构振型矩阵的转置 $\boldsymbol{\Phi}^{\mathrm{T}}$ 进行正交三角分解（QR 分解），然后选择分解后的正交矩阵 $\boldsymbol{Q}$ 的前 S 列所对应的位置布设传感器。

上述方法准则各有侧重，具体地应用何种方法应该依结构的特点和监测目的而定。实践中，可以采用几种方法初步确定传感器的布置位置组合，然后依据试验目的和要求结合几个方案进行取舍。

【推荐目录】

《结构健康监测系统设计标准》CECS 333—2012 第 3 章；

《混凝土结构试验方法标准》GB/T 50152—2012 第 10 章。

第 4.5.7 条

【规范规定】

4.5.7 振动监测数据采集与处理应符合下列规定：

1 应根据不同结构形式及监测目的选择相应采样频率；

2 应根据监测参数选择滤波器；

3 应选择合适的窗函数对数据进行处理。

【规范条文分析】

振动数据采集主要参数设置及相互关系如表 1-4-9 所示：

振动数据采集主要参数设置及相互关系　　　　表 1-4-9

序号	参数名称	参数符号	单　位	关　系	建议取值
1	采样间隔	ΔT	ms，s	$\Delta T = 1/f_s$	—
2	采样频率	f_s	mHz，Hz，kHz	$f_s = 1/\Delta T$	时域分析 $f_s = 25 \sim 50 f_{信号}$ 频率分析 $f_s \geqslant 5 f_{信号}$
3	分析带宽	f_b	mHz，Hz，kHz	$f_b = f_s/2.56$	与 f_s 联动
4	频率分辨率	Δf	mHz，Hz，kHz	$\Delta f = f_b/n = f_s/2.56n = f_s/m$	$\Delta f \leqslant 0.01 f_{信号}$
5	数据块长度	m	点	$m = 2.56n, m = f_s \times t$	与 n 联动
6	谱线数	n	线	$n = f_b/\Delta f = f_s/(2.56\Delta f)$	由其他参数计算得到
7	样本时间长度	t	ms，s	$t = m/f_s = n/f_b$	由其他参数导出
8	低通滤波器截止频率	f_c	mHz，Hz，kHz	—	20～30Hz，信号质量有保证时尽量不用

注：表中"2.56"系数为具体分析仪的取用系数，设备规格不同，其取值也有差异。$f_{信号}$ 为被监测结果关注的最高频率。

【结构监测应用】

滤波器截止频率分硬件在线滤波和软件数字离线滤波两种，根据选频特性的不同，又分为低通、带通、高通、带阻等四种类型。截止频率是指滤波器灵敏度降低到平坦段的 0.707 倍（也称－3db 点或半功率点）时所对应频率，如将低通滤波器截止频率设在 20Hz，则频率小于 20Hz 的信号可以通过，频率大于 20Hz 的信号被逐渐抑制或消除，这里应注意 20Hz 的信号也被一定程度地抑制，即被衰减约 30%。桥梁、超高层结构频率属于低频范围，而爆破频率属于高频范围，其传感器幅频特性频率范围并不相同，其截止频率不同，监测设备有所区别。

滤波器是最简单的一类窗函数，要想获取有用的信号数据，除滤波器外，可选择其他多类窗函数，对于窗函数的选择，应考虑被分析信号的性质与处理要求。一般情况下汉宁窗对周期或非周期信号能做到可接受的效果；其他类型窗可用来增强某类信号。对于瞬态过程，矩形窗效果较好，如果仅要求精度出主瓣频率，而不考虑幅值精度，也可选用主瓣宽度比较窄而便于分辨的矩形窗，如测量物体的自振频率；如果分析窄带信号，且有较强的干扰噪声，则应选用旁瓣幅度小的窗函数，如汉宁窗与三角窗等；对于随时间按指数衰减的函数，可采用指数窗提高信噪比；对于海明窗，可给出比汉宁窗更窄的频谱峰，进一步降低边带宽度；布兰克曼窗及其衍生窗（Blackman Exact 和 Black Harris）给出一个比汉宁窗宽的峰，但使边带降低；平顶窗牺牲了强信号附近的小信号，但比汉宁窗提高了幅值精度，平顶窗峰最宽，边带与汉宁窗相当，峰的顶部对随频率变化的电平读数最平坦，平顶窗可用于校准。

【推荐目录】

《工程振动测量仪器和测试技术》杨学山著，中国计量出版社，2001 年，第 15 章。

第4.5.8条

【规范规定】

4.5.8 动应变监测设备量程不应低于量测估计值的2倍～3倍，监测设备的分辨率应满足最小应变值的量测要求，确保较高的信噪比。振动位移、速度及加速度监测的精度应根据振动频率及幅度、监测目的等因素确定。

【规范条文分析】

　　动应变监测传感器一般常用工具式应变计或电阻应变片（短期测试），其量程应在满足被测值范围要求的基础上，留有一定储备，与静态测试量程规定基本一致，应对异常情况下的监测需要，确保较高的信噪比，如前述第3.2.7条所示，信噪比不宜小于3。由于动应变测量要得到应变随时间的变化历程，因此在监测设备中需包含动态应变仪及相应的记录装置。由于被测应变的频率变动范围不同，而各种动态应变仪和记录器的频率适用范围都有限制，因此应根据测量应变频率的需要选择合适的测量仪器系统。仪器的频率范围应根据需要测试的最低和最高阶频率、振型阶数以及时域分析的要求确定，仪器每通道的频率上限应不小于结构需测试最高频率的20倍，刚度越高的结构频率下限要求越低，比如大跨桥梁、刚性大跨空间结构、超高层结构等刚度大的频率下限频率宜延伸至0.1Hz，甚至直流；小跨径桥梁、柔性空间结构下限频率也宜达到1Hz左右；仪器的最大可测幅值范围应满足结构的估算振动幅值要求；仪器的分辨率应参考被测试结构的估算最小振动幅值进行选择，仪器A/D转换器位数不应低于14位，宜采用16bit以上A/D转换，幅度畸变宜小于1.0dB。传感器频响曲线应平坦，横向灵敏度应低于0.05，并宜符合工作强度高、耐高温、防水、防电磁干扰等要求；信号采集放大器应选用带低通滤波功能的多通道放大器；动态信号采集分析系统应具有多通道，具有基本的数字信号处理功能，包括数据预处理和时间域、幅值域、频率域的分析功能。对于只需要测量动态应变在某一频带的谐波分量时，可选用相应频带的带通滤波器；对只需要测量低于某一频率的谐波分量时，选用相应截止频率的低通滤波器。

【结构监测应用】

　　实测之前首先需要根据试验者所关心的最低和最高阶自振频率、振型阶数和其他时域分析要求，确定需要测试的最低、最高阶频率和振型阶数。传感器等仪器的测量范围和分辨率根据这些测试要求予以确定，由于结构振动的最低频率一般较低，传感器应采用低频传感器，进行爆破振动测试时相反，信号采集放大器的电平输入及频率范围应与传感器相匹配。

　　传感器实际使用中，可能长期受高温、振动、雨雪、电气和磁干扰等环境因素的影响，可靠性和稳定性容易产生波动，因此应根据测试环境对其防水、防电磁干扰等性能提出要求。

　　放大器应有低频滤波功能，一般宜使用高性能抗混淆滤波放大器，阻带衰减大于一24dB/oct。放大器各个通道间应无串扰影响，各通道相位一致，频响范围相同。其振幅一致性偏差应小于3%，相位一致性偏差应小于0.1ms。

　　振动位移监测方法的选择应根据结构类型、结构振动速率、振动周期和监测精度要求等确定，并符合下列规定：

（1）精度要求高、结构振动周期长、振动速率小的位移监测，可采用全站仪自动跟踪监测或激光监测等方法，其具体要求应满足本规范第4.2节相关规定。

（2）精度要求低、结构振动周期短、振动速率大的位移监测，可采用位移传感器、加速度传感器、GPS动态实时差分监测等方法。

（3）振动频率小时，可采用数字近景摄影监测或经纬仪测角前方交会等方法。

（4）采用速度传感器积分获得振动位移监测时，频率范围宜在 $0.1 \sim 100\text{Hz}$，幅值宜小于 500mm。

其中动位移传感器目前采用较多的是应变式位移传感器和差动变压器式位移传感器（LVTD），属于接触式量测设备。特殊设计的应变式位移传感器（如美国 Vishay 公司产品）具有相对较宽的频率范围，25mm 量程规格位移传感器，频率范围可达到 $0 \sim 30\text{Hz}$。

【推荐目录】

《混凝土结构试验方法标准》GB/T 50152—2012 附录 C；

《工程测量规范》GB 50026—2007 第 10 章。

第 4.5.9 条

【规范规定】

4.5.9 动应变监测应符合下列规定：

1 动应变监测可选用电阻应变计或光纤类应变计；

2 动态监测设备使用前应进行静态校准。监测较高频率的动态应变时，宜增加动态校准。

【规范条文分析】

动态电阻应变仪的精度不应低于 1.0 级，其示值误差、非线性误差、稳定度等技术指标应符合该级别的相应要求；基准量程不宜小于 $\pm 20000 \times 10^{-6}$，分辨率不宜低于 1×10^{-6}，载波频率不宜低于 10 倍被测应变的频率；光纤类应变计的分辨率不应大于其满量程的 0.10%，误差不应大于其满量程的 $\pm 1.0\%$；当测量较高频率（100Hz 以上）的动态应变时，宜采用动态标定。

【结构监测应用】

动应变监测除选用电阻应变计或光纤类应变计外，根据实际情况也可选用光弹性法或双目立体视觉法等进行动应变监测。光弹性法是利用材料的双折射效应进行应力应变测试，如环氧树脂类各向同性的非晶体材料，在自然状态下不会产生双折射现象，但当其受到载荷作用而产生应力时，就会如晶体一样表现出光学各向异性，产生双折射现象，卸载后材料又恢复光学各向同性。这就是所谓的暂时双折射效应。用具有双折射效应的透明塑料，如最常用的环氧树脂材料，按一定比例制成构件模型或者在构件表面直接采用光贴片处理后，将被测对象置于偏振光场中，施加一定的载荷，模型上便产生干涉条纹。被测对象受力越大，出现的干涉条纹越多，越密集。通过直接观测结构上的条纹，可以对结构的应力应变进行定性分析。

1. 光弹性方法与电测方法相比有许多优点：

（1）属于非接触测量方法，具有电测方法不能达到的全场测量优势，既可以测量表面应力，也可测量内部应力。

（2）该方法直观，能够清晰地反映应力集中现象，不仅很容易找到应力集中的部位，而且可以确定应力集中系数。

2. 光弹性方法也存在一些不足之处：

（1）工艺比较复杂，测量周期比较长。

（2）通常需要使用环氧树脂材料在被测结构表面进行平面和曲面贴片处理；对于一些大型构件，需要按比例制作 3D 光弹性模型，制作工艺相对复杂。

（3）需要将被测对象置于偏振光环境中，光学系统相对复杂。

双目立体视觉测量方法是适用于物体的形貌与变形的非接触全场测量方法。它是在 2D 计算机图像处理技术的基础上发展起来的立体视觉测试技术。系统包括两台高分辨率的高速摄像机、一个照明装置、一台计算机及一组图像分析软件。测量时，被测对象受力引起被测表面图案发生畸变，该变化分别被两台摄像机记录下来。两台摄像机同步采集测量视场范围内的特征点图像信息，并通过计算机图像处理方法对两幅图像中同一特征点进行匹配计算，获得该点在三维空间的坐标值。不论是在静态还是动态环境中，由于被测构件的变形，被测特征点的空间坐标会发生变化。通过计算被测构件上若干个特征点的三维坐标值及其变化量，即可得到被测结构的三维变形量、三维应变/应力及动态条件下的振动参数等信息。基于双目立体视觉原理，该方法同样能够应用于 3D 应力应变测量领域，具有如下的优缺点。

3. 双目立体视觉三维应变测量技术的优点：

（1）量程大，系统可以获得亚像素级的成像精度，因而可以测量小至 0.01% 的微小应变，大至数倍 100% 的大应变；

（2）属于光学非接触测量，系统结构简单，具有可移动性；

（3）可以测量空间 3D 区域的力学特性，不受测点分布和数量的限制；

（4）可以通过调整摄像机视场范围的大小改变系统测量精度和量程。

4. 双目立体视觉三维应变测量技术的缺点：

（1）系统测试精度与摄像机的性能及双目立体视觉的标定技术、计算机图像处理技术密切相关。

（2）系统只能对摄像机视场范围内的结构特性进行测量。对于同一个测试系统，视场范围越小，测量分辨率就越高，测量精度也越高，否则反之。

在进行动态应变测量时，为了使测量记录能精确地反映实际的应变变化过程，并能得到定量的数值关系，除了选用性能稳定的测量仪器之外，须对其显示的应变数值进行正确的标定。标定的方法包含静态标定和动态标定。对于工作频率不太高的情况，通常是按静态标定的原理进行。当测量较高频率（100Hz 以上）的动态应变时，最好采用动态标定。

为减小各种干扰因素的影响，对频域数据应采用滤波、零均值化等方法进行预处理；对时域数据应进行零点漂移、记录波形和记录长度检验等预处理。测振系统的基底噪声可通过在非振动体上同样安装传感器进行量测的方法测得，并在数据预处理时消除，基底噪声应小于所测振级的 1/3。

【推荐目录】

《电阻应变仪检定规程》JJG 623—2005 第 3 章；

《混凝土结构试验方法标准》GB/T 50152—2012 附录 C。

4.6 地震动及地震响应监测

第 4.6.1 条

【规范规定】

4.6.1 下列结构，应进行地震响应监测：

1 设防烈度为 7、8、9 度时，高度分别超过 160m、120m、80m 的大型公共建筑；

2 特别重要的特大桥；

3 设计文件要求或其他有特殊要求的结构。

【规范条文分析】

本节是配合中华人民共和国国务院令第 409 号《地震监测管理条例》第 15 条及其他相关规定制定的，其内容仅考虑了结构地震反应观测台阵，应该与大跨空间、高层及高耸、桥梁等工程结构的地震监测台网规划、建设和管理以及地震监测设施和地震观测环境的保护相匹配。本条第 1 款参考了《建筑抗震设计规范》GB 50011—2010 第 3.1.1 条。

【结构监测应用】

地震响应监测是结构反应台阵的主体部分，除结构上布置测点外，还应在结构外围，即自由场上布置结构地震反应监测台阵的自由场测点，用于记录结构的输入地震动。

【推荐目录】

《地震监测管理条例》2004 年，国务院令第 409 号；

《建筑抗震设计规范》GB 50011—2010 第 3 章。

第 4.6.2 条

【规范规定】

4.6.2 监测参数主要为地震动及地震响应加速度，也可按工程要求监测力及位移等其他参数。

【规范条文分析】

监测参数主要应记录地震动及地震响应加速度，这是因为当前阶段抗震设计采用的地震设计参数是加速度。加速度时程通过一、二次积分可得到速度和位移时程。由于深入抗震研究的需要，对于某些需要进行科学验证的工程结构可增加监测速度或位移、力（动应变）等其他参数。

【结构监测应用】

获得强震动加速度记录后，应及时读取各个通道最大加速度值，并复制备份，按照规定格式写成包括头段数据和记录波形成数据两部分的未校正加速度记录。场地峰值加速度记录大于 0.002g 时，宜对加速度记录进行常规处理分析，其内容包括：

（1）校正加速度记录，对未校正加速度记录波形数据进行零基线和仪器频率校正，形成校正加速度记录。

（2）速度和位移时程：对校正加速度记录波形数据进行一次、二次积分计算处理，形成速度时程和位移时程。

（3）反应谱：对校正加速度记录计算不同阻尼比值的反应谱。

（4）傅里叶谱：对校正加速度记录计算傅里叶谱。

【推荐目录】

《水工建筑物强震动安全监测技术规范》DL/T 5416—2009 第 9 章。

第 4.6.3 条

【规范规定】

4.6.3 结构地震动及地震响应监测应符合下列规定：

1 监测方案应包括监测系统类型、测点布置、仪器的技术指标、监测设备安装和管理维护的要求；

2 测点应根据设防烈度、抗震设防类别和结构重要性、结构类型和地形地质条件进行布置；

3 可结合风、撞击、交通等振动响应统筹布置监测系统，并应与震害检查设施结合；

4 测点布置应能反映地震动及上部结构地震响应；

5 监测设备主要技术指标可按本规范附录 A 执行。

【规范条文分析】

地震动监测仪器常用地震仪或强震仪等加速度传感器。测点布置应包括自由场和结构两部分：在自由场上布置结构地震反应监测台阵的测点，用于记录结构的输入地震动。自由场应选择距结构 1/2～1/3 地震波长，约为结构 1.5～2 倍高度的位置。地震波波长可通过预估地震波的频率范围，以及地震波在自由场的波速获取。结构响应测点除建（构）筑物底部和顶部外，还应参考结构振动测点，宜选择其重要部位。

结构响应测点传感器一般为加速度传感器，在结构平面内的布置，主要测试结构的水平振动。传感器应安放在典型结构单元靠近质心位置，除测试水平振动外，若需测试结构的扭转振动，则应在典型单元的平面端部设置传感器。传感器沿结构竖向宜均匀布置，且尽量避开存在人为干扰的位置。传感器与结构之间应有良好的接触，不应有架空隔热板等隔离层，并应可靠固定。传感器的灵敏度主轴方向应与测试方向一致。在安装仪器时，应保证加速度计与基墩表面之间连接牢固。传感器在结构面测点的平面位置尽可能保持一致。

【结构监测应用】

在结构地震反应监测台阵的布置中，测点数量并不一定能够达到理论分析的数量，需要确定测点的选择顺序。以超高层结构为例，在选择结构地震反应监测台阵的测点所在楼层时，主要有三个方面的依据：结构加速度峰值分布、结构层间位移角的极大值和结构突变的楼层位置。可首先选择由结构的加速度峰值确定的楼层，其次选择结构层间位移角的极大值对应的楼层，最后选择根据结构的设备层和避难层的位置分布确定的楼层，以此确定测点的选择顺序。此类选择原则也适用于桥梁及大跨空间等其他建筑与桥梁结构。

【推荐目录】

《混凝土结构试验方法标准》GB/T 50152—2012 附录 C。

4.7　风及风致响应监测

第 4.7.1 条

【规范规定】

4.7.1　对风敏感的结构宜进行风及风致响应监测。

【规范条文分析】

《高层建筑混凝土结构技术规程》JGJ 3—2010 第 4.2.7 条中规定高度超过 200m 的高层结构宜进行风洞试验，这也是规范条文说明中的数字推荐目录。对于高耸结构、大跨柔性结构（索网结构、索膜结构、刚度较小的张拉索杆结构等）、长悬挑结构、大跨桥梁结构等，以及地形和环境容易导致风场较大的地区所影响的结构（如台风侵蚀地区），均容易引起较大的风致振动响应，宜进行此类监测。

【结构监测应用】

参考相关规范及实际工程应用，建议可对下列结构进行风及风致效应监测：

（1）地面粗糙度为 A 类的结构，高度或跨度超过 200m 的建（构）筑物。

（2）地面粗糙度为 B 类的结构，高度或跨度超过 190m 的建（构）筑物。

（3）地面粗糙度为 C 类的结构，高度或跨度超过 180m 的建（构）筑物。

（4）地面粗糙度为 D 类的结构，高度或跨度超过 170m 的建（构）筑物。

（5）平面形状或立面形状复杂、立面开洞或连体建筑、周围地形和环境较复杂的建（构）筑物。

（6）建（构）筑物的体型与《建筑结构荷载规范》GB 50009—2012 中表 8.3.1 体型不同且无参考资料借鉴时。

（7）通过风洞试验确定风荷载系数的结构。

（8）风荷载对施工过程中的建筑与桥梁结构的受力影响比正常使用状态更为不利，且包含风荷载组合工况在承载力设计中起控制作用时。

（9）除上述要求外，如有特殊要求，应根据工程等级、要求以及结构特性考虑风及风致效应监测。

【推荐目录】

《高层建筑混凝土结构技术规程》JGJ 3—2010 第 4 章；

《建筑结构荷载规范》GB 50009—2012 第 7 章。

第 4.7.2 条

【规范规定】

4.7.2　风及风致响应监测参数应包括风压、风速、风向及风致振动响应，对桥梁结构尚宜包括风攻角。

【规范条文分析】

桥梁结构中，有时需确定风来流方向与桥梁横断面（以使升力增大的转角为正）所夹角度，即为风攻角，用于确定如风洞试验、风场模型参数的设置。

【结构监测应用】

风致振动响应指由风引起的结构振动反应，一般含风致加速度监测和风致位移监测。风荷载监测应与结构的风致响应监测相结合，建立起有效的荷载-响应关系，实现强风灾害的预警，以及风荷载作用下结构的损伤识别及性态评估。荷载-响应关系包括风压、风速、风向及风致振动响应。

【推荐目录】

《建筑工程施工过程结构分析与监测技术规范》JGJ/T 302—2013 第 7 章。

第 4.7.3 条

【规范规定】

4.7.3　风压监测应符合下列规定：

1　风压监测宜选用微压量程、具有可测正负压的压力传感器，也可选用专用的风压计，监测参数为空气压力；

2　风压传感器的安装应避免对工程结构外立面的影响，并采取有效保护措施，相应的数据采集设备应具备时间补偿功能；

3　风压测点宜根据风洞试验的数据和结构分析的结果确定；无风洞试验数据情况下，可根据风荷载分布特征及结构分析结果布置测点；

4　进行表面风压监测的项目，宜绘制监测表面的风压分布图。

【规范条文分析】

目前常用的风压传感器有以下几种：压阻式压力传感器、压电式压力传感器、电容式压力传感器、谐振式压力传感器以及应变式压力传感器。

风压传感器主要作用是将采集到的微弱变化风压电信号，经变换后输出标准的电流信号，再经过转换电阻，即可变换成直流电压信号，该信号可并联地传输给各个控制仪表或计算机系统。

整个风压监测系统中有诸多风压传感器，随机部署在监测区域，经自组织方式构成传感器网络，负责监测区域内风压信息采集和数据转换。

【结构监测应用】

风压传感器的安装必须采取有效措施避免由于排水不畅导致的传感器失灵，相应的数据采集设备应具备时间补偿功能，时间误差不宜超过 5ms。需要监测风压在结构表面的分布时，宜在结构表面上设风压盒监测。传感器安装位置应根据仿真分析或风洞试验的结果选择。在同一监测截面上，宜在不同位置布设多个风压传感器，用于掌握风压的分布规律。

【推荐目录】

《建筑工程施工过程结构分析与监测技术规范》JGJ/T 302—2013 第 7 章；

《土木工程监测与健康诊断—原理、方法及工程实例》段向胜，周锡元著，中国建筑工业出版社，2010 年，第 7 章。

第 4.7.4 条

【规范规定】

4.7.4 风压计的量程应满足结构设计中风场的要求，可选择可调量程的风压计，风压计的精度应为满量程的 ±0.4%，且不宜低于 10Pa，非线性度应在满量程的 ±0.1% 范围内，响应时间应小于 200ms。风速仪量程应大于设计风速，风速监测精度宜为 0.1m/s，风向监测精度宜为 3°。

【规范条文分析】

条文中风速监测精度宜为 0.1m/s 主要针对机械式风速仪，对于超声风速仪，风速监测精度宜控制在 ±3%。风压传感器的精度指标参考常用的风压力传感器及《建筑工程施工过程结构分析与监测技术规范》JGJ/T 302—2013 制定，且应符合压力传感器的一般技术指标要求，具体可查阅《混凝土结构试验方法》GB/T 50152—2012 的相关规定。

风速监测仪器有：机械式风速仪、超声风速仪、多普勒雷达、多普勒 SODAR。目前常用的风速仪器为超声风速仪和机械式风速仪，量测时常采用超声风速仪和机械式风速仪相配合工作。

【结构监测应用】

超声风速仪技术指标宜包括：（1）风速测量范围：0～60m/s；（2）风速分辨率：0.01m/s；（3）风速测量精度：±3%；（4）风向方位角测量范围：0°～360°；（5）风向分辨率：0.1°；（6）风向测量精度：≤±3°；（7）采样频率：≥10Hz；（8）工作温度：−30～65℃；（9）使用寿命：符合现行国家/行业设备标准。

机械式风速仪技术指标宜包括：（1）风速测量范围：0～60m/s；（2）风速分辨率：0.01m/s；（3）风速测量精度：±0.1m/s；（4）风向方位角测量范围：0°～360°；（5）风向分辨率：0.1°；（6）风向测量精度：≤±3°；（7）采样频率：≥10Hz；（8）工作温度：−30～65℃；（9）使用寿命：符合现行国家/行业设备标准。

【推荐目录】

《建筑工程施工过程结构分析与监测技术规范》JGJ/T 302—2013 第 7 章；

《混凝土结构试验方法标准》GB/T 50152—2012 第 6 章；

《天津市桥梁结构健康监测系统技术规程》DB/T 29—208—2011 第 4 章。

第 4.7.5 条

【规范规定】

4.7.5 风速及风向监测应符合下列规定：

1 结构中绕流风影响区域宜采用计算流体动力学数值模拟或风洞试验的方法分析；

2 机械式风速测量装置和超声式风速测量装置宜成对设置；

3 风速仪应安装在工程结构绕流影响区域之外；

4 宜选取采样频率高的风速仪，且不应低于 10Hz；

5 监测结果应包括脉动风速、平均风速和风向。

【规范条文分析】

采样频率对于极值风速监测结果有较大影响，采样频率高的仪器监测结果更为精确，应尽可能提高采样频率。各类原始信息和附加信息的记录存储应依监测内容而异，比如，风速一般要记录 3 秒钟极值风速、10 分钟平均风速、每小时平均风速、风玫瑰图、风谱图等。

【结构监测应用】

风速仪量程应略大于设计风速，在恶劣环境下应能正常工作，能抵抗雷击。高层、高耸及大跨空间结构，风速风向仪宜布置在顶部；结构风速仪应安装在专门支架（桁架）上，支架伸出结构长度或高度一般不少于 3m，支架应具有足够的刚度，并与结构连接牢固；若没有条件满足上述规定，对于桥面风速仪可安装于人行道或中间分隔带，安装立柱高度大于 4m（高于货车的高度）；塔顶风速仪高于塔顶 1m，并处于避雷针的覆盖范围之内。环境风速监测宜将风速仪安装在距建（构）筑物约 100~200m 外相对开阔场地，距地面 10m 的高度处。

【推荐目录】

《建筑工程施工过程结构分析与监测技术规范》JGJ/T 302—2013 第 7 章。

第 4.7.6 条

【规范规定】

4.7.6 风致响应监测宜符合下列规定：

1 风致响应监测应对不同方向的风致响应进行量测，现场实测时应根据监测目的和内容布置传感器；

2 风致响应测点可布置量测不同物理量的多种传感器；

3 应变传感器应根据分析结果，布置在应力或应变较大或刚度突变能反映结构风致响应特征的位置；

4 对位移有限制要求的结构部位宜布置位移传感器，位移传感器记录结果应与位移限值进行对比。

【规范条文分析】

速度传感器记录结果宜与人体舒适度要求进行对比，监测结构正交两个方向的加速度时，应沿结构两方向主轴正交布置。风致位移传感器记录结果主要考察在风荷载作用下，结构整体水平位移或局部位移（如超高层层间位移）不超过可能导致结构损坏或结构失稳的具体限值，以及规范中对结构变形位移角的限值要求。

【结构监测应用】

目前风致加速度监测常常与地震响应加速度统一协调布置；在风致位移监测方面，目前采用卫星定位系统（GPS）方法偏多，于结构顶部（桥塔、超高层、高耸顶部等）设置GPS系统，同时保证GPS系统测量精度，在结构底部设置GPS测量基站。

传感器布置较多时宜优化布置，布置方案可参照本书第4.5.6条第三部分执行。

【推荐目录】

《建筑工程施工过程结构分析与监测技术规范》JGJ/T 302—2013 第7章；

《混凝土结构试验方法标准》GB/T 50152—2012 附录C。

4.8 其 他 项 目 监 测

Ⅰ 拉 索 索 力 监 测

第4.8.1条

【规范规定】

4.8.1 拉索索力监测应符合下列规定：

1 监测方法可包括压力表测定千斤顶油压法、压力传感器测定法、振动频率法；

2 压力表测定千斤顶油压法与振动频率法监测精度宜为满量程的5.0%，压力传感器测定法监测精度宜为满量程的3.0%；

3 振动频率法监测索力的加速度传感器频响范围应覆盖索体振动基频，采用实测频率推算索力时，应将拉索及拉索两端弹性支承结构整体建模共同分析；

4 索力监测系统在设计时，宜与结构内部管线、通信设备综合协调；

5 拉索索力监测预警值应结合工程设计的限值、结构设计要求及监测对象的控制要求综合确定。

【规范条文分析】

频率法是将传感器（如伺服式加速度计）用索夹或绑带固定在斜拉索上，通过对振动时程数据进行傅立叶变换获得拉索振动频率，然后根据拉索频率与索力的理论公式换算索力。该方法的优点是容易更换，使用成熟。缺点是有一定误差，需要考虑拉索垂度、抗弯刚度、边界条件误差及拉索阻尼器的影响因素，修正后的精度一般在5%以内。

除安装加速度传感器外，目前国际上有一种利用激光多普勒测速仪 LDV（Laser Doppler Velocimeter）获取频率的新方法，该方法是应用多普勒效应，基于激光的高相干性和高能量测量流体或固体流速的原理，通过测得拉索的速度时程，进行傅立叶变换，获得索的振动频率，最终获得索力。目前在国外已经少量应用到斜拉索的振动测量上，测试原理基本同加速度传感器，因此精度相当。该方法优点在于无接触、无导线、并可长距离监测，但设备价格昂贵，不适合多点同时监测。

【结构监测应用】

实际工程应用中，由于基于振动测试技术频率法操作简单、效率高、可测恒载索力等特点，故应用最为普遍。在频率法测试中，加速度传感器频响范围下限应低于监测索体最低主要频率分量的 1/10，上限应大于最高有用频率分量值；动态信号采集仪器的动态范围应大于 120dB。

频率法对于等截面、横向抗弯刚度可以忽略、边界条件可以明确的索力测试效果较好，其他情况均需要考虑修正；如果差异较大，比如悬索桥吊杆（对于长吊杆，测试结果仍有一定参考价值），应选择其他方法测试。恒载索力测试应在大气温度相对稳定的时段进行，并尽可能缩短全桥测试时间，并选择活载索力增量较大的索进行监测。

除了条文规定的方法之外，还有一些其他测试索力的方法，例如磁通量索力计法，其工作原理是：当铁磁性材料受到外力作用时，其内部产生机械应力或应变，相应的磁导率发生改变，通过测定磁导率变化来反映应力变化。该方法的优点是传感器安装较方便、非接触测量、不损伤结构，可以实现体内预应力（有粘结）多截面应力监测。缺点是对不同型号的拉索均需要各自进行参数标定，需要在斜拉索施工时安装，不宜更换，测试精度与振动法相当。磁通量传感器穿过索体安装完成后，应与索体可靠连接，防止在吊装或施工过程中滑动移位。

目前还有应用光纤光栅技术测试索力的方法，即将 FRP-OFBG 复合筋布置到平行钢丝或钢绞线拉索内，成为拉索的一部分，在索力作用下，复合筋与平行钢丝协同变形，感知拉索应力。该方法优点是测力直接，并可直接进行损伤分析，但传感器的安装在拉索生产时就需要埋入，较为复杂，不易更换。

索力监测预警值宜根据工程重要性和设计要求确定，且不宜超过材料强度设计值的 80%。

【推荐目录】

《建筑工程施工过程结构分析与监测技术规范》JGJ/T 302—2013 第 6 章。

第 4.8.2 条

【规范规定】

4.8.2 索力监测应符合下列规定：

1 应确保锚索计的安装呈同心状态；

2 采用振动频率法监测时，传感器安装位置应在远离拉索下锚点而接近拉索中点，量测索力的加速度传感器布设位置距索端距离应大于 0.17 倍索长；

3 日常监测时宜避开不良天气影响，且宜在一天中日照温差最小的时刻进行量测，并记录当时的温度与风速。

【规范条文分析】

传感器安装可以采用磁力座或捆扎的方式固定，测振传感器要具有足够的灵敏度，下限频率除低于监测索体最低主要频率分量的 1/10 外，宜下延至 0.5Hz，甚至更低。细长索可以通过环境激励下的响应输出识别，短索有时需要进行人工激励。

【结构监测应用】

提取信号的频谱分析应合理选择频率带宽，保证有足够的频率分辨率，同时根据各阶自振频率的倍频关系确定频率的阶数。

如果人工激振前拉索存在较大的振动，可采取适当措施，先尽量减小拉索自振振幅，然后再用人工激振，这样会测得较好的低阶频率。

当需进行自动监测时，应进行监测系统的设计，且宜与建（构）筑物内部的设备、管线、通信等综合协调考虑。自动数据采集与传输子系统宜具备以下功能：

（1）数据采集能按设定时间间隔定时巡检、接收指令单次巡检和超过阀值触发巡检；

（2）防雷及抗干扰功能；

（3）数据保存功能。

【推荐目录】

《建筑工程施工过程结构分析与监测技术规范》JGJ/T 302—2013 第 6 章。

<h1 style="text-align:center">Ⅱ 腐 蚀 监 测</h1>

第 4.8.3 条

【规范规定】

4.8.3 在氯离子含量较高或受腐蚀影响较大的区域或有设计要求时，可进行腐蚀监测。

【规范条文分析】

本条规定了需要进行腐蚀监测的条件，应综合考虑监测对象（如钢结构、混凝土结构等）以及结构所处的环境（如工业厂区内、海洋性气候区等）等因素。

【结构监测应用】

在进行腐蚀监测之前，应先制定腐蚀监测方案，内容包括腐蚀监测位置、腐蚀监测方法和腐蚀监测频率。

实际工程结构中，跨越江河湖海的桥梁下部结构长期处于水中，容易受到侵蚀，腐蚀可能性偏大，腐蚀监测点的布设位置应根据不同的桥梁形式，选择典型的力与侵蚀环境荷载分别作用的区域进行布设，可布设在桥墩的干湿变化区、浪溅区、水下区、水上区、承台的地下与地上部位、箱梁的典型截面等。其他高层、高耸以及大跨空间结构也可参考执行（如沿海、沿江建（构）筑物等）。

【推荐目录】

《建筑钢结构防腐蚀技术规程》JGJ/T 251—2011 第 3 章；

《普通混凝土长期性能和耐久性能试验方法标准》GB/T 50082—2009 第 6 章。

第 4.8.4 条

【规范规定】

4.8.4 腐蚀监测应符合下列规定：

1 腐蚀监测方案中应包括腐蚀监测方法、监测参数、监测位置和监测频次；

2 腐蚀监测宜选用电化学方法，电化学监测方法可选用电流监测、电位监测，也可同时采用电流和电位监测；

3 腐蚀监测参数可包括结构腐蚀电位、腐蚀电流和混凝土温度；

4 腐蚀监测位置应根据监测目的，结合工程结构特点、特殊部位、结构连接位置、不同位置的腐蚀速率等因素确定；测点宜选择在力与侵蚀环境荷载分别作用的典型区域及侵蚀环境荷载作用下的典型节点；

5 腐蚀传感器应能分辨腐蚀类型、测定腐蚀速率。可采用外置式和嵌入式两种方式布置：对于新建结构，可在施工过程中将传感器埋入预定的位置；对既有结构，可在结构相应测点的邻近位置外置传感器。

【规范条文分析】

半电池电位法是应用最早、最广泛的钢筋腐蚀测定方法，既简单、经济，又易于操作。应用半电池电位法时混凝土中钢筋腐蚀状态判别标准如表1-4-10所示。目前，较成熟的基于半电池电位计的混凝土腐蚀传感器主要有英国BGB公司的MCR-R1-A腐蚀测量单元、德国S＋R公司的阳极梯腐蚀测量单元、美国VTI公司的ECI-1腐蚀测量单元等。苏通大桥腐蚀传感系统采用了德国S＋R公司的阳极梯腐蚀测量单元（Anode-Ladder-System）。

半电池电位法判断钢筋腐蚀标准 表1-4-10

标准名称	电位（mV）	判别标准
美国ASTM C876标准	＞－200	5％腐蚀概率
	－200～－350	50％腐蚀概率
	＜－350	95％腐蚀概率
中国冶金部标准	＞－250	不腐蚀
	－250～－400	可能腐蚀
	＜－400	腐蚀

钢结构腐蚀监测可分为两类，一是使用期间定期检测钢结构有无裂纹，有无局部腐蚀穿孔危险等，主要方法有超声波法、漏磁法等，此类测试属于离线监测；二是检测介质作用使钢结构发生腐蚀速度多少，获得钢结构腐蚀过程的有关信息，主要方法有：挂片法、电阻探针法、电化学法、磁感法等，此类测试属于在线监测。

【结构监测应用】

目前的腐蚀监测仪器有：钢筋锈蚀仪、埋入式钢筋混凝土的腐蚀检测系统。腐蚀监测方法选择应依据以下原则：

（1）可以获得的数据及资料；

（2）对腐蚀过程变化的响应速度；

（3）每次监测所需的时间间隔中的累积量；

（4）该方法与结构材料腐蚀行为之间的对应关系；

（5）环境介质的适用性；

（6）可以监测和评定的腐蚀类型；

（7）监测结果的解释难易以及仪器设备的选择等。

钢结构腐蚀在线监测中，挂片失重法起步最早，原理简单，适用于各种介质即电解质和非电解质，监测周期1个月以上。电阻探针法始于20世纪50年代，适用于各种介质，监测周期为几天。电化学法出现于20世纪70年代，可进行瞬时腐蚀速度的测量，反应灵敏，适于电解质介质。电感法出现于 20 世纪 90 年代，测试敏感度高，适用于各种介质，寿命较短，电感法原理是将一金属薄片置于探头外表面，通过测量探头内线圈信号的变化推算腐蚀速度。

无损检测、探伤已成为腐蚀离线监测的一部分：超声波法可以探测钢结构的剩余壁厚，在石化工业应用较普遍；涡流法用于检测表面裂纹和蚀孔，但不能作为运行中钢结构设施的内腐蚀探测手段；漏磁法可以检测表面裂纹和蚀孔，作为运行中钢结构设施的内腐蚀检测手段时，腐蚀缺陷要足够深。

【推荐目录】

《建筑钢结构防腐蚀技术规程》JGJ/T 251—2011 第 3 章；

《普通混凝土长期性能和耐久性能试验方法标准》GB/T 50082—2009 第 6 章。

4.9　巡视检查与系统维护

第 4.9.1 条

【规范规定】

4.9.1　巡视检查内容应包括监测范围内的结构和构件变形、开裂、测点布设及监测设备或结合当地经验确定的其他巡视检查内容。

【规范条文分析】

巡查结构和构件变形、开裂与设备监测数据成果之间大多存在着内在的联系，可以使结构从定性和定量两方面有机地结合起来。监测基准点、监测点、监测元器件的稳定或完好状况，直接关系到数据的准确性、真实性及连续性，因此，以上均是现场巡查的主要内容。

【结构监测应用】

除常规巡视检查外，当发生强雷电、暴雨、地震、碰撞、爆炸等异常情况时，也应进行特殊情况下的巡视检查，除常规巡视检查项目外，应及时核查监测系统工作状况，补充损害情况检查内容，使巡视检查与仪器监测组成一个完整的监控体系，有效监控结构状况。

【推荐目录】

《建筑基坑工程监测技术规范》GB 50497—2009 第 4 章。

第 4.9.2 条

【规范规定】

4.9.2　系统维护应确保监测系统运行正常，并进行系统更新。

【规范条文分析】

结构监测特别是在线监测系统维护是一项专业性很强的工作，需进行专业培训，安排专职人员对监测系统进行日常和定期维护管理。

【结构监测应用】

系统维护应符合前述第 3.1.3 条第三部分基本要求。系统更新应包含三个方面：一是指监测设施不全或损坏、失效的，应根据情况予以补设或更新改造；二是指随着结构使用期间状况的不断变化，或由于监测设备随着技术进步的不断升级，监测系统设计时应考虑这些因素，监测系统运行时可对软硬件进行升级改造，并保持监测资料的连续性；三是监测系统数据库管理子系统应定期对数据更新，以通过结构安全评价子系统评估当前结构老化和恶劣服役环境对工程结构是否有能力继续实现设计功能。

【推荐目录】

《天津市桥梁结构健康监测系统技术规程》DB/T 29—208—2011 第 3 章；

《土石坝安全监测技术规范》SL 551—2012 第 1 章。

第 4.9.3 条

【规范规定】

4.9.3 巡视检查应符合下列规定：

1 巡视检查以目测为主，可辅以锤、钎、量尺、放大镜等工器具以及摄像、摄影等设备进行；

2 发出预警信号时，应加强巡视检查；当发现异常或危险情况，应及时通知相关单位；

3 巡视检查的重点是确认基准点、测点的位置未改变及完好状况，确认监测设备运行正常及保护状态；

4 巡视检查宜由熟悉本工程情况的人员参加，并相对固定；

5 巡视检查应做好记录。

【规范条文分析】

巡视检查以目测为主，配以简单的设备，这样的检查方法速度快、周期短，可以弥补仪器监测的不足。

【结构监测应用】

巡视检查应对自然条件、结构状况、施工或运营工况、周边环境、监测设备等的检查情况做好记录，各检查项目之间大多存在着内在的联系，检查记录应及时整理，与仪器监测数据综合分析，研究并发现其内在联系，全面分析结构工作状态，做出正确判断。

【推荐目录】

《建筑基坑工程监测技术规范》GB 50497—2009 第 4 章。

5 高层与高耸结构

说明：

　　根据目前国内高层及高耸结构的实际应用情况，本章明确了高层及高耸结构施工及使用期间的监测类型、监测项目，并按照监测项目具体规定了测点布置、监测频次以及注意事项等。鉴于高层与高耸结构的特点，本章增加了舒适度监测（第 5.3.12 条）、日照变形监测（第 5.2.3 条）以及部分针对高层与高耸结构的施工方法监测（第 5.2.5 条、第 5.2.6 条、第 5.2.12 条）。

　　高层与高耸结构施工及使用期间的应力实测值与数值模拟计算结果差值控制标准宜为：混凝土结构为 $\pm 20\%$，钢结构为 $\pm 10\%$。

　　线性控制标准应符合《建筑变形测量规范》JGJ 8—2007 相关规定。

5.1　一　般　规　定

第 5.1.1 条

【规范规定】

5.1.1　除设计文件要求外，高度 250m 及以上或竖向结构构件压缩变形显著的高层与高耸结构应进行施工期间监测，高度 350m 及以上的高层与高耸结构应进行使用期间监测。

【规范条文分析】

　　本条明确了进行施工及使用期间监测的高层及高耸结构范围，高度的确定参考了《建筑工程施工过程结构分析与监测技术规范》JGJ/T 302—2010 第 3.1.1 条和第 3.1.2 条、《高层建筑混凝土结构技术规程》JGJ 3—2010 第 4.2.7 条和第 5.1.9 条的相关规定，同时结合了目前国内高层与高耸结构的设计现状以及结构监测技术的推广现状。

　　从条文理解，仅从高度上确定高层与高耸结构的监测范围还有待商榷，宜结合结构体系、设防烈度、结构重要性、结构及周边环境等综合考虑结构监测范围。

【结构监测应用】

　　高层与高耸结构的特点一般包含：

　　（1）内力和变形具有明显的高度累积效应，高度越高，累积效应越明显。高层与高耸结构尤其是超高层建筑结构的高度增加则自重增大，结构竖向构件产生明显的压缩变形，且各构件变形可能会不一致，引起同一层楼面竖向变形不均匀、层高与原设计有差异、连接不同竖向构件的水平构件的内力发生变化，因此造成结构的最终位形、内力与设计存在差异。

　　（2）施工周期长，对环境因素作用较为敏感。高层与高耸结构施工周期较长，结构的内力和变形受特定环境因素（如冻土、风、振动、压力、温度、日照等）以及工作条件影响较大。

（3）结构体系复杂。高层与高耸结构体系复杂，通常体现在多种结构形式的组合、多层转换、上部连体、局部竖向收进、较大悬挑、加强层等方面。

（4）对使用性和安全性要求较高。高层与高耸结构施工难度和危险性较大，且使用过程中人员较密集，因此对高层与高耸结构尤其是超高层建筑结构的施工和使用都有较高要求。

（5）施工与使用期间结构特性和受力状态差异大，施工方法和安装建造次序对最终完工状态与设计的一致性有影响。施工期间结构所受的施工荷载与使用期间的使用荷载差别很大，施工过程中的结构刚度在不断变化，并且施工期间装修层、幕墙等尚未安装，导致结构特性和受力状态在施工与使用期间存在差异。

针对高层与高耸结构特点，对一定高度以上的结构进行监测是保证人员的生命与财产安全的重要保障，为维护结构和管理决策提供依据。

【推荐目录】

《高层建筑混凝土结构技术规程》JGJ 3—2010 第4～5章；

《建筑工程施工过程结构分析与监测技术规范》JGJ/T 302—2013 第3章。

第5.1.2条

【规范规定】

5.1.2 除设计文件要求或其他规定应进行施工期间监测的高层与高耸结构外，满足下列条件之一时，高层及高耸结构宜进行施工期间监测：

1 施工过程增设大型临时支撑结构的高层与高耸结构；

2 施工过程中整体或局部结构受力复杂的高层与高耸结构；

3 受温度变化、混凝土收缩、徐变、日照等环境因素影响显著的大体积混凝土结构及含有超长构件、特殊截面的结构；

4 施工方案对结构内力分布有较大影响的高层与高耸结构；

5 对沉降和位形要求严格的高层与高耸结构；

6 受邻近施工作业影响的高层与高耸结构。

【规范条文分析】

超高层结构的竖向压缩变形通常较大，另外不同竖向构件的差异压缩变形也可能较为显著，从而可能导致楼层层高变化、楼层不水平，连接不同竖向构件的水平构件的内力发生变化，从而引起结构受力状态和位形发生变化。

施工过程中结构受力和变形的复杂性主要体现在：（1）施工过程中结构受力状态与结构一次整体成型加载分析结果存在较大差异；（2）施工过程中结构位形与设计目标位形或结构一次整体成型加载分析结果存在差异。

【结构监测应用】

考虑施工过程的结构受力状态或位形与一次整体成型结构分析结果产生差异的情况较多，包括但不限于：

（1）施工过程中空间结构整体工作效应尚未形成，导致施工过程中部分构件（尤其是上托多根竖向构件的大跨转换结构）受力较整体结构受力有明显增大。

（2）施工过程中因支撑及临时加强措施的设置和拆除，导致部分构件受力状态与设计的预期受力状态有较大差异。

（3）施工过程中采取了特殊的构件安装顺序，如局部构件延迟安装、后浇带。

（4）构件连接方式在施工过程中发生改变，包括钢结构构件由铰接连接转为刚接。

（5）成型形状和应力分布与施工过程密切相关的柔性结构。

（6）采用了局部范围整体卸载、局部范围整体提升、滑移、悬臂拼装等特殊施工建造技术。

【推荐目录】

《建筑工程施工过程结构分析与监测技术规范》JGJ/T 302—2013 第 3 章。

第 5.1.3 条

【规范规定】

5.1.3　除设计文件要求或其他规定应进行使用期间监测的高层与高耸结构外，满足下列条件之一时，高层及高耸结构宜进行使用期间监测：

1　高度 300m 及以上的高层与高耸结构；

2　施工过程导致结构最终位形与设计目标位形存在较大差异的高层与高耸结构；

3　带有隔震体系的高层与高耸结构；

4　其他对结构变形比较敏感的高层与高耸结构。

【规范条文分析】

高度 300m 以上的高层及高耸结构大都为标志性建筑，其监测数据具有重要意义。

施工过程导致结构最终位形与设计目标位形存在较大差异的高层与高耸结构，因设计过程未考虑这些因素，其安全性问题较为突出，所以开展使用期间监测是确保结构安全的重要工作。

带隔振体系的高层与高耸结构在我国地震频发地区有所应用，通过结构监测能够检测结构的隔振效果，对科学评判结构的抗震性能以及后期类似结构的隔振设计提供基础数据，对推动隔振结构理论及在我国应用具有很重要的现实意义。

对结构变形比较敏感的高层与高耸结构，通过监测可以获得结构变形的空间和时间特征，做出变形原因的几何分析和物理解释，便于实现结构安全评估和控制。

【结构监测应用】

高层及高耸结构使用期间监测应包括以下几个方面：

（1）结构动力特性监测，主要以加速度测量为主，辅以必要的速度和位移传感器校核，对测试结果进行分析和对比，判断结构动力特性以及结构性能是否正常。

（2）结构变形监测，监测内容一般包括水平及竖向位移、倾斜、挠度、裂缝、日照变形等参数。

（3）结构局部监测，易引起结构不稳定以及安全的高层结构构件及节点应进行内力、变形（含裂缝）、耐久性、强度以及温湿度监测等。

（4）荷载监测，目的在于记录高层与高耸结构经受的各种作用及其引起的可变荷载和历程，为结构自诊断分析提供荷载数据。一般来说，高层与高耸结构监测的对象主要是风和地震。

【推荐目录】

《土木工程监测与健康诊断—原理、方法及工程实例》段向胜，周锡元著，中国建筑工业出版社，2010 年，第 2 章。

第 5.1.4 条

【规范规定】

5.1.4 开挖深度大于等于 5m 或开挖深度小于 5m 但现场地质情况和周围环境较复杂的基坑工程以及其他需要监测的基坑工程应实施基坑工程监测，监测实施应按现行国家标准《建筑基坑工程监测技术规范》GB 50497—2009 的规定执行。

【规范条文分析】

基坑支护是确保基坑工程安全的重要保证，按照《建筑基坑工程监测技术规范》GB 50497—2009 规定，地质情况较复杂的基坑工程是指基坑周边存在面积较大的厚层有机质填土、特软弱的淤泥质黏土、暗浜、暗塘、暗井、古河道；临近江、海、河边并有水力联系；存在渗透性较大的含水层并有承压水；基坑潜在滑塌范围内存在岩土界面且岩体结构面向坑内倾斜等情况。周边环境较复杂的基坑工程指基坑周边 1～2 倍基坑深度范围内存在地铁、共同沟、煤气管道、压力总水管、高压铁塔、历史文物、近代优秀建筑以及其他需要保护的结构。因此，应针对现场地质条件和周围环境复杂的基坑工程以及不同的支护情况考虑对应的监测内容。

【结构监测应用】

基坑工程监测内容包括：基坑围护墙（边坡）顶部、管线及邻近结构水平及竖向位移；地表、土体分层竖向位移或深层水平位移；坑底隆起（回弹）；支护结构内力；土压力；孔隙水压力；地下水位；锚杆及土钉内力等。

基坑工程周围岩土体监测具体可分类如下：

（1）基坑深度较大、基底土质软弱或基底下存在承压水且对工程影响较大时，应进行坑底隆起（回弹）监测；

（2）基坑侧壁、隧道围岩的地质条件复杂，岩土体易产生较大变形、空洞、坍塌的部位或区域，应进行土体分层竖向位移或深层水平位移监测；

（3）在软土地区，基坑或隧道邻近存在对沉降敏感的建（构）筑物等环境时，应进行孔隙水压力、土体分层竖向位移或深层水平位移监测；

（4）工程邻近或穿越岩溶、断裂带等不良地质条件，或施工扰动引起周围岩土体物理力学性质发生较大变化，并对支护结构、周边环境或施工可能造成危害时，应结合工程实际选择岩土体监测项目。

【推荐目录】

《建筑基坑工程监测技术规范》GB 50497—2009 第 3 章、第 6 章。

第 5.1.5 条

【规范规定】

5.1.5　高层与高耸结构施工期间监测项目应根据工程特点按表 5.1.5 选择。

表 5.1.5　施工期间监测项目

	基础沉降监测	变形监测		应变监测	环境及效应监测			基坑支护监测
		竖向	水平		风	温湿度	振动	
高层结构	★	★	★	★	▲	▲	▲	▲
高耸结构	★	★	★	★	▲	▲	▲	▲

注：★应监测项，▲宜监测项；

【规范条文分析】

本表确定原则主要基于以下几点考虑：

（1）高层与高耸结构的竖向变形值是施工期间结构安全性控制的一个非常重要的指标，提出了应进行监测的技术要求。

（2）高层与高耸结构施工期间的局部结构体也是安全性关注的重点，重点关注其支承部位的相对竖向变形即可，因此对基础沉降的监测要求可适当放松。

（3）应力监测是直观了解构件受力状态的最佳手段，是实现施工期间结构安全性的一个最重要方法，因此，对所有要进行施工期间安全性控制的结构均提出应进行应力监测的技术要求。

（4）环境的变化，尤其是温度作用对超高结构的影响非常显著，环境温度值的测量可以为后期数据分析处理，以及监测与施工过程结构分析结果对比提供基础数据。风荷载具有瞬时性，而在施工期间，结构通常为弹性体，风荷载的影响较小，可相对放松其监测要求；对于超高层结构，为了解风荷载沿高度方向的分布，进而进一步提高高层结构风荷载取值的合理性，提出了高层结构宜进行风荷载监测的技术要求，以更好的积累基础数据。

【结构监测应用】

高空连体采用隔震支座或滑动支座时，高空连体通常与主体结构之间存在相对变形，此时，宜对连体与主体结构之间的平面相对变形进行监测。

对于混凝土结构，混凝土收缩和徐变对应力监测结果有较为显著的影响，因此，应力监测时，宜制作无约束的混凝土试块，安装同型号的应力传感器，准确记录从混凝土初凝开始的应变全过程发展曲线，为后期数据分析处理，以及监测与施工过程结构分析结果对比提供基础数据。

【推荐目录】

《建筑工程施工过程结构分析与监测技术规范》JGJ/T 302—2013 第 3 章。

第 5.1.6 条

【规范规定】

5.1.6　高层与高耸结构使用期间监测项目应根据结构特点按表 5.1.6 进行选择。

表 5.1.6 使用期间监测项目

	基础沉降监测	变形监测		应变监测	环境及效应监测		
		竖向	水平		风	温湿度	地震
高层结构	▲	▲	★	▲	▲	▲	★
高耸结构	▲	▲	★	▲	▲	▲	★

注：★应监测项，▲宜监测项。

【规范条文分析】

竖向变形监测是施工期间结构安全性控制的一个非常重要的指标，在已保证施工期间结构竖向变形满足规范要求的基础上，使用期间水平变形监测相对而言较其他监测项目重要，对于水平变形监测，应包括其下部支撑点的变形监测项目，便于了解结构沿高度的水平变形变化。我国是地震频发区域，按照《建筑抗震设计规范》GB 50011—2010 第 3.11.1 条和国务院令第 409 号《地震监测管理条例》第 15 条的要求，地震响应监测是发展地震工程和工程抗震科学的必要手段，因此在本条文中予以强化，规定为应监测项，以促进其发展。基于本文第 3.4.1 条第二部分已阐述的使用期间监测目的和功能，表中其他监测项目均宜监测。

值得注意的是，条文中第 5.1.5 条和第 5.1.6 条分别使用了"工程特点"和"结构特点"两种不同说法，是否有不同的含义还有待商榷。

【结构监测应用】

通过水平位移监测可以了解主体结构的倾斜和挠度等指标，高层与高耸结构水平位移过大，将会导致结构开裂、倾斜或损伤，达到一定程度时，会由于结构加速度过大而引起室内人员不适。相对而言水平位移监测达到监测要求的精度及稳定性也较其他项目高，所以在满足施工期间要求后，使用期间水平变形监测较其他监测项目更适合于长周期监测，在可能的条件下，应尽量满足使用期间监测目的和功能以及监测表中所有项目。

【推荐目录】

《混凝土结构试验方法标准》GB/T 50152—2012 第 10 章。

第 5.1.7 条

【规范规定】

5.1.7 高层与高耸结构监测应与结构分析相结合，结构分析应符合下列规定：

1 伸臂桁架和悬吊构件的施工过程应进行施工过程结构分析，且应真实反映设计和实际施工的顺序，以及节点的连接方式；

2 结构分析应按工程精度需要，计入结构构件的安装和刚度生成、支撑的设置和拆除等刚度变化影响因素；宜考虑几何非线性及混凝土材料收缩徐变的影响；

3 结构分析中，应根据实际施工方案预测施工过程中整个建筑的沉降变形、楼层的累积变形以及关键部位的变形和内力，为施工及监测方案的调整提供指导，保证完工后结构的水平度和标高满足设计要求；

4 框架-剪力墙结构或剪力墙结构中的连梁刚度不宜折减。

【规范条文分析】

计算分析时宜计入地基沉降等边界条件的影响。有条件时，宜将施工或使用期间关注结构体与其支承结构或基础建立统一计算模型，进行整体结构分析。

施工及使用期间，剪力墙中连梁通常都处于弹性工作状态，这与地震作用下，连梁可能受损或破坏有明显不同，所以在结构分析时，连梁刚度不进行折减。施工及使用期间，楼面上作用的荷载通常比结构设计时采用的荷载要小，因此，施工及使用期间框架梁梁端负弯矩要小于正常设计值。施工及使用期间框架梁的梁端负弯矩调幅程度应小于正常设计时的梁端负弯矩调整幅度。《高层建筑混凝土结构技术规程》JGJ 3—2010 中现浇框架梁梁端负弯矩调幅系数宜取 0.8～0.9，施工及使用期间结构分析时框架梁梁端负弯矩调幅系数宜取 1.0。

【结构监测应用】

施工过程结构分析时，高层结构沿高度方向分段数一般不宜小于 8 段，每段层数或高度不宜超过 4～6 层或 12～18m。当精度分析要求高或需要进行施工预变形分析时，分段数宜适当增加。高层结构采取核心筒超前施工，外围框架延后施工时，施工阶段划分应能在计算模型中真实反映。实际结构特别是钢-混凝土混合结构施工过程中，混凝土楼板浇筑往往会滞后主体结构施工一段时间，此外，面层、吊顶、幕墙等附加恒载往往滞后更多。上述荷载的施加顺序应满足分析精度的要求。

【推荐目录】

《建筑工程施工过程结构分析与监测技术规范》JGJ/T 302 第 4 章；

《土木工程监测与健康诊断—原理、方法及工程实例》段向胜，周锡元著，中国建筑工业出版社，2010 年，第 9 章。

5.2　施 工 期 间 监 测

Ⅰ　沉 降 监 测

第 5.2.1 条

【规范规定】

5.2.1　沉降监测中应先引测工作基点，再分区布置沉降测点，沉降监测点宜与水平位移监测点一致。

【规范条文分析】

布设沉降点时，应结合建筑结构、形状和场地工程地质条件，并应顾及施工和建成后的使用方便。同时，点位应易于保存，标志应稳固美观。

沉降观测实质上是根据水准点用精密水准仪定期进行水准测量，测出建（构）筑物上监测点的高程，从而计算其下沉量。水准点是测量监测点沉降量的高程控制点，应经常检测水准点高程有无变动。测定时一般应用 S1 级水准仪往返测试。监测应在成像清晰、稳定的时间内进行，同时应尽量在不转站的情况下测出各观测点的高程，以便保证精度。前后视测试最好用同一根水准尺，水准尺离仪器的距离不应超过 50m，并用皮尺丈量，使之大致相等。测完观测点后，必须再次后视水准尺，先后两次后视读数之差不应超过±1mm。对一般(建)构筑物，同一后视点先后两次后视读数之差不应超过±2mm。

【结构监测应用】

建(构)筑物竖向位移监测点布设应反映建(构)筑物的不均匀沉降，并应符合下列规定：

(1) 建(构)筑物竖向位移监测点应布设在外墙或承重柱上，且位于主要影响区时，监测点沿外墙间距宜为 10～15m，或每隔 2 根承重柱布设 1 个监测点；位于次要影响区时，监测点沿外墙间距宜为 15～30m，或每隔 2～3 根承重柱布设 1 个监测点；在外墙转角处应有监测点控制。

(2) 在高低悬殊或新旧建(构)筑物连接、建(构)筑物变形缝、不同结构分界、不同基础形式和不同基础埋深等部位的两侧应布设监测点。

(3) 对烟囱、水塔、高压电塔等高耸构筑物，应在其基础轴线上对称布设监测点，且每栋构筑物监测点不应少于 3 个。

(4) 风险性较高的建(构)筑物应适当增加监测点数量。

关于建筑物的沉降观测周期和终止观测的沉降稳定指标可以参考《工程测量规范》GB 50026—2007 相关规定。

【推荐目录】

《工程测量规范》GB 50026—2007 第 10 章。

Ⅱ 变 形 监 测

第 5.2.2 条

【规范规定】

5.2.2 施工期间变形监测可包括轴线监测、标高监测、建筑体形之间联系构件的相对变形监测、结构关键点位的三维空间变形监测。

【规范条文分析】

本条文针对结构整体垂直度、整体平面弯曲以及构件垂直度、弯曲变形、跨中挠度等项目制定的变形监测内容，其中标高监测、建筑体形之间联系构件的相对变形监测均是考虑压缩变形而引起的结构节点或节间的相对位移变化。

高层与高耸结构层间压缩变形监测宜采用精密几何水准测量方法，宜根据结构高度，分成若干监测段，由每次测量的高层差得到压缩变形值。

【结构监测应用】

严格来说，变形监测应包含沉降监测，鉴于建筑设计、施工习惯用语，这里将沉降监测分类叙述。标高监测中，常通过考虑材料时变效应的分析技术预测包括收缩徐变和基础沉降的长期变形量，并在施工阶段楼面标高预留 80% 的长期变形量作为标高补偿。在施工阶段，每个楼层或节段施工完成时需对标高进行测量。在进行加强层施工时，标高数据监测间隔不应少于 5 天。结构封顶至所有上部荷载施加完毕，标高监测间隔不应少于 1 个月。在正常使用阶段，标高监测间隔不应少于 6 个月。

【推荐目录】

《工程测量规范》GB 50026—2007 第 10 章。

第 5.2.3 条

【规范规定】

5.2.3 施工周期超过一年的结构或昼夜温差较大地区的结构施工，宜进行日照变形监测。

【规范条文分析】

日照变形的监测时间，宜选在夏季的高温天进行。监测可在白天时间进行，从日出前开始，日落后停止，宜每隔 1h 量测一次。在每次量测的同时，应测出结构向阳面与背阳面的温度，并测试风速与风向。记录建（构）筑物顶部风速、沿高度变化的风压、监测时刻和向阳面、背阳面的温度。

【结构监测应用】

日照变形监测应在高层建筑受强阳光照射或辐射的过程中进行，应测定结构上部由于向阳面与背阳面温差引起的偏移量及其变化规律。日照变形监测点的选设应符合下列要求：

（1）当利用结构内部竖向通道监测时，宜以通道底部中心位置作为测站点，以通道顶部正垂直对应于测站点的位置作为监测点。

（2）当从结构外部监测时，监测点应选在受热面的顶部或受热面上部的不同高度处与底部（视监测方法需要布置）适中位置，并设置照准标志，若单柱即可直接照准顶部与底部中心线位置，测站点应选在与监测点连线呈正交或近于正交的两条方向线上，其中一条宜与受热面垂直。测站点宜设在距监测点距离为照准目标高度 1.5 倍以外的固定位置处，并埋设标石。

【推荐目录】

《建筑变形测量规范》JGJ 8—2007 第 7 章。

第 5.2.4 条

【规范规定】

5.2.4 变形监测测点应布置在结构变形较大或变形反应敏感的区域。

【规范条文分析】

条文中监测点是指在能反映监测体变形特征的位置或监测断面上。监测断面一般分为：关键断面、重要断面和一般断面。具体而言，可包含但不限于如下位置：

（1）筏形基础、箱形基础底板或其他基础角部及中部位置；

（2）建（构）筑物角部、沿承重外墙 10～20m 或间隔 2～3 个柱距；

（3）沉降缝、后浇带交接处等建（构）筑物不同结构分界处的两侧；

（4）电梯井和核心筒的转角处；

（5）结构分析计算下的变形较显著关键点、建（构）筑物承重墙、柱等；

（6）施工过程中结构安全性突出的特征构件。

【结构监测应用】

为了防止装修阶段因地面或墙柱装饰面施工而破坏或掩盖监测点，墙柱上的监测标志宜距结构板面 300mm。测点布设还应结合工程实际情况及设计要求。为体现结构整体竖向位移发展规律，可沿竖向均匀布置测点；为反映结构分区相对变形发展规律，依据对称原则，在不同结构处（如外框架和核心筒处）均匀布置测点，并在关键联系构件（如伸臂桁架）处增加测点。监测点应统一编号，测点编号前加上楼层序号；测点编号以结构分区。

【推荐目录】

《建筑变形测量规范》JGJ 8—2007 第 6 章。

第 5.2.5 条

【规范规定】

5.2.5 滑模施工过程中，应对滑模施工的水平度及垂直度进行监测。

【规范条文分析】

水平度控制应保证结构不产生倾斜，保持操作平台与周边模板平行上升；垂直度控制保证在任何高度范围内的偏差在允许范围内，当发现偏差超过允许值时，应进行纠偏。滑模施工监测应符合《混凝土结构工程施工质量验收规范》GB 50204—2011 及《液压滑动模板施工安全技术规程》JGJ 65—2013 相关规定要求。

【结构监测应用】

滑升过程中操作平台应保持基本水平，各千斤顶的相对高差不得大于 40mm。相邻两个提升架上千斤顶的相对标高差不得大于 20mm。滑升过程中应严格控制结构的偏移和扭转。纠偏、纠扭操作，应在当班施工指挥人员的统一指挥下，按施工组织设计预定的方法徐缓进行。当采用倾斜操作平台纠偏方法时，操作平台的倾斜度应控制在 1% 以内。当圆形筒壁结构发生扭转时，任意 3m 高度上的相对扭转值不应大于 30mm。

【推荐目录】

《液压滑动模板施工安全技术规程》JGJ 65—2013 第 9 章；

《混凝土结构工程施工质量验收规范》GB 50204—2011 第 8 章。

第 5.2.6 条

【规范规定】

5.2.6 悬臂和连体结构施工过程中，应对悬臂阶段的施工位形进行监测。

【规范条文分析】

悬臂和连体结构中悬臂合龙施工包括三方面，除合龙前及合龙后两过程，在悬臂合龙前后即中间过程，合龙缝附近构件应力状态应进行监测，以保证合龙连接施工的结构安全。三方面施工协调监控，才能保证施工过程安全。

【结构监测应用】

悬臂阶段宜进行专项监测，主要包括三方面：

（1）即将合龙前，对合龙杆件两端点空间相对位置关系（包括长度、两端点相对错动）进行连续跟踪监测，以确定恰当的合龙时机和准确的构件下料长度，保障合龙连接顺利实施。

（2）悬臂施工过程与建成后结构整体受力状态有较大区别，结构受力体系也有所不同，合龙前后，合龙缝附近构件应力和变形状态都十分关键，需监控其工作状态，以保证合龙连接施工的结构安全。

（3）悬臂合龙后，随着荷载持续增加，悬臂结构仍会继续产生显著的竖向位移。超高层结构往往在结构施工进行了预变形处理，通过对悬臂底层悬臂区域内的竖向相对沉降监测，及时监控悬臂的空间位形，指导施工，并可对施工模拟及预变形分析结果进行验证。

【推荐目录】

《土木工程监测与健康诊断—原理、方法及工程实例》段向胜，周锡元著，中国建筑工业出版社，2010年，第11章。

第5.2.7条

【规范规定】

5.2.7 高层与高耸结构变形监测的监测频次除应符合本规范第4.3.11条的规定外，尚应符合下列规定：

1 地下施工期间，楼层每增加1层监测一次；

2 地上结构施工期间，楼层每增加1层～5层监测一次；

3 关键楼层或部位施工时期，监测频次不应低于日常监测频次的2倍；

4 对于高耸结构，除重要的受力节间外，可按一定的高度间隔取相应的结构节间进行监测；应至少在重量达到总重的50%和100%时各监测一次。

【规范条文分析】

本条是高层与高耸结构定期变形监测频次的一般规定，在一般规定之上，监测频次还应根据施工方法、施工进度、监测对象、监测项目、地质条件等情况和特点，并结合当地工程经验进行调整确定。监测频次应使监测信息及时、系统地反映施工工况及监测对象的动态变化，采取定时监测，特殊情况下还应增加监测频次。

【结构监测应用】

监测过程中，监测数据达到预警值、发生异常变形、长时间连续降雨、基础附近地面荷载骤增、基础周围地质和水位发生变化等情况，应增加监测次数。

监测预警值可参考相关主管部门的具体规定，如无规定，可取沉降变化速率2～3mm/d或沉降量达到20～30mm。当沉降监测量达到预警值或连续3天超过预警值的70%，应预警。

【推荐目录】

《建筑变形测量规范》JGJ 8—2007第5章。

Ⅲ 应 变 监 测

第5.2.8条

【规范规定】

5.2.8 在荷载变化和边界条件变化的主要施工过程中，应进行应变监测。

【规范条文分析】

在施工过程中，空间结构从无到有、从单根杆件到局部成形再到完整结构，整个结构的形态、荷载、边界条件不断变化，呈现出结构时变、荷载时变和边界时变的特性，其"路径"和"时间"效应直接影响施工阶段结构的受力性能。因此，施工过程中构件应力水平是衡量结构施工过程中安全性能的重要指标，应力监测常常通过应变量测来实现，应变监测应尽可能获得结构受力较大、受力状态复杂的"热点"应力。

【结构监测应用】

所谓"热点应力"位置指结构中最大应力位置即最易发生破坏的位置，以及应力变化对结构影响至关重要的部位。主要施工过程中，局部关键构件截面应采用不同类型应变计进行校核。

【推荐目录】

《建筑工程施工过程结构分析与监测技术规范》JGJ/T 302—2013 第6章。

第5.2.9条

【规范规定】

5.2.9 监测测点应布置在特征位置构件、转换部位构件、受力复杂构件、施工过程中内力变化较大构件。

【规范条文分析】

为方便系统布置与数据传输，测点不宜过于分散，应服从分区集中准则。分区集中准则是指将结构分为不同的应力应变区域，对各区域选择性集中监测，如在楼板平面尺寸和平面刚度突变、竖向构件平面外收进、竖向刚度分布不连续区域等结构平面不规则位置应选择性进行应力应变监测。监测测点的布置应在各区域中具有代表性，使监测成果反映各区域结构应力分布及最大应力的大小和方向，以便和计算结果及模型试验成果进行对比，以及与其他监测资料综合分析。

【结构监测应用】

规范中条文说明了特征位置的选择区域，每个区域要有选择性的选取其最大受拉、受压、外部及延迟（如后浇带等）柱或支撑构件。典型楼面和屋面还应包括有代表性的梁构件，非规则区域宜进行专项监测方案布设（如伸臂桁架、转换大梁等）。以上均应基于施工过程模拟结果及现场环境状况而布置应力应变测点。

【推荐目录】

《建筑工程施工过程结构分析与监测技术规范》JGJ/T 302—2013 第6章；

《建筑基坑工程监测技术规范》GB 50497—2009 第5章。

第 5.2.10 条

【规范规定】

5.2.10　测试截面和测点的布置应反映相应构件的实际受力情况；对于后装延迟构件和有临时支撑的构件，应反映施工过程中构件受力状况的变化。

【规范条文分析】

截面和测点的布置宜根据受弯、轴力、受扭以及复杂应力状态等情况分别考虑。施工过程中采用延迟安装技术的构件，很可能是应力集中程度非常高的部位；有临时支撑构件，在临时支撑拆除后很可能存在较大的应力突变或应力集中现象。均典型地反映了施工过程中构件受力的变化。

【结构监测应用】

布设传感器的数量和方向宜满足下列要求：

（1）对受弯构件应在弯矩最大的截面上沿截面高度布置测点，每个截面不应少于 2 个；当需要量测沿截面高度的应变分布规律时，布置测点数不宜少于 5 个；对于双向受弯构件，在构件截面边缘布置的测点不应少于 4 个。

（2）对轴心受力构件，应在构件量测截面两侧或四周沿轴线方向相对布置测点，每个截面不应少于 2 个。

（3）对受扭构件，宜在构件量测截面的两长边方向的侧面对应部位上布置与扭转轴线成 45°方向的测点。

（4）对复杂受力构件，可通过布设应变花量测各应变计的应变值解算出监测截面的主应力大小和方向。

【推荐目录】

《建筑工程施工过程结构分析与监测技术规范》JGJ/T 302—2013 第 6 章。

第 5.2.11 条

【规范规定】

5.2.11　施工期间对结构产生较大临时荷载的设施，宜对相应受力部位及设施本身进行应变监测。

【规范条文分析】

较大临时荷载的设施是指施工单位根据施工组织设计确定所必须修建的大型临时建（构）筑物和临时设备。目前乃至以后施工单位为完成采用现代化设计的、造型新颖独特的超高层、大跨径、大体量建（构）筑物，在施工过程中必须采用的大型临时设施越来越多，对其安全管理工作也越显重要，结构监测技术是确保安全管理成效的关键因素之一。

【结构监测应用】

此类设施应符合《高层建筑混凝土结构技术规程》JGJ 3—2010 高层建筑结构施工章节的相关规定，大型机械设备或堆载等使用量大，且多数要与结构连接或接触，对结构受力产生影响，因此，应根据有关情况考虑附墙爬升设备、垂直运输设备、堆土等对结构有较大影响的因素，进行必要的施工模拟和计算，并通过监测技术进行验证优化。

【推荐目录】

《高层建筑混凝土结构技术规程》JGJ 3—2010 第 13 章。

第 5.2.12 条

【规范规定】

5.2.12 塔吊支承架结构的主梁以及牛腿预埋件结构，应根据塔吊支承架结构的受力特点及现场施工条件确定支承架主梁的应力测点以及牛腿预埋件应力测点的位置及监测方案。

【规范条文分析】

塔吊支承架结构的主梁以及牛腿预埋件结构承受较大塔吊的自重荷载及工作吊重荷载，随着结构施工高度的增加，塔吊将有可能不再落在基础之上，而必须附着于主体结构来克服塔吊本身自由长度过大的缺陷，因此用支撑架结构来实现塔吊与主体结构的连接是超高层结构安全施工的关键问题。针对这一情况，在塔吊工作过程中应能够实时地监测塔吊支承架构件受力状态，掌握其受力变化规律，从而保证塔吊结构的安全。

【结构监测应用】

基于塔吊支承架在高层施工过程中的重要地位，塔吊支承架数值模拟与现场监测是保障施工安全的重要前提，达到构件之间的节点"不散架"，避免埋件节点附着的混凝土墙体开裂。对塔吊支承架的主梁进行应力监测时，主梁宜设置不少于 4 个应力监测点，其中主梁两端各布置一个，跨中截面两端各布置一个与梁纵轴平行的应变传感器；对塔吊支承架牛腿预埋件进行应力监测时，埋件两端应设置不少于 2 个钢筋监测点，每个钢筋监测点处可用钢筋应变计代替原钢筋。

【推荐目录】

《高层建筑混凝土结构技术规程》JGJ 3—2010 第 13 章。

第 5.2.13 条

【规范规定】

5.2.13 应变的监测频次除应符合本规范第 4.2.6 条规定外，尚应符合下列规定：

1 对于连体、后装延迟构件或有临时支撑的结构，连体合龙前后、延迟构件固定前后及支撑拆除前后，相应应力变化较大的构件应增加监测频次；

2 应符合本规范第 5.2.7 条第 2~4 款规定，本规范第 5.2.7 条其他款项可参照执行。

【规范条文分析】

第 1 款为结构上的荷载发生明显变化或进行特殊工艺施工的工况，均属于结构施工过程中重要的阶段性节点，应进行监测。应变监测与变形监测频次同步，因此应符合第 5.2.7 条中与应变监测协同的变形监测频次规定。

【结构监测应用】

阶段性节点还包括关键楼层或结构部位的施工、结构后浇带封闭、结构封顶完成等。除临时支撑、合龙拼装等工艺施工外，采用整体吊装、滑移就位、张拉成形、预加应力等工艺时，结构施工期间相关联的结构构件内力会发生较大变化，进行监测时应予以关注，并增加监测频次。

【推荐目录】

《建筑工程施工过程结构分析与监测技术规范》JGJ/T 302—2013 第 6 章。

Ⅳ 风及风致响应监测

第 5.2.14 条

【规范规定】

5.2.14 当获取平均风速和风向，且施工过程中结构顶层不易安装监测桅杆时，可将风速仪安装于高于结构顶面的施工塔吊顶部。

【规范条文分析】

风速仪技术指标应符合本文前述第 4.7.4 条规定，平均风速和风向采集、记录及处理应符合本文前述第 4.7.5 条规定。本条文规定进行最高点的风速和风向测量，并通过风压高度变化系数公式、估算的风荷载体型系数确定出作用在建（构）筑物表面的风荷载值。

现行结构设计规范对于超过一定高度的超高层结构风荷载方面的理论和规定相对还不完善。通过超高层结构的风向、风速的监测，获得超高层结构不同风场特性，不仅有助于超高层结构在风场中的行为及其抗风稳定性的分析，为结构安全、可靠性评估提供依据，同时，还促进了超高层结构抗风设计和风工程的理论研究。

【结构监测应用】

对其他风荷载敏感的建（构）筑物，或高层建（构）筑物有验证要求时，可监测建（构）筑物表面的风压分布情况。记录的环境风速情况，主要用来与建（构）筑物顶部风速比较，从而了解风力沿高度的变化情况。风速仪的安装应符合前述第 4.7.5 条第三部分规定，不易安装时可考虑将风速仪安装于施工塔吊顶部。当需要监测超高层结构风压在结构表面分布时，可在超高层结构表面上设风压盒进行监测。

【推荐目录】

《建筑工程施工过程结构分析与监测技术规范》JGJ/T 302—2013 第 7 章。

5.3 使用期间监测

Ⅰ 变形监测

第 5.3.1 条

【规范规定】

5.3.1 变形监测测点可选择下列位置：

1 影响结构安全性的特征构件、变形较显著的关键点、承重墙柱拐角、大的工程结构截面转变处；主要墙角、间隔2根～3根柱基以及沉降缝的顶部和底部、工程结构裂缝的两边、结构突变处、主要构件斜率变化较大处；

2 结构体型之间的联系构件及不同结构分界处的两侧；

3 结构外立面中间部位的墙或柱上，且一侧墙体的测点不宜少于3个。

【规范条文分析】

使用期间变形监测测点宜与施工期间测点相互协调，上述位置均可能是结构变形较大处，通过对测点变形实测数据分析达到进行结构损伤识别的目的。

【结构监测应用】

使用期间变形监测点应尽可能继承施工期间测点布置，高层与高耸结构使用期间变形监测主要内容是结构水平位移。在现有的高层与高耸结构设计规范中，对顶端位移和层间水平位移都有严格的限制。除此之外，超高层结构水平变形曲线也是变形监测的一项重要内容，它在一定程度上反映了结构垂直方向的刚度变化，是损伤判断的重要依据之一。

【推荐目录】

《高层建筑混凝土结构技术规程》JGJ 3—2010 第3章。

第5.3.2条

【规范规定】

5.3.2 可选定特征明显的塔尖、避雷针、圆柱（球）体边缘作为高耸结构的变形监测测点。

【规范条文分析】

由于高耸结构的变形监测测点难于布置，故本条专门针对此情况进行了规定，这些位置能够反映高耸结构的水平位移。

【结构监测应用】

条文中指定的位置都是难以到达的部位，因此在实际布置测点过程中，要注意作业安全。

【推荐目录】

《建筑变形测量规范》JGJ 8—2010 第5～6章。

第5.3.3条

【规范规定】

5.3.3 对季节效应和不均匀日照作用下的温度效应敏感的高层与高耸结构，应进行日照变形监测。

【规范条文分析】

日照变形量与日照强度、建筑的类型、结构的刚度及材料相关，周期性变化较为显著，对建筑结构的抗弯、抗扭、抗拉性能均有一定影响。因此，应对特殊需要的结构进行日照变形观测。

【结构监测应用】

监测点宜设置在结构受热面不同的高度处；监测方法应根据日照变形的特点、精度要求、变形速率以及结构的可靠性等指标确定，可采用交会法、极坐标法、激光准直法、正倒垂线法等。监测时间应参照第 5.2.3 条第二部分内容。

【推荐目录】

《工程测量规范》GB 50026—2007 第 10 章；

《建筑变形测量规范》JGJ 8—2007 第 7 章。

第 5.3.4 条

【规范规定】

5.3.4 高层与高耸结构的沉降及变形，在施工完成后第一年内宜至少每 3 个月监测一次，第二年内宜至少监测 2 次～3 次，第三年以后宜每年至少监测 1 次。

【规范条文分析】

若第三年以后结构沉降及变形稳定，可停止量测；若仍未稳定，应继续量测直至稳定为止。按照《工程测量规范》GB 50026—2007 规定，当最后 100d 的沉降速率小于 0.02mm/d 时可认为已进入稳定阶段；按照《高层建筑混凝土结构技术规程》JGJ 3—2010 规定，变形监测量值三年内符合水平位移限值和舒适度要求可认为已进入稳定阶段。

【结构监测应用】

在监测过程中，若有基础附近地面荷载突然增减、基础四周大量积水、长时间连续降雨等情况，均应及时增加监测频次。无论进入稳定阶段与否，当结构突然发生大量沉降、不均匀沉降、变形速率加快、严重裂缝等，应立即进行逐日或 2～3d 一次的连续量测。

【推荐目录】

《工程测量规范》GB 50026—2007 第 10 章；

《高层建筑混凝土结构技术规程》JGJ 3—2010 第 3 章。

Ⅱ 应 变 监 测

第 5.3.5 条

【规范规定】

5.3.5 应变监测的测点应选择应力较大的构件和受力不利杆件。测点不宜过于分散，宜服从分区集中准则。

【规范条文分析】

本条选择的杆件应该是基于结构计算分析结果及现场环境，可按结构不同体系、不同受力特点将结构分为不同的应变区域，对各区域选择关键性应力点集中监测。

【结构监测应用】

在楼板平面尺寸和平面刚度突变、竖向构件平面外收进、竖向刚度分布不连续区域等结构平面和竖向不规则位置应选择性进行应力应变监测。

【推荐目录】

《高层建筑混凝土结构技术规程》JGJ 3—2010 第 3 章。

第 5.3.6 条

【规范规定】

5.3.6 下列重要部位或构件宜进行应变监测：

　　1 转换部位及相邻上下楼层；

　　2 伸臂桁架受力较大的杆件及相邻部位；

　　3 巨型柱、巨型斜撑、竖向构件平面外收进以及竖向刚度分布不连续区域等结构不规则位置及相邻部位；

　　4 其他重要部位和构件。

【规范条文分析】

　　本条中的应变监测部位很可能存在应力集中现象或属于重要承载构件。应变监测与变形监测的位置应相互协调。重要部位一般包括结构首层、不同结构分区交接楼层、中部区域楼层、加强层等。

【结构监测应用】

　　上述位置都是关键部位，应分别以不同结构分区以及各分区连接区域区分，并与前述第 5.2.9 条施工期间应变监测位置相协调。一般来说，这些位置是根据结构分析计算结果，辅以实际环境总结出来的部位，实际布设前应在平面图上标出，构件上布设传感器的数量和方向应按照第 5.2.10 条第三部分执行，使用阶段的结构监测由于周期往往很长，选择传感器设备时，应特别关注其稳定性、可靠性、耐久性及维护的方便性，传感器使用寿命不宜低于 10 年，应变片已不适合应变测试。各个传感子系统宜采用独立模块设计，单个传感器或数据采集单元维护或更换时，不应影响整个系统的运行。

【推荐目录】

　　《土木工程监测与健康诊断—原理、方法及工程实例》段向胜，周锡元著，中国建筑工业出版社，2010 年，第 11 章。

第 5.3.7 条

【规范规定】

5.3.7 施工或使用期间发生过重大质量事故并已采取措施补救确认为安全的结构，对补救部位的应变情况宜进行监测。

【规范条文分析】

　　我国工程质量事故按现行事故分类标准划分为：一般质量事故、较大质量事故、重大质量事故以及特别重大事故四类。应注意和以前的工程质量事故三分类方法有所区别（已取消）。发生重大质量事故及以上时，结构已遭受严重损伤，采取加固处理或返工处理等措施后，虽然已满足了规范要求，但补救后确认为安全的结构往往已不符合原设计方案，对于结构后期的可靠性还有待考验，因此有必要对补救部位与未补救部位连接区域、结构特征基础区域等进行监测。

【结构监测应用】

结构分析计算补强部位及其连接区域结构的最大变形点以及应力较大部位，通过这些区域的应力监测以及比对分析，可进一步评估补强后的结构可靠性。注意，最大变形点处也宜进行应变监测，才能进行应变监测与变形监测两者数据的比对分析。

【推荐目录】

《关于做好房屋建筑和市政基础设施工程质量问题报告和调查处理工作的通知》建质〔2010〕111号；

《生产安全事故报告和调查处理条例》2007年，国务院第493号令。

Ⅲ 风及风致响应监测

第5.3.8条

【规范规定】

5.3.8 已进行风洞试验的高层与高耸结构，宜根据风洞试验结果布置测点；对于未进行风洞试验的高层与高耸结构，宜选择自由场及对风致响应敏感的构件及节点位置，并宜与地震动及地震响应监测的测点布置相协调。

【规范条文分析】

现场实测是结构风工程研究的主要方法之一，是掌握结构风荷载作用机理、结构动力响应及破坏机理最直接的手段，也是修正现有试验方法和理论模型最为权威的依据。现场实测是结构抗风研究中非常重要的基础性和长期性工作。已进行风洞试验的高层与高耸结构参照风洞试验结果布置测点，实测的风场特性和风致振动响应为风洞试验数据提供对比分析，可促进风洞试验技术的改进和发展。对于未进行风洞试验的高层与高耸结构除选择自由场及对风致响应敏感的构件及节点位置，还应根据实测项目（包括平均风压系数、根方差风压系数、脉动风压的概率密度分布、脉动风压的阵风或峰值因子、功率谱密度和互谱密度等）选择性布设监测测点。当前，风环境和地震监测往往作为结构形态监测的一部分综合考虑，两者有相似性也有异同性，因此布置测点时应协调考虑。

【结构监测应用】

风压实测方法大体分两种情况，齐墙埋管式单管或多通路差压测量系统，风压现场实测对于在役高层与高耸结构存在诸多困难，同时需要解决参考压力的获取和压力传输管可能引起的共振与压力衰减；另一种采用前端压力传感器将风压转换为模拟信号，通过线路传输至数据采集仪，经模数转换进入数据处理系统，这种方式避免了墙体开洞和压力传输管可能引起的共振与压力衰减，因此更适合在役高层与高耸结构的风压实测。

【推荐目录】

《强风作用下高层建筑风场实测及模态参数识别研究》申建红，上海大学博士学位论文，2010年，第7章。

第 5.3.9 条

【规范规定】

5.3.9　测点应设置在工程结构的顶层、地上一层、结构刚度突变和质量突变处以及对安全性要求较高的重点楼层的刚度中心或几何中心。进行动力特性分析时，振动测点应沿结构不同高度布置，宜设置在结构各段的质量中心处，并应避开振型的节点。

【规范条文分析】

若结构刚度中心不宜确定，可考虑设置在结构几何中心。动力特性分析时，需要一定数量的测点，而这些测点取决于结构的大小和复杂程度。在远距离处所引起的振动测量表明，在建（构）筑物内振动可能会放大，并与建（构）筑物的高度成正比，因此有必要在建（构）筑物内几个测点上同步测量，在基础和室外地面上的同步测试可以建立传递函数。一般高层与高耸建（构）筑物，可每隔四层（约12m）和在顶层设置测点；长度大于10m的建（构）筑物，应沿水平方向每隔10m设置测点。测点除避开振型节点，也应避开反节点处。

【结构监测应用】

传感器在结构平面内的布置，对于规则结构，以测试水平振动为主，测试时传感器应安放在典型结构层靠近质心位置；对于不规则结构，除测试水平振动外，尚应在典型结构层的平面端部设置传感器，测试结构的扭转振动。传感器沿结构竖向宜均匀布置，且尽量避开存在人为干扰的位置。传感器与结构之间应有良好的接触，不应有架空隔热板等隔离层，并应可靠固定。传感器的灵敏度主轴方向应与测试方向一致。

实际被测对象都有整体结构和局部构件，应避免在测整体结构振动时，由于安放位置不正确，却测到了局部构件振动的现象；而需测局部构件振动时，却测得了整体结构振动等错乱情况。

【推荐目录】

《混凝土结构试验方法标准》GB 50152—2012 附录 C；

《钢结构现场检测技术标准》GB/T 50621—2010 第 14 章。

第 5.3.10 条

【规范规定】

5.3.10　高层、高耸结构顶部风速仪宜高于顶部 1m，并处于避雷针的覆盖范围之内。环境风速监测宜安装在距结构约 100m～200m 外相对开阔场地，高出地面 10m 处。

【规范条文分析】

安装风速仪时，应考虑仪器在高空防雷电的需要，将风速仪安装在大楼顶端的避雷针杆中上部，但有可能会限制风速仪的安装高度。当气流从不同方向流经大楼的顶端时，会不可避免地受到大楼顶部部分物体干扰（如可能的女儿墙等物体），使得所测量的风速（包括平均风速和脉动风速）受到不同程度的干扰。因此，在对风速数据进行分析时，必须剔除受结构干扰影响较大的风速时程。

根据《建筑结构荷载规范》GB 50009—2012 规定，风速仪标准高度为 10m，为避免受建（构）筑物干扰，环境风速监测宜安装在距建筑物约 100～200m 外相对开阔场地，受干扰相对减小，且高出地面 10m 处。

【结构监测应用】

现场实测风速风向传感器主要有机械式风速仪（如风杯式）、螺旋桨式风速风向仪、超声风速仪（二维和三维）等。机械式风速仪主要用于气象监测，由于受机械惯性影响其动态跟踪性能较差，主要用于平均风速和阵风风速的测量。螺旋桨式风速风向仪采用了飞机形状设计理念，其螺旋桨的回转力大而惯性力小，而垂直尾翼的复原力对机体的惯性力也非常小，因而对风速和风向的追随性好于机械风杯式风速仪。超声风速仪对于脉动风速的频响较为敏感，具有很好的分辨率和测量精度，因而适合于脉动风的监测。使用风杯式风速仪时，必须考虑空气密度受温度、气压影响的修正。

【推荐目录】

《建筑结构荷载规范》GB 50009—2012 附录 E。

第 5.3.11 条

【规范规定】

5.3.11 对风敏感的建（构）筑物有验证要求时，可监测建（构）筑物表面的风压分布情况。

【规范条文分析】

结构风压分布特性是分析结构风荷载作用的基础性数据，特别是对风敏感的结构，或高层结构有验证要求时，此种情况下针对结构风压分布特性应展开大量全尺测量研究，为我国高层与高耸结构的抗风设计积累实测资料。

【结构监测应用】

在建（构）筑物立面，应考虑沿结构高度方向均匀设置适当数量的风压测量装置。风压传感器的安装应尽量避免对于建（构）筑物外立面的影响，必须采取有效措施避免由于排水不畅导致的传感器失灵。数据采集设备应具备时间补偿功能，时间误差不宜超过 5ms。

【推荐目录】

《建筑结构荷载规范》GB 50009—2012 第 8 章。

第 5.3.12 条

【规范规定】

5.3.12 舒适度控制区域宜布置测点，对相应控制参数进行监测。

【规范条文分析】

高层结构在风荷载作用下将产生振动，过大的振动加速度将使在高楼内居住的人们感觉不舒适，甚至不能忍受。因此，《高层建筑混凝土结构技术规程》JGJ 3—2010 和《高层民用建筑钢结构技术规程》JGJ 99—1998 均对高层结构的风振舒适度提出了相应要求，对舒适度有要求的控制区应布设相应的测点进行监测，并与规定的限值进行比对。

【结构监测应用】

  舒适度不符合要求的高层结构，应进行减振控制。高层结构的风振控制有被动控制、主动控制以及半主动控制三种方式，从实际应用来说，目前被动控制居多，针对风振被动控制主要有两种方式：耗能减振系统和吸振减振系统。其中，耗能减振系统按设计方式的不同分为两类：一是将结构物中的非承重构件设置成耗能装置的耗能构件减振体系，像耗能支撑、耗能剪力墙等；二是阻尼器减振系统，常见的部件包括 VED（粘弹性阻尼器）、金属阻尼器、摩擦阻尼器等。吸振减振系统常见部件主要包括 TMD（调谐质量阻尼器）、TLD（调谐液体阻尼器）等。具体应用应根据工程特点及现场环境综合考虑。

【推荐目录】

  《结构风振控制的设计方法与应用》周云著，科学出版社，2009 年，第 1 章。

Ⅳ 地震动及地震响应监测

第 5.3.13 条

【规范规定】

5.3.13 地震动及地震响应监测测点应布置在结构地下室的底面、结构顶层的顶面及不少于 2 个中间层位置。尚应结合结构振动测点，选择测点布置部位。

【规范条文分析】

  应与第 5.3.9 条结合考虑测点布设，针对高层与高耸结构柔性特点，测点分布宜下部较稀疏，上部较密集，以保证高阶振型的精度。在自由场上布置结构地震反应监测系统的自由场测点，用于记录结构的输入地震动。

【结构监测应用】

  由于某些需要，结构在某一部位突然变化，引起刚度突然变化，或者质量突然变化，这些变化有可能使结构的振动形态发生变化。在变化处，要安放一定数量的传感器，如结构的设备层和避难层，往往增加斜向支撑，结构的刚度会突然增大。再如突出屋面的塔楼，突出屋面的高耸结构，旋转餐厅等等，由于断面削弱，刚度突变会引起结构振动的鞭梢效应。

  当结构的模态振型阶数越高时，需要的测点数量也随之增加。例如，为了测定结构的第一振型，就至少需要两台仪器，分别布设在结构的底层和最高层；为了测定第二振型，则沿结构物的高度至少布设三台仪器，分别安放在结构的底层、顶层和结构高度的 30%～40%的地方，也即对应第二振型最大幅值的地方；由此类推，可知至少需要四台仪器才能测得第三振型，因此本条的测点布置主要针对测试结构的前三阶振型。为了更加合理经济地选择测点所在位置，应考虑传感器优化布置，见前述第 4.5.6 条部分内容。

  如前第 4.6.3 条第二部分内容所述：自由场测点应该布置在结构周边，并且距离结构不应超过 1/2～1/3 个地震波长。为了防止该测点的运动继续受到结构振动的反馈影响，这个测点又不能太靠近结构，通常应距离结构至少相当于结构物高度的 1.5～2 倍为宜。

第 5.3.14 条

【规范规定】

5.3.14　平移振动监测测点宜布置在建筑物的刚度中心。

【规范条文分析】

　　刚度中心是在不考虑扭转情况下各抗侧力单元层剪力的合力中心，是指结构抗侧力构件的中心，也就是各构件的刚度乘以距离除以总的刚度。质量中心和刚度中心离得越近越好，最好是重合，否则会产生比较大的扭转变形。

【结构监测应用】

　　受现场试验条件的限制，不可能在建（构）筑物的刚度中心安放传感器时，要尽可能地靠近刚度中心，使扭转信号尽可能小，突出平动信号。在现场安装时，刚度中心不好确定，往往用结构的几何中心来代替，因此可尽量将传感器放置在所选楼层的几何中心上。

第 5.3.15 条

【规范规定】

5.3.15　扭转振动监测测点宜布置在结构的四周边缘转动最大的点。

【规范条文分析】

　　引起扭转振动的原因主要有两个：一是地面运动存在着转动分量，或地震时地面各点的运动存在着相位差，这些都是外因；二是结构本身不对称，即结构的质量中心与刚度中心不重合。震害调查表明，扭转作用会加重结构的破坏，并且在某些情况下还将成为导致结构破坏的主要因素。由于有的建（构）筑物太长，有的建（构）筑物质量偏心太大，有的建（构）筑物属于不对称结构，刚度中心偏离质量中心较大，还有一些建（构）筑物，尽管设计时已经考虑了减小扭转效应的影响，但是由于施工、使用等种种原因的影响，或多或少地出现扭转振动。扭转振动信号有的数倍于平动信号，因此记录扭转振动的信号也是很重要的。建（构）筑物的扭转振动是整个建（构）筑物绕着结构的扭转中心在转动，因此越远离中心、震动就越大，从水平向的 X、Y 坐标轴上来看，越远离坐标原点，振动幅值就越大，振动就越明显。因此，往往把扭转振动的测点布置在建筑物 X、Y 轴的坐标最远处，即建（构）筑物的两侧，在一个楼层中成对的布置测点。

【结构监测应用】

　　一般认为，具有对称形式的结构，在地震作用下的侧向水平运动总可以分离成三个互相独立的运动，包括沿结构两个主轴方向侧向水平运动和扭转振动，但是实际结构的强迫振动测量结果和地震响应监测结果均表明，由于实际结构非常复杂，结构的两种侧向水平运动和相应的扭转振动总是耦连在一起，很难分离出来。对称结构存在耦连振动效应，非对称结构的耦连振动效应自然会更加明显。耦连振动效应的存在对地震动及地震响应监测的布设具有非常重要的实际意义。这表明如果只是简单地布设仪器来测量楼板沿两个主轴的侧向水平运动，不仅不能全部得到结构反应的特征，而且得到的测量结果存在较大误差。为了全面测定楼板在地震作用下沿所在平面的振动，在楼板为不变形的刚性板假定下，应该在楼板上布设两个以上测量水平运动的监测仪器才能基本反映其振动特点。

【推荐目录】

《高层建筑结构地震反应观测台阵优化布设方法研究》王卫争，大连理工大学硕士学位论文，2007 年，第 3 章。

第 5.3.16 条

【规范规定】

5.3.16　已进行振动台模型试验的高层与高耸结构，可根据振动台模型试验结果布置测点。

【规范条文分析】

　　根据项目特点及试验要求，振动台模型试验的目的及内容一般包括：测试模型结构的动力特性，以及在不同水准地震作用下的变化，通过观察和分析结构在地震作用下的受力特点和破坏形态及过程，找出可能存在的薄弱层及薄弱部位；验证结构的抗震性能是否与数值分析结果基本一致；检验结构是否符合三水准的抗震设防要求，检验结构各部位是否达到设计设定的抗震性能目标；为结构设计提出可能的改进意见与措施，进一步保证结构的抗震安全性。

　　可见，振动台模型试验较好地体现了模型的抗震性能，可以由模型的试验结果推算出原型结构的抗震性能，但在这方面尚未形成非常一致的结论，还存在一定的误差。因而，通过现场实际结构的传感器量测，可以很好地修正和分析原型结构的抗震性能，实际结构的传感器布设参考模型试验的布设位置，可以更好地分析实际结构的动力性能，并通过参数比对了解模型与原型结构的抗震性能差异，推动模型试验及相关问题的发展。

【结构监测应用】

　　模型试验的测点布设是以测试结构动力特性为目的，一般布置振动加速度测试参数，实际结构除振动加速度测点布置外，也宜根据实际情况选择性布置振动速度及振动位移测点。除此之外，还应考虑环境条件、结构局部性能，以及材料性能劣化等影响进行相应测试参数的传感器布置。

【推荐目录】

《复杂高层建筑结构抗震理论与应用》（第 2 版）吕西林著，科学出版社，2015 年，第 4 章。

Ⅴ 温湿度监测

第 5.3.17 条

【规范规定】

5.3.17 结构温湿度监测，测点可单独布置于指定的结构内部或结合应变测点布置。

【规范条文分析】

结构构件温度的分布情况直接影响到结构的受力和变形，特别是高层与高耸结构的变形和内力分布，因此应结合应变测点布置。构件温差效应的实际分布也是设计单位关心的一个重要结构参数。进行温度监测的主要目的为：

（1）分析结构温度对结构静力响应的影响，以使基于静力测试的识别方法能更准确地反映结构基准状态；

（2）分析结构温度对振动特性的影响，以使基于振动测试的损伤检测方法更准确；

（3）作为部分传感器的温度补偿。

某些地区雨量充沛、温暖湿润，年平均相对湿度高，对钢构件易发生腐蚀作用，所以进行结构温湿度环境监测的主要目的为：测点布置于指定的结构内部，监控结构某些重要区域空气温湿度状况，辅助指导该区域构件的养护维修工作，作为分析结构状态和结构损伤发展状态的重要参数指标，并协助监测除湿机（如有）工作状态，实现结构监测系统自身仪器设备所处环境的监测。

【结构监测应用】

结构温度补偿监测同步配合结构应力监测时，宜采用对应应变计（如内置）的温度传感器进行补偿。

监测结构内部温度、湿度等条件应满足通信及其他设备的工作环境要求，不能满足的应采取有效的调节措施。

【推荐目录】

《混凝土结构试验方法标准》GB/T 50152—2012 第 10 章；

《结构健康监测系统设计标准》CECS 333—2012 第 4 章。

第 5.3.18 条

【规范规定】

5.3.18 监测结构梯度温度时，宜在结构的受阳光直射面和相对的结构背面以及结构内部沿结构高度布置测点，结构同一水平面上测点不应少于 3 个。

【规范条文分析】

本条文是针对当需监测日照引起的结构表面温差的情况。同一水平面上结构受阳光直射面、相对的结构背面以及结构内部应各布置不少于 1 个测点，因此应不少于 3 个测点。

【结构监测应用】

原则上每个相对独立空间设 1～3 个点，面积超过 100m² 时，应适当增加测点；对于结构构件应力及变形受环境温度影响变化较大的区域,应增加测点。高层与高耸结构受温度梯度影响大,对受温度梯度变化感兴趣的构件应布置考虑从上到下布置测点,每段测点高度宜与每段构件中点高度一致。

【推荐目录】

《馆藏文物保存环境质量检测技术规范》WW/T 0016—2008 第 4 章。

第 5.3.19 条

【规范规定】

5.3.19 环境温湿度监测,宜将温度或湿度传感器布置在离地面或楼面 1.5m 高度空气流通的百叶箱内。

【规范条文分析】

环境温湿度监测点布置在离地面或楼面高度 1.5m 处,是参考反映房屋内测点高度设置。本规范所指的环境温湿度监测是以能反映结构周边的环境温湿度变化,为评估结构的安全、适用、耐久性能变化的辅助性量测,所以为反映结构的环境温湿度变化,按照楼层高度 3m 空间,宜将温度或湿度传感器布置在离地面或楼面高度 1.5m、空气流通的百叶箱内。

【结构监测应用】

温度或湿度传感器不宜安装在潮湿、光照、易爆、易腐的场所。

【推荐目录】

《移动气象台建设规范》QX/T 83—2007 第 4 章;

《建筑工程施工过程结构分析与监测技术规范》JGJ/T302—2013 第 7 章。

第 5.3.20 条

【规范规定】

5.3.20 结构内温度监测,测点可布置在结构内壁便于维修维护的部位。宜按对角线或梅花式均匀布点,应避开门窗通风口。

【规范条文分析】

结构温度监测点应布置在尽可能代表结构局部或整体温度变化的位置,按照此原则,温度或测点宜布置在监测区域一半高度的平面部位(如楼层高 3m,可取 1.5m 高位置),且宜按对角线或梅花式均匀布点,避开门窗等通风口。

【结构监测应用】

监测点的布置范围应以所选结构及构件平面图对称轴线的半条轴线为测试区,在每条测试轴线上,监测点位宜不少于 4 处,应根据结构的几何尺寸布置。如实际工程及构件不对称,可根据经验及理论计算结果选择有代表性的温度测试位置。

【推荐目录】

《大体积混凝土施工规范》GB 50496—2009 第 6 章;

《建筑工程施工过程结构分析与监测技术规范》JGJ/T 302—2013 第 7 章。

6　大　跨　空　间　结　构

说明：

　　根据目前国内大跨空间结构实际应用情况，本章明确了大跨空间结构施工及使用期间的监测类型、监测项目，并按照监测项目具体规定了测点布置、监测频次以及注意事项等。鉴于大跨空间结构特点，本节增加了膜结构监测（第6.2.4条、第6.2.12条）以及部分针对大跨空间结构的施工方法监测（第6.2.5条～第6.2.7条、第6.2.11条）。

　　大跨空间结构使用期间监测应用还不够多，诸多监测内容及方法还有待成熟完善，本章规定较少。

　　施工及使用期间大跨空间结构应力实测值与数值模拟计算结果差值控制标准宜为：混凝土结构为±20%，钢结构为±10%。空间结构索力实测值与数值模拟计算结果差值控制标准宜为±10%。

　　线性控制标准应在调查分析结构形式、基础类型、建筑材料、施工及使用工况等基础上，结合其与工程的空间位置关系确定，并应符合《空间网格结构技术规程》JGJ 7—2010、《钢结构工程施工质量验收规范》GB 50205—2001和《膜结构施工质量验收规范》DB11/T 743—2010的相关规定。本章第6.2.3条～第6.2.5条、第6.2.11条条文及第二部分与第三部分对部分线性控制标准进行了具体数字规定，使用期间也可参考执行。

6.1　一　般　规　定

第6.1.1条

【规范规定】

6.1.1　除设计文件要求或其他规定应进行施工期间监测的大跨空间结构外，满足下列条件之一时，大跨空间结构应进行施工期间监测：

　　1　跨度大于100m的网架及多层网壳钢结构或索膜结构；

　　2　跨度大于50m的单层网壳结构；

　　3　单跨跨度大于30m的大跨组合结构；

　　4　结构悬挑长度大于30m的钢结构；

　　5　受施工方法或顺序影响，施工期间结构受力状态或部分杆件内力或位形与一次成型整体结构的成型加载分析结果存在显著差异的大跨空间结构。

【规范条文分析】

　　施工过程对大跨结构最终受力状态的影响，与多种因素有关，仅依靠跨度进行讨论是不全面的，宜对刚性大跨结构和柔性大跨结构区别处理。

条文 1 款中网架结构、多层网壳结构均属于刚性空间结构体系，这类结构刚度较大，跨度较小时非线性效应不明显。索膜结构虽为柔性空间结构体系，由于自重轻，不需内部支撑等特点，也常用来作为大跨度结构形式。规范规定跨度大于 100m 时进行施工期间监测具有一定意义。

条文 2 款单层网壳结构虽属于刚性空间结构体系，但计算分析与节点构造与多层网壳完全不同，其适用范围较低，因此规范规定跨度大于 50m 时宜进行施工期间监测。

条文 3 款主要针对组合结构楼盖，单跨跨度大于 30m 的组合结构目前在国内项目中较少，为确保施工安全和质量，有必要对其进行施工期间监测。

条文 4 款针对悬挑结构，悬挑结构一般冗余度较低，安全性问题较为突出，最低要求限制相对较低。本款中悬挑结构不仅包含悬挑梁，也包括结构高度跨越数个楼层的悬挑桁架等。

条文 5 款包括：施工过程中结构受力状态与一次成型整体结构加载分析结果存在较大差异；施工过程中结构位形与设计目标位形或一次成型整体结构加载分析结果存在较大差异情况。

【结构监测应用】

对于网架及多层网壳钢结构和索膜结构，进行施工监测的案例有：（1）跨度 75.09m 的中山大学体育馆，钢网架结构；（2）跨度 312m 的重庆奥林匹克体育中心，钢网架结构；（3）跨度 130m 的青岛市体育中心游泳跳水馆，钢网架结构；（4）跨度 149.6m 的北京首都机场新建南线收费站，索膜结构；（5）跨度 245m 的深圳宝安体育场，索膜结构；（6）跨度 305m 的佛山世纪莲体育场，索膜结构；（7）跨度 165m 的武汉体育中心二期体育馆，双层扁平张弦网壳；（8）跨度 99m 的江南大学蠡湖校区体育馆，双层球面网壳。

对于单层球面网壳、圆柱面网壳、单层双曲面网壳以及椭圆抛物面网壳结构，进行施工监测的案例有：（1）跨度 122m 的济南奥体中心体育馆，单层球面网壳；（2）跨度 100m 的泉州石狮鸿山储煤仓，四角球面中间柱面的组合网壳；（3）跨度 85m 的湖南株洲电厂干煤棚，圆柱面网壳；（4）跨度 72m 的南宁国际会展中心，双曲面网壳；（5）跨度 82.7m 的铁岭体育馆，水滴状单层网壳（椭圆抛物面）；（6）跨度 212.2m 的国家大剧院，半椭球形单层网壳。

对于大跨单跨的组合结构，进行施工监测的案例有：（1）单跨跨度 29.9m 的东莞市健升大厦；（2）单跨跨度 57.8m 的山东滨州会展中心。

对于大跨单跨的混凝土结构，进行施工监测的案例有：（1）单跨跨度 21m 的南京大世界游乐城；（2）单跨跨度 31m 的北京海关地下车库。

对于悬挑大跨度的钢结构，进行施工监测的案例有：悬挑 33.6m 的天津大剧院。

具体大跨空间结构进行施工监测，可参照上述工程及具体做法。

【推荐目录】

《拱形钢结构技术规程》JGJ/T 249—2011 第 5 章；

《空间网格结构技术规程》JGJ 7—2010 第 3 章、第 6 章；

《钢结构设计规范》GB 50017—2003 第 3 章；

《建筑工程施工过程结构分析与监测技术规范》JGJ/T 302—2013 第 3 章。

第 6.1.2 条

【规范规定】

6.1.2 高度超过 8m 或跨度超过 18m、施工总荷载大于 $10kN/m^2$ 以及集中线荷载大于 $15kN/m$ 的超高、超重、大跨度模板支撑系统应进行监测。

【规范条文分析】

本条是根据原建设部 2003 年发文《建筑工程预防坍塌事故若干规定》第七条规定制定，此类模板支撑系统操作不当，容易发生安全事故，宜进行有限元计算分析，编制专项方案，保留充分冗余度，确保施工规范。

【结构监测应用】

作为临时承重结构的超高、超重、大跨度模板支撑体系，对顺利完成混凝土浇筑过程中的承载任务尤为重要。按照规范规定应编制专项方案，这类模板应进行稳定性计算，并在现场进行应力应变和位移实测。

施工现场对模板支撑体系的监测，可实时监控施工过程中支撑体系轴力的变化，当施工中某些杆件超过了承载能力，可及时做出反应，调整施工方案，这是确保高支撑体系安全的一种有效方法。

1. 应力应变监测

监测应变的每根支撑杆件均应对称布置两个测点，通过对支撑杆件的应力应变监测，掌握施工荷载的分布及传力路径，验证其应力分布及安全储备与计算结果的一致性。对接近预警值的杆件内力提出预警，确保施工安全。

2. 位移监测

测量在施工荷载作用下主体结构以及模板支撑系统的挠度位移变化，为施工中主体结构以及模板支撑系统的安全性、适用性提供保证。

【推荐目录】

《建设工程高大模板支撑系统施工安全监督管理导则》建质〔2009〕254 号。

第 6.1.3 条

【规范规定】

6.1.3 除设计文件要求或其他规定应进行使用期间监测的大跨空间结构外，满足下列条件之一时，大跨空间结构宜进行使用期间监测：

1 跨度大于 120m 的网架及多层网壳钢结构；

2 跨度大于 60m 的单层网壳结构；

3 结构悬挑长度大于 40m 的钢结构。

【规范条文分析】

本条文限值规定时主要考虑了以下几点：

（1）大跨空间结构的最终受力状态与多种因素有关，仅依靠跨度进行讨论不全面，参考第 6.1.1 条，为此按照主要结构形式进行了区分处理。

（2）条文中网架及多层网壳钢结构刚度较大，跨度较小时非线性效应不明显，根据既有工程经验，规定跨度大于 120m 时宜进行使用期间监测。

（3）条文中网壳结构相对刚度较小，且其刚度与预应力水平、预应力建立过程、结构拓扑等因素有密切关系，所以结构的受力状态影响较 2 款大。根据既有工程经验，规定跨度大于 60m 时宜进行使用期间监测。

（4）悬挑结构的结构冗余度低，安全性问题较为突出，最低要求限制应相对较低。

【结构监测应用】

对于网架及多层网壳钢结构，进行使用期间监测的案例有：（1）跨度 118.5m 的武汉体育中心游泳馆，双层网架结构；（2）跨度 180m 的天津水上温泉欢乐谷，双层网架结构；（3）跨度 486m 的深圳市市民中心，网架钢结构；（4）跨度 312m 的重庆奥林匹克体育中心，钢网壳结构。

对于单层网壳结构，进行使用期间监测的案例有：（1）跨度 100m 的泉州石狮鸿山储煤仓，球面网壳；（2）跨度 72m 的南宁国际会展中心，双曲面网壳。

对于大跨组合结构，进行使用期间监测的案例有：单跨跨度 36m 的武昌火车站。

对于结构悬挑的钢结构，进行使用期间监测的案例有：跨度 43m 的内蒙古伊旗全民健身体育中心。

具体大跨空间结构进行使用期间监测，可参照上述工程及具体做法。

【推荐目录】

《拱形钢结构技术规程》JGJ/T 249—2011 第 5 章；

《空间网格结构技术规程》JGJ 7—2010 第 3 章、第 6 章；

《钢结构设计规范》GB 50017—2003 第 3 章。

第 6.1.4 条

【规范规定】

6.1.4 大跨空间结构施工期间监测项目应根据工程特点按表 6.1.4 进行选择。对影响结构施工安全的重要支撑或胎架，可按结构体系的监测要求进行监测。

表 6.1.4 施工期间监测项目

	基础沉降监测	变形监测		应变监测	环境及效应监测			支座位移
		竖向	水平		风	温度	振动	
网架结构	▲	★	○	▲	○	▲	○	○
网壳结构	▲	★	○	▲	○	▲	○	★
悬索结构	▲	★	○	★	○	▲	○	▲
膜结构	▲	★	○	★	○	▲	○	○
悬挑结构	▲	★	○	▲	○	▲	○	○
临时支撑	○	★	○	★	—	○	○	—
特殊结构	▲	▲	○	▲	○	▲	○	○

注：1 ★应监测项，▲宜监测项，○可监测项，—不涉及该监测项；

2 特殊结构指上述结构以外的结构类型。

【规范条文分析】

本条文监测项目规定时主要考虑了以下几点：

（1）大跨空间结构高度普遍较超高层建筑低，基础承受荷载较高层建筑低，但竖向变形差异更容易导致结构失效，因此除特殊结构外，大跨空间结构竖向变形较基础沉降更应进行监测。

（2）悬索和膜结构相对而言属于柔性大跨结构，柔性结构在施工过程中受力状态受影响相对较大，因此应变监测和竖向变形监测应同时进行，并互相验证。

（3）网壳以及悬索结构对支座敏感度高，不同的支座条件下（包括支座位置、支座释放方式、支座释放弹簧刚度的大小）网壳和悬索结构（特别是网壳结构）的变形和受力特性分析变化较其他结构形式大，对结构变形、强度、温度应力等都有较大影响，因此，对于网壳和悬索结构，宜进行支座位移监测。

【结构监测应用】

大跨空间结构具体的工程监测内容有：（1）中山大学体育馆，网架结构，监测网架结构挠度值；（2）重庆奥林匹克体育中心，网架结构，监测结构在拼接安装、吊装、塔架拆除过程中和使用期间杆件的应力状况及其变形；（3）青岛市体育中心游泳跳水馆，网架结构，监测网架的竖向变形、支座位移和杆件内力；（4）北京首都机场新建南线收费站，索膜结构，监测新建南线大棚索膜结构工程的拉索、吊索、谷索、环索的索力；（5）深圳宝安体育场，索膜结构，监测应力、水平及竖向变形；（6）佛山世纪莲体育场，索膜结构，监测索力、水平及竖向变形；（7）江南大学蠡湖校区体育馆，双层球面网壳，监测水平及竖向变形；（8）济南奥体中心体育馆，单层球面网壳，监测应变；（9）泉州石狮鸿山储煤仓，球面网壳，监测应变；（10）湖南株洲电厂干煤棚，圆柱面网壳，监测应力、水平及竖向变形；（11）南宁国际会展中心，双曲面网壳，监测应力；（12）国家大剧院，半椭球形单层网壳，监测应力及几何线形；（13）铁岭体育馆，水滴状单层网壳，监测关键点位移和杆件内力；（14）东莞市健升大厦，组合结构，监测应力、水平及竖向变形；（15）山东滨州会展中心，组合结构，监测竖向变形；（16）南京大世界游乐城，混凝土结构，监测应力、水平及竖向变形；（17）北京海关地下车库，混凝土结构，监测水平及竖向变形；（18）天津大剧院，钢结构，监测应力；（19）深圳北站，钢结构，监测竖向变形；（20）深圳证券交易所运营中心，钢结构，监测应力、水平及竖向变形。

具体大跨空间结构进行施工监测，可参照上述工程及具体监测内容进行比对。

【推荐目录】

《建筑工程施工过程结构分析与监测技术规范》JGJ/T 302—2013 第 3 章。

第 6.1.5 条

【规范规定】

6.1.5　大跨空间结构使用期间监测项目应根据结构特点按表 6.1.5 进行选择。

表 6.1.5　使用期间监测项目

	基础沉降监测	变形监测		应变监测	环境及效应监测			支座位移监测	动力特性
		竖向	水平		风	温度	地震		
网架结构	▲	★	○	▲	○	▲	○	○	○
网壳结构	▲	★	○	▲	○	▲	○	▲	▲
悬索结构	▲	★	○	▲	○	▲	○	▲	▲
膜结构	▲	★	○	▲	○	▲	○	○	○
悬挑结构	▲	★	○	▲	○	▲	○	○	○
特殊结构	▲	★	○	▲	○	▲	○	○	○

注：1　★应监测项，▲宜监测项，○可监测项；
　　2　特殊结构指上述结构以外的结构类型。

【规范条文分析】

　　相对于施工期间，大跨空间结构在使用期间可能遭遇强地震、强风、工作环境或其他激励等动力作用，且使用期间更适合通过动力特性参数进行结构损伤识别和故障诊断，故在使用期间监测内容中增加了动力特性监测。另外，在某种动力作用下，局部动力响应过大的大跨空间结构也宜进行动力特性监测。

【结构监测应用】

　　大跨空间结构使用期间具体的工程监测内容有：（1）武汉体育中心游泳馆，双层网架结构，对使用期间监测该结构在风、雪、温度等荷载共同作用下的工作状态并对其进行工作状态的自动评估（如：积雪自动报警）；（2）天津水上温泉欢乐谷，双层网架结构，对网架节点竖向位移进行了监测，测点位于网架结构的下弦节点，一共布置13个测点和1个基准参考点；（3）深圳市市民中心，网架结构，对其屋顶受到的风压力进行分析，通过应变计、光纤光栅传感器以及监测风速的气象仪来采集结构、环境信息；（4）重庆奥林匹克体育中心，网壳结构，对使用期间的结构变形和代表性截面温度及其变化进行了监测；（5）泉州石狮鸿山储煤仓，球面网壳，风荷载监测；（6）南宁国际会展中心，双曲面网壳，风荷载监测；（7）武昌火车站，组合结构，变形监测；（8）内蒙古伊旗全民健身体育中心，悬挑钢结构，风荷载监测。

　　具体大跨空间结构进行施工监测，可参照上述工程及具体监测内容进行比对。

【推荐目录】

　　《钢结构现场检测技术标准》GB/T 50621—2010 第14章。

6.2　施 工 期 间 监 测

Ⅰ　基 础 沉 降 监 测

第 6.2.1 条

【规范规定】

6.2.1　超静定结构卸载过程中，应对基础沉降进行监测；大跨空间结构基础沉降监测可按本规范第 5.2.1 条规定执行。

【规范条文分析】

超静定结构卸载过程中，基础沉降量是卸载过程中安全监测非常重要的一个指标，应与卸载过程中的应力及变形监测一起进行，达到安全卸载的目的。

【结构监测应用】

按照《建筑地基基础设计规范》GB 50007—2011 的规定，符合该规范第 10.3.8 条（强制性条文）的建（构）筑物应进行施工期间沉降监测。大跨空间结构的沉降监测应按照该条文规定执行，对于符合监测规定的大跨空间结构，应执行沉降监测项目。

【推荐目录】

《建筑地基基础设计规范》GB 50007—2011 第 10 章。

Ⅱ 变 形 监 测

第 6.2.2 条

【规范规定】

6.2.2 施工期间变形监测可包括构件挠度、支座中心轴线偏移、最高与最低支座高差、相邻支座高差、杆件轴线、构件垂直度及倾斜变形监测。

【规范条文分析】

应跟踪监测基准轴线位置、控制点坐标、标高及垂直偏差，并及时纠正，不应使偏差逐步累积。结构安装完成后纵横向总长度偏差、支座中心偏移、相邻支座高差、最低最高支座差等指标满足相关大跨空间结构规范规程的要求。

【结构监测应用】

变形监测主要针对结构在制作、拼装、吊装、滑移、提升、卸载等过程，构件就位后的轴线偏差、水平度、垂直度、挠度等，保证结构的安装质量。

具体指标可依照《空间网格结构技术规程》JGJ 7—2010 第 6 章、《拱形钢结构技术规程》JGJ/T 249—2011 第 7 章、《钢结构工程施工质量验收规范》GB 50205—2001 第 11～12 章、《混凝土工程施工质量验收规范》GB 50204—2015 第 8 章、《膜结构检测技术规程》DG/TJ 08—2019—2007 第 8 章。

【推荐目录】

《钢结构工程施工质量验收规范》GB 50205—2001 第 11～12 章；

《混凝土结构工程施工质量验收规范》GB 50204—2015 第 8 章。

第 6.2.3 条

【规范规定】

6.2.3 空间结构安装完成后，当监测主跨挠度值时，测点位置可由设计单位确定。当设计无要求时，对跨度为 24m 及 24m 以下的情况，应监测跨中挠度；对跨度大于 24m 的情况，应监测跨中及跨度方向四等分点的挠度。

【规范条文分析】

本条文中测点的设置应能代表整个结构的变形情况。考虑到材料性能、施工误差与计算上可能产生的偏差，通常允许实测挠度值大于现场荷载条件下挠度计算值（最多不超过 15%）。

【结构监测应用】

空间结构若干控制点的挠度是对设计和施工质量的综合反映，故必须量测这些数值并记录存档。挠度监测点的位置一般由设计单位确定。当设计无要求时，对小跨度，在下弦中央设一测点；对大、中跨度，可设五个测点：下弦中央设一个点，下弦跨度四分点处各设一个测点；对三向构件（如三向网架）应量测水平双向跨度四等分点处的挠度，量测点应能代表整个结构的变形情况。

【推荐目录】

《空间网格结构技术规程》JGJ 7—2010 第 6 章。

第 6.2.4 条

【规范规定】

6.2.4 膜结构监测中，应跟踪监测膜面控制点空间坐标，控制点高度偏差不应大于该点膜结构矢高的 1/600，且不应大于 20mm；水平向偏差不应大于该点膜结构矢高的 1/300，且不应大于 40mm。

【规范条文分析】

膜面通常是空间曲面，控制膜结构角点、顶点等固定控制点的几何偏差是进行膜结构几何偏差监测的有效方法，也便于指导膜结构工程和钢结构构件安装的衔接。

【结构监测应用】

与其他结构不同，膜结构由于膜曲面的复杂性等原因，对膜曲面的几何偏差进行检测和评定是不现实的。此外，膜面与吊杆或撑杆连接点属于弹性连接，很难进行几何控制，因此应选择膜顶点、膜角点等固定点作为膜结构的几何偏差监测的控制点。

膜面预张力不足或设计不合理，可能导致局部膜面的积水、松弛等，尤其在膜面上较为平坦的部位，应在施工完毕后重点监测，可通过在平坦部位浇水观察监测是否形成积水。

【推荐目录】

《膜结构检测技术规程》DG/TJ 08—2019—2007 第 8 章。

第 6.2.5 条

【规范规定】

6.2.5 拔杆吊装中，应监测空间结构四角高差，提升高差值不应大于吊点间距离的 1/400，且不宜大于 100mm，或通过验算确定。

【规范条文分析】

条文中高差指相邻两拔杆间或相邻两吊点组合力点间的相对高差。根据空间结构吊装时现场实测资料，当相邻拔杆间或吊点间高差达吊点间距离的 1/400 时，各节点的反力约增加 15%～30%，因此本条将提升高差允许值予以限制。

【结构监测应用】

本条是针对大跨空间结构采用整体吊装施工而言，其他安装方法也应符合相邻安装点距离的要求，具体可见《空间网格结构技术规程》JGJ 7—2010 第 6.7.3 条、第 6.8.4 条、第 6.9.2 条。安装完成后，空间网格各边长度允许偏差应为边长的 1/2000 且不应大于 40mm；支座中心偏移允许偏差应为偏移方向空间网格结构边长（或跨度）的 1/3000，且不应大于 30mm；周边支承的空间网格结构，相邻支座高差的允许偏差应为相邻间距的 1/400，且不大于 15mm；对于多点支承的空间网格结构，相邻支座高差的允许偏差应为相邻间距的 1/800，且不大于 30mm；支座最大高差的允许偏差不应大于 30mm。

【推荐目录】

《空间网格结构技术规程》JGJ 7—2010 第 6 章。

第 6.2.6 条

【规范规定】

6.2.6 大跨空间结构临时支撑拆除过程中，应对结构关键点的变形及应力进行监测。

【规范条文分析】

此条主要针对本章第 6.1.1 条中钢结构安装时，采用整体提升、整体吊装或累积滑移等方法施工时，临时搭设的支撑、滑移架与脚手架。在钢结构主体安装形成空间稳定的结构并完成所有焊接及连接工作后，需要对临时支撑结构进行卸载。卸载时释放支撑力，使结构最终达到设计要求的受力状态。特大型空间钢结构卸载总吨位大、卸载点分布广而点数多，单点卸载受力大，结构复杂时将增大卸载计算分析的工作量。临时支撑卸载过程会导致主体结构内力不断地重分布，若支承力释放不合理，会造成结构破坏或脚手架逐步失稳甚至倒塌，后果非常严重，常常导致工程安全事故发生，因此，必须对结构关键控制点的应力及变形进行施工全过程监测，并设定相应预警值。

【结构监测应用】

钢结构的临时支撑拆除必须以体系转换方案为原则，以结构计算分析为依据，以结构安全为宗旨，以变形协调为核心，以实时监控为保障。常规情况下需要对钢结构的关键构件在整个拆除过程中的应力及变形进行有效监测，以确保过程的安全性。整个拆除支撑监测期间应注意的问题如下：

（1）在选择卸载千斤顶和设计支撑塔架时都必须保证有足够的安全储备，并且在整个卸载过程中加强对整个钢结构位移的监测工作，控制结构轴线位移、下挠位移、跨中竖向位移、侧向位移、铰支座处柱脚的位移等。对个别关键位置需要根据设计意见进行构件应力的监测工作，确保构件在最终进入使用状态后的初始应力在预计范围内，实现结构设计的意图。

（2）一般卸载的方法是由中间向四周对称进行，要防止个别支撑点集中受力，宜根据各支撑点结构自重作用下的挠度值，采用阶段分析数据按比例卸载或用每步不大于 20mm 的等步卸载法，应确保所有卸载点每步的位移相同，若相互之间的误差超过 10%，应及时查明原因，修正卸载方案。每步卸载到位后，静止 5～10min，然后对结构变形进行测试，当变形超过预警值时，应查明原因，卸载完成后，拆除临时支撑点。

（3）对于临时支撑设置在跨中部位的，支撑卸载时由于结构下挠变形会产生对支座处的水平推力，需要在分步卸载的过程中消除水平位移对卸载设备的影响。可采用分步卸载，并且采用卸载设备同固定支撑点交替工作的方式，逐步消除每步卸载过程中产生的水平位移对卸载设备的影响。在每步卸载后及时调整千斤顶顶部，确保每次卸载过程中设备都不在顶部产生过大位移。

【推荐目录】

《国家体育场鸟巢钢结构工程施工技术》刘子祥、戴为志著，化学工业出版社，2011 年，第 9 章。

第 6.2.7 条

【规范规定】

6.2.7　结构滑移施工过程中，应对结构关键点的变形、应力及滑移的同步性进行监测。

【规范条文分析】

变形、应力及滑移的同步性监测应与结构滑移具体方案相匹配，测点布置应根据滑移施工过程模拟分析结果布设，并比对计算分析结果，设定相应预警标准及对应预警值。

【结构监测应用】

应力及位移监测应根据施工阶段分析结构受力，选取具有代表性的滑移单元，在其受力较大的区域布置应力及变形测试点，同时对滑轨及支承体系也应适当考虑应力及变形监测。在滑移过程中，每间隔一定时间计算机系统自行采集一组数据，并与施工计算数据对比分析，如发现应力及变形值达到预警标准及对应预警值时，应采取相应措施；超过限定值时，应立即停止滑移，分析原因并及时调整。以土体滑移法施工为例，在应力及变形监测中应注意如下事项：

（1）应力监测：桁架滑移是一个动态系统，滑移过程中桁架的约束条件、荷载情况、力学模型和正常使用阶段的设计约束条件、荷载情况、力学模型均有很大区别，其受力比较复杂，桁架受诸多不确定因素影响：滑移过程中牵引力不均匀导致桁架滑移不同步、偏扭；滑移轨道不平整引起桁架在动荷载（特别是启动时）作用下的振动；机械故障等都将引起桁架结构杆系的内力变化。而这些不确定因素很难通过计算得到精确的结果。因此，有必要进行滑移过程中杆件内力的连续监测，以验证滑移施工的可靠性和合理性，并通过监测防止滑移过程中一些复杂因素对桁架结构的破坏。

应力监测的方法是根据施工阶段桁架结构受力分析，选取具有代表性的滑移单元，在其受力较大的区域布置应力测试点，如悬挑较小时桁架跨中的下弦杆，悬挑较大时边柱桁架的上弦杆，剪力较大处的腹杆、柱帽杆以及球底支座的支撑杆件和水平拉杆等。测试滑移桁架各点应力值并对比设计值，符合要求后开始滑移。在滑移过程中，每间隔一定时间计算机系统自行采集一组数据，并与施工计算数据对比分析，如发现应力值超过限定值时，停止滑移，分析原因并及时调整。

（2）变形监测：①桁架拼装允许偏差主要控制项目宜包括桁架跨长、跨中高度、桁架垂直度、杆件轴线位置偏差等。②滑移施工中及安装结束后，变形监测的项目宜包括桁架挠度，包括跨中及大悬挑端的挠度、支座中心轴线偏移、最高与最低支座高差、相邻支座高差、杆件轴线平直度、桁架垂直度等。③另外，变形监测也宜包括承重胎架沉降监测和组装胎架倾斜变形监测，这是因为受滑移桁架和胎架自重的影响，胎架将出现不同程度的沉降，经过监测，可以事先进行标高补偿，以保证滑移桁架空间位置的准确性。

【推荐目录】

《空间网格结构技术规程》JGJ 7—2010 第 6 章。

第 6.2.8 条

【规范规定】

6.2.8 竖向位移监测时，大跨空间结构的支座、跨中，跨间测点间距不宜大于 30m，且不宜少于 5 个点。

【规范条文分析】

大跨空间结构竖向位移监测是几何变形监测中的一项重要内容，变形监测点应设立在能反映整体结构变形特征的位置或监测断面上，监测断面一般分为：关键断面、重要断面和一般断面。对于空间结构，跨间测点间距不宜大于 30m，竖向位移测点可在主跨跨中和四分点处的两侧及支座处设测点。

【结构监测应用】

对于长悬臂的支座及悬挑端点，监测点间距不宜大于 10m。为保证监测的连续性，监测测点应考虑装修阶段因地面或墙柱装饰面施工而破坏或掩盖，墙柱上的监测测点应距结构板面 300mm 左右，监测测点裸露部位应采用耐氧化材质。测点埋设在地下结构时，埋设时应考虑地下室积水、空气湿度大、光线暗、空间限制等因素。

【推荐目录】

《空间网格结构技术规程》JGJ 7—2010 第 3 章；

《建筑变形测量规范》JGJ 8—2007 第 3 章；

《建筑工程施工过程结构分析与监测技术规范》JGJ/T 302—2013 第 5 章。

第 6.2.9 条

【规范规定】

6.2.9 变形监测的监测频次除应符合本规范第 4.3.11 条规定外，尚应在吊装及卸载过程中重量变化 50% 和 100% 时各监测不少于一次。

【规范条文分析】

吊装及卸载过程是大跨空间结构重要的施工关键步骤，因此除符合本规范第 4.3.11 条监测频次的基本规定外，还应加强监测频次，大跨结构监测频次宜按结构类型、施工方案、现场环境和设计文件要求确定。

【结构监测应用】

大跨空间结构可参照本规范第5.2.7条文执行，关键的施工步骤及重要的受力节点，监测频次应加强，不应低于日常监测频次的两倍。对于新型复杂的结构类型、施工方案中复杂或重要的受力步骤、设计文件中明确要求的监测重点区域，均应加强监测频次。

【推荐目录】

《建筑工程施工过程结构分析与监测技术规范》JGJ/T 302—2013 第5章。

Ⅲ 应 变 监 测

第6.2.10条

【规范规定】

6.2.10 施工安装过程中，应力监测应选择关键受力部位，连续采集监测信号，及时将实测结果与计算结果作对比。发现监测结果或量值与结构分析不符时应进行预警。

【规范条文分析】

监测施工安装过程中结构的应变时，考虑到监测成本等因素，应力监测应选择整体结构的关键受力部位。在整个施工过程中必须连续采集监测信号，以便捕捉到施工过程中构件应力达到最大的时刻，确保结构安全。在监测过程中，应即时将实测结果与计算结果作对比，若相互之间差值较大，则应进行预警。

【结构监测应用】

施工安装过程中构件受诸多不确定因素影响：如滑移过程中牵引力不均匀导致构件滑移不同步、偏扭；滑移轨道不平整引起结构在动荷载（特别是启动时）下左右振动；机械故障等都将引起结构杆系的内力变化。而这些不确定因素很难通过计算得到精确的结果。因此，有必要进行杆件内力的连续监测，以验证施工过程的可靠性和合理性，并通过监测防止施工过程中一些复杂因素对结构的破坏。应力监测应检验施工过程中是否在结构内部产生过大的附加应力，是否会引起结构失稳、强度失效等。

施工安装过程中部分结构受力较大的区域可能包括：滑移桁架时，悬挑较小时桁架跨中的下弦杆、悬挑较大时边柱桁架的上弦、剪力较大处的腹杆、柱帽杆以及球底支座的支撑杆件和水平拉杆等；折叠展开施工形成拱形结构时，拱端部、转动铰等；顶升和落梁过程时，支座所在梁体横截面和梁体轴线位置、梁端与跨中以及支座截面附近。

【推荐目录】

《土木工程监测与健康诊断—原理、方法及工程实例》段向胜，周锡元著，中国建筑工业出版社，2010年，第12章。

第6.2.11条

【规范规定】

6.2.11 结构卸载施工过程监测除应符合本规范第6.2.6条规定外，每步卸载到位后先静止5min～10min，再采集数据；当监测值超出预警值时应及时报警。

【规范条文分析】

卸载的原则：以结构计算为依据，结构及支撑系统安全为宗旨，变形协调为核心，实时监控为手段。根据这一原则，通过计算确定卸载方法。卸载方法一般分为等比法和等距法。可采用液压千斤顶、螺旋千斤顶、气垫等方法实现。

【结构监测应用】

预警标准及对应预警值应根据限定值确定（如按比例），应力限定值应以结构计算为依据；变形限定值，当监测单位无法确定时，可参照表1-6-1选择执行。

部分大跨空间结构施工期间挠度限定值 表 1-6-1

结构体系	屋盖结构 （短向跨度）	楼盖结构 （短向跨度）	悬挑结构 （悬挑跨度）
网架	3/2000	1/800	1/1000
单层网壳	3/3200	—	3/1600
双层网壳立体桁架	3/2000	—	3/1000

注：对于设有悬挂起重设备的屋盖结构，施工期间其最大挠度值不宜大于结构跨度的1/640。

【推荐目录】

《空间网格结构技术规程》JGJ 7—2010 第 3 章；

《建筑变形测量规范》JGJ 8—2007 第 3 章。

第 6.2.12 条

【规范规定】

6.2.12 监测膜结构膜面预张力时，应根据施工工序确定监测阶段，各膜面部分均应有代表性测点，且应均匀分布。

【规范条文分析】

膜结构预张力值通常为膜材抗拉强度的 $1/50\sim1/25$，考虑到膜面张拉的实际情况，设定膜面预张力的实测值与设计计算值的相对误差应在 $0\sim+100\%$ 之间，超出这一范围的测点数量不应超过总测点数量的 10%，且最大相对偏差应在 $-50\%\sim+150\%$ 之间。应保证膜面预张力不小于设计值，否则可能会因膜面松弛导致局部积水或风振破坏等现象。当实测膜面预张力值过大，并超出上述范围时，应通过计算保证结构安全。

【结构监测应用】

目前采用凭经验判断膜面张力的方法使得工程质量存在很大的安全隐患。基于不同原理，国内外量测膜面张力的方法和仪器包括面外变形法、振动测试法、拉曼光谱测试法等。所有通过计算检定或校准的方法都可用于膜面张力的量测。应定期用上述方法分别测试膜材经向和纬向两个方向的预张力，每期分别测试3次，取平均值为测试值。

【推荐目录】

《膜结构检测技术规程》DG/TJ 08—2019—2007 第 8 章。

第 6.2.13 条

【规范规定】

6.2.13 索力监测的测点应具有代表性，且均匀分布；单根拉索或钢拉杆的不同位置宜有对比性测点，可监测同一根钢索不同位置的索力变化；横索、竖索、张拉索与辅助索均应布设测点。

【规范条文分析】

钢索和钢拉杆预张力值通常为其抗拉强度的 1/10 以上，因此，和膜面相比，对钢索和钢拉杆预张力的实测值与计算值相对误差较膜面预张力要求严格，实测值与设计值的相对误差应在 $-10\%\sim+30\%$ 范围内。

【结构监测应用】

应按照本规范第 4.8.1 条、4.8.2 条方法定期测试钢索和钢拉杆预张力，每期分别测试 3 次，取平均值为测试值。

【推荐目录】

《膜结构检测技术规程》DG/TJ 08—2019—2007 第 7 章。

第 6.2.14 条

【规范规定】

6.2.14 应变监测的监测频次应符合本规范第 4.2.6 条规定，吊装及卸载监测时，应增加监测频次。

【规范条文分析】

应变监测宜与变形监测频次同步，以保证监测数据的比对性，增强监测数据的可靠性。吊装及卸载过程属于施工阶段重要的阶段性节点，荷载在吊装及卸载过程中会发生明显的荷载变化，因此，应增加监测频次。

【结构监测应用】

施工期间应每个月至少监测一次，重要阶段性节点应增加频次，不少于正常监测频率两倍，并为施工过程实测结果与施工过程模拟分析结果之间进行比较分析提供依据。量测时宜在环境温度和结构本体温度变化相对缓和的时段内进行，同时，记录结构施工进度、荷载状况、环境条件等。对于升温或降温等强烈变化过程，可以在一段时间内进行多次监测，以获得特定环境下的应力变化情况。

【推荐目录】

《建筑工程施工过程结构分析与监测技术规范》JGJ/T 302—2013 第 6 章。

6.3 使 用 期 间 监 测

Ⅰ 变 形 监 测

第 6.3.1 条

【规范规定】

6.3.1 使用期间变形监测的测点布置应按表 6.3.1 进行选择

表 6.3.1 使用期间变形监测测点布置位置

	网架结构、网壳结构、索结构、膜结构、特殊结构	悬挑结构
竖向	跨中	悬挑端外檐
水平	支座、端部	—

【规范条文分析】

使用阶段结构变形监测的监测点位置应结合大跨空间结构的特点、结构形式，有针对性地设置，表中的布置位置基本上都是结构变形最大的部位。实际布设时还应便于后期维护和更换，且不影响建筑的正常使用。

【结构监测应用】

应选取有代表性的单位进行变形监测，表 6.3.1 中测点布置位置主要针对水平构件而言，特殊位置应针对实际情况布点（如隔振层应考虑上下层相对水平和垂直位移监测）。条件允许时，应尽可能进行结构整体变形监测，或者三维位移联测。

【推荐目录】

《土木工程监测与健康诊断—原理、方法及工程实例》段向胜，周锡元著，中国建筑工业出版社，2010 年，第 12 章。

Ⅱ 应 变 监 测

第 6.3.2 条

【规范规定】

6.3.2 使用期间关键支座及受力主要构件宜进行应力监测；超大悬挑结构悬挑端根部或受力较大部位宜进行应变监测。

【规范条文分析】

本条应与第 6.2.10 条应力监测相互协调，受力较大部位应按照结构整体计算分析结果选取，可结合第 6.2.10 条第三部分测点部位进行比对。

【结构监测应用】

应变测点的布置应参照 6.3.1 条第二部分原则执行，应变测点区域应尽可能同时布置温度测点，选择有代表性的单位进行应变及温度量测，不同类型的受力构件其测点及数量的具体布置应符合本规范 5.2.10 条第三部分的规定。

【推荐目录】

《建筑工程施工过程结构分析与监测技术规范》JGJ/T 302—2013 第 6 章；

《土木工程监测与健康诊断—原理、方法及工程实例》段向胜，周锡元著，中国建筑工业出版社，2010 年，第 12 章。

第 6.3.3 条

【规范规定】

6.3.3　索结构使用期间应定期监测索力，索力与设计值正负偏差大于 10% 时，应及时预警并调整或补偿索力。

【规范条文分析】

索力是保证结构体系内力平衡和结构稳定的重要因素，当量测内力与初始力相差过大时，必须按照预警标准采取措施，并调整或补偿索力。

【结构监测应用】

索力测点应符合本规范第 6.2.13 条规定，且应按照第 6.2.13 条第三部分执行。传感器布置及读数时，应尽可能消除节点构造引起的杆端部弯矩的影响，以及杆件在自重或者初始压力下非线性弯曲过大造成的应变失真。

【推荐目录】

《2008 奥运羽毛球馆新型弦支穹顶结构健康监测研究》鞠晓臣，北京工业大学硕士学位论文，第 2 章。

Ⅲ　风及风致响应监测

第 6.3.4 条

【规范规定】

6.3.4　膜结构主要膜面进行风及风致响应监测时，监测区域宜分为风压、风振主监测区和风压副监测区，监测项目为膜面振动以及上下表面风压。

【规范条文分析】

由于膜结构在风荷载下的振动幅度比较大，结构运动将影响周围风场从而改变作用于结构的风荷载，存在风与结构的相互作用，即气动弹性效应。结构分析时不再仅仅针对其自身，而是结构和风相互作用所构成的系统。由于膜结构模型受风洞试验条件的限制，满足苛刻的相似要求非常困难，相比之下现场实测具有积极的意义。

【结构监测应用】

使用阶段的位移测试可掌握结构的静力工作性能。以上海世博会世博轴膜屋面结构监测为例，选取 5 号阳光谷与 6 号阳光谷之间的膜面进行风环境、风压和风振监测。监测分为风压风振主监测区和风压副监测区 2 部分，其中主监测区设 8 个监测点，监测测点的振动以及上下表面的风压，副监测区设 3 个监测点，监测测点上下表面的风压。

【推荐目录】

《索和膜结构》张其林著，同济大学出版社，2002 年，第 7 章。

7 桥 梁 结 构

说明：

根据目前国内桥梁结构实际应用情况，本章明确了桥梁结构施工及使用期间的监测类型、监测项目，并按照监测项目具体规定了监测参数、监测频次以及注意事项等。鉴于桥梁结构自身特点，本章增加了桥梁支座反力（第7.3.10条）、冲刷（第7.3.16条～第7.3.18条）、车辆荷载（第7.3.19条～第7.3.22条）以及疲劳（第7.3.7条）等监测内容。

各类桥梁的成桥实测线形与施工及使用期间监控目标线形控制标准为：

梁桥线形控制标准宜为：（1）顶面高层允许偏差±20mm；（2）相邻节段高差允许偏差10mm。

拱桥线形控制标准宜为：（1）现浇混凝土拱圈内弧线偏离设计弧线允许偏差 $L/1500$（L 为跨径）；（2）无支架或少支架现浇拱圈，顶面高层允许偏差 $±L/3000$ 且不超过50mm，两对称点相对高差允许偏差 $L/3000$ 且不超过40mm；（3）劲性骨架拱，拱顶高层允许偏差 $±L/3000$ 且不超过50mm，两对称点相对高差允许偏差 $L/3000$ 且不超过40mm；（4）悬臂浇筑拱施工，拱圈高层允许偏差 $±L/3000$ 且不超过30mm，同跨对称点高差允许偏差 $L/3000$ 且不超过30mm；（5）钢管拱肋混凝土施工，拱圈高层允许偏差 $±L/3000$ 且不超过50mm，对称点高差允许偏差 $L/3000$ 且不超过40mm；装配式桁架拱、钢架拱及刚拱桥，拱圈高层允许偏差 $±L/3000$，对称点高差允许偏差 $L/3000$。

斜拉桥线形控制标准宜为：（1）混凝土斜拉桥，梁顶高程允许偏差 $±L/5000$；（2）钢-混组合梁斜拉桥，顶面高程允许偏差 $±L/10000$（$L>200m$），且不少于 $±20mm$。

悬索桥线形控制标准宜为：主缆允许偏差 $-5mm$ 及 $+10mm$；加劲梁梁顶面高程在两吊索处高差允许偏差20mm。

施工及使用期间桥应力实测值与数值模拟计算结果差值控制标准宜为：混凝土结构 $±20\%$，钢结构为设计强度的 $±10\%$。斜拉索、拱桥吊杆、悬索桥吊索索力实测值与数值模拟计算结果差值控制标准宜为 $±10\%$。

7.1 一 般 规 定

第7.1.1条

【规范规定】

7.1.1 除设计文件要求或其他规定应进行施工期间监测的桥梁结构外，满足下列条件之一时，桥梁结构应进行施工期间监测：

1 单孔跨径大于150m的大跨桥梁；

2 施工过程增设大型临时结构的桥梁；

3 施工过程中整体或局部结构受力复杂桥梁；

4 大体积混凝土结构、大型预制构件及特殊截面受温度变化、混凝土收缩、徐变、日照等环境因素影响显著的桥梁结构；

5 施工过程存在体系转换的重要桥梁结构；

6 对沉降和变形要求严格的桥梁结构。

【规范条文分析】

复杂桥梁主要针对斜拉桥、悬索桥、拱桥以及组合结构等桥梁，较复杂桥梁主要针对连续梁桥、刚构桥等桥梁，重要桥梁主要针对桥梁结构所在位置重要，具有重要的政治或经济意义。具体而言，施工过程中整体或局部结构受力复杂的桥梁应包括非支架施工或整孔安装的梁桥、非支架施工或整孔安装的拱桥、采用非简支桥面系的下承式及中承式拱桥。对沉降和变形要求严格的桥梁结构，如高速铁路桥梁。

【结构监测应用】

对施工关键阶段的桥梁结构进行施工监测和控制，是桥梁施工质量以及运营安全的重要保障；桥梁施工监测和控制、成桥荷载试验和使用期间监测均是通过检测和监测手段，测试桥梁结构的内力、变形、环境和荷载，因此，在传感器子系统、数据采集与传输子系统、结构安全评价系统以及数据库管理子系统等方面都具有很大的共享性和重复性。此外，各阶段在时间顺序上具有衔接性，每一个阶段的监测数据是后一个阶段的基础。为了节约资源、降低工程造价，应充分发挥各个子系统的共享性，对上述各个子系统进行统筹规划和实施，即采取统一设计、统一施工和统一管理的方式，以实现桥梁的施工监测控制、成桥荷载试验和使用期间监测三位一体的工程实施。

【推荐目录】

《天津市桥梁结构健康监测系统技术规程》DB/T 29—208—2011 第1章。

第7.1.2条

【规范规定】

7.1.2 对特别重要的特大桥，应进行使用期间监测。

【规范条文分析】

按照《公路桥梁养护管理制度》原交通部〔2007〕336号文，特大桥、结构特殊桥和单孔跨径60m及以上大桥应定期监测；特别重要特大桥应建立健康监测系统。使用期间监测系统应按照桥梁建设规模、重要性、服役环境及其服役期内性能退化情况进行等级划分：特大跨度桥梁（主跨＞150m）、复杂结构桥梁、重要桥梁（参考第7.1.1条第二部分说明）可列为一级，监测项目全；系统软硬件功能强大，可扩展性强，系统自动化、集成化和网络化程度高；具有实时在线和远程监测功能等。大跨度桥梁（40m≤主跨≤150m）、较复杂结构桥梁、较重要桥梁可列为二级，监测项目较全；系统定期监测（每期连续监测多天）；自动化程度较高；数据库管理子系统网络化运行。

【结构监测应用】

特别重要的特大桥往往位于国家重要交通要道上，与国家的经济建设息息相关，其安全使用事关重大，因此应在其使用期间对应力、变形等项目进行长期监测。

【推荐目录】

《天津市桥梁结构健康监测系统技术规程》DB/T 29—208—2011 第 1 章；

《公路桥梁养护管理工作制度》原交通部〔2007〕336 号文。

第 7.1.3 条

【规范规定】

7.1.3 除本规范第 7.1.2 条规定，设计文件要求或其他规定应进行使用期间监测的桥梁结构外，满足下列条件之一时，桥梁结构宜进行使用期间监测：

    1 主跨跨径大于 150m 的梁桥；

    2 主跨跨径大于 300m 的斜拉桥；

    3 主跨跨径大于 500m 的悬索桥；

    4 主跨跨径大于 200m 的拱桥；

    5 处于复杂环境或结构特殊的其他桥梁结构。

【规范条文分析】

按照第 7.1.2 条第二部分等级要求，以上结构应按照一级进行监测系统设计。为了最大限度降低桥梁管理养护成本，保障桥梁安全运营，监测系统的设计应与桥梁管理系统相兼容，需留有与传统桥梁养护管理软件系统的数据接口，实现数据的共享，作为桥梁综合判断的依据。

【结构监测应用】

桥梁结构使用期间监测系统的设计须遵循功能要求和效益-成本分析两大准则。使用期间监测系统的设计首先应该考虑建立该系统的目的和功能，对于不同桥梁的建设规模、重要性、投资、服役环境及其服役期内性能退化等情况，建立使用期间监测系统的设计和监测等级，参照第 7.1.2 条第二部分。监测系统的规模以及所采用的传感器、采集仪器、通信设备和监测方式等需要考虑投资的限度。

【推荐目录】

《天津市桥梁结构健康监测系统技术规程》DB/T 29—208—2011 第 1 章。

第 7.1.4 条

【规范规定】

7.1.4 桥梁结构施工期间应对重要大型临时设施进行监测，其他监测项目应根据工程特点按表 7.1.4 进行选择。

表 7.1.4 施工期间监测项目

	基础沉降监测	变形监测		应变监测	环境及效应监测		
		竖向	水平		风	温度	振动
梁桥	★	★	○	★	○	★	○
拱桥	★	★	▲	★	○	★	○
斜拉桥	★	★	▲	★	★	★	○
悬索桥	★	★	▲	★	★	★	○

注：1 ★应监测项，▲宜监测项，○可监测项；

　　2 有推力拱桥的拱脚水平位移应设置为"应监测项"。

【规范条文分析】

施工监测项目环境变量可包含温度、湿度、天气情况、风向和风力等参数；振动特性（索、塔、梁等）包括自振频率、振型、阻尼等。除表 7.1.4 监测项目外，还应视工程情况选择线形（大缆、拱肋、索塔、主梁）或索力（大缆、斜拉索、吊杆/吊索、预应力钢束）等参数。

【结构监测应用】

施工监测也应当根据风险评估适当考虑重要大型临时设施的监测以确保其安全，影响永久结构的内力及几何状态的力学或几何参数应将其纳入到主体结构的监测中，如拱桥施工的临时缆索、顶推施工过程中的导梁等。

规范中表 7.1.4 中监测项目中具体参数监测内容可按照表 1-7-1 执行。

施工阶段结构监测的一般内容　　　　　　　　　　　　表 1-7-1

监测项目	结构形式	悬索桥	斜拉桥	拱桥	梁桥
几何参数	预制构件无应力尺寸	★	★	★	★
	支架、模板系统变形	★	★	★	★
	主梁线形	★	★	★	★
	大缆（拱圈）线形	★	—	★	—
	桥墩（塔）线形	★	★	▲	▲
	鞍座偏移	★	—	—	—
	墩台（锚碇）沉降	★	★	★	★
力学参数	材料容重	★	★	★	★
	预制构件重量	★	★	★	★
	施工临时荷载	★	★	★	★
	斜拉索（吊杆）索力	▲	★	▲	—
	主梁应力	▲	★	▲	★
	大缆缆力、拱圈应力	★	—	★	—
	桥墩（桥塔）应力	▲	★	★	▲
	支座反力及位移	▲	▲	—	▲

续表

监测项目	结构形式	悬索桥	斜拉桥	拱桥	梁桥
其他现场参数	环境温湿度及结构温度场	★	★	★	★
	风荷载	★	▲	○	○
	结构振动	★	▲	○	○
	材料弹模	★	★	★	★
	施工时序	★	★	★	★

注：★应监测项，▲宜监测项，○可监测项，一不涉及该项内容。

主梁线形监测系指主梁结构部分线形，桥面系（桥面铺装、轨道等）几何线形应按照相应的质量验收规范和规定进行监测及控制。

【推荐目录】

《土木工程监测与健康诊断—原理、方法及工程实例》段向胜，周锡元著，中国建筑工业出版社，2010 年，第 13 章。

第 7.1.5 条

【规范规定】

7.1.5 桥梁结构使用期间监测项目应根据结构特点按表 7.1.5 进行选择。

表 7.1.5 使用期间监测项目

	基础沉降监测	变形监测		应变监测	环境及效应监测			车辆荷载	动力响应	支座反力和位移
		竖向	水平		风	温湿度	地震			
梁桥	▲	★	○	★	○	★	▲	★	▲	▲
拱桥	▲	★	▲	★	○	▲	▲	★	▲	▲
斜拉桥	▲	★	▲	★	★	★	▲	★	▲	▲
悬索桥	▲	★	▲	★	★	★	▲	★	▲	▲

注：1 ★应监测项，▲宜监测项，○可监测项；

2 车辆荷载指交通监测。

【规范条文分析】

表 7.1.5 中监测项目可分为荷载源以及结构动静态响应两大类。除表 7.1.5 中监测项目外，荷载源监测应包括：风、温度、湿度，船撞、地震动、交通荷载（有条件的情况下可采用动态称重系统）、腐蚀情况、水下冲刷等；结构动静态响应监测应包括：大桥空间变形（大缆、索塔、梁）、结构动力及振动特性（索、塔、梁）、索力（大缆、斜拉索、吊杆）、控制截面应力（或疲劳应力）等。针对上述桥型，进一步可确定的监测内容如表 1-7-2～表 1-7-5 所示。

梁式桥监测内容   表 1-7-2

荷载源监测	必选项	车辆荷载、温度
	可选项	地震作用
结构响应监测	必选项	应力、挠度、桥梁振动、桥墩沉降、伸缩缝变位
	可选项	桥梁几何线形、支座反力

拱式桥监测内容   表 1-7-3

荷载源监测	必选项	车辆荷载、温度
	可选项	地震作用、风荷载
结构响应监测	必选项	吊杆索力、系杆索力、主梁挠度、主拱振动、应力、拱脚变位、伸缩缝变位
	可选项	桥梁几何线形、支座反力

斜拉桥监测内容   表 1-7-4

荷载源监测	必选项	车辆荷载、风荷载、温度
	可选项	地震作用、湿度
结构响应监测	必选项	桥塔及主梁各控制部位应力、桥塔空间变位、桥梁振动、斜拉索索力、主梁挠度、主梁振动、伸缩缝变位
	可选项	桥梁几何线形、支座反力

悬索桥监测内容   表 1-7-5

荷载源监测	必选项	车辆荷载、风荷载、温度
	可选项	地震作用、湿度
结构响应监测	必选项	应力、桥塔位移、桥塔振动、主缆索力、主缆空间位置、吊杆索力、主梁挠度、桥梁振动、锚碇变位、锚碇压力、伸缩缝变位
	可选项	桥梁几何线形、支座反力

【结构监测应用】

其他复杂结构桥梁应根据结构受力特点和需要确定监测内容，一般而言，常规监测项目中具体监测参数可按照表 1-7-2～表 1-7-5，并结合表 1-7-6 内容执行。

使用阶段结构监测的一般内容   表 1-7-6

编号	监测类别	监测项目	监测结构	监测类别
1	荷载源监测	风荷载		★
2		风压		▲
3		温湿度		★
4		雨量		▲
5		地震（船撞响应）		★
6		交通荷载		★
7		腐蚀监测		○
8		冲刷监测		○
9		有害物质浓度		○

编号	监测类别	监测项目	监测结构	监测类别
10	结构动静态响应监测	变形监测	主梁挠度	★
11			主梁水平位移	★
12			索塔变形	★
13			主缆变形	★
14			拱肋变形	▲
15		应力监测	关键截面应力	★
16			钢结构疲劳应力	★
17		索力	大缆缆力	★
18			斜拉索索力	★
19			吊杆力（吊索）	★
20			预应力监测	○
21		结构动力特性		★
22		支座反力及位移		○
23		裂缝监测		○

注：★应监测项，▲宜监测项，○可监测项。

【推荐目录】

《土木工程监测与健康诊断—原理、方法及工程实例》段向胜，周锡元著，中国建筑工业出版社，2010年，第13章。

第7.1.6条

【规范规定】

7.1.6 不同类型桥梁使用期间监测要求应符合本规范附录B的规定。

【规范条文分析】

参见附录B第二部分。

【结构监测应用】

参见附录B第三部分。

7.2 施工期间监测

Ⅰ 基础沉降监测

第7.2.1条

【规范规定】

7.2.1 连续梁桥的墩台、拱桥的拱脚、斜拉桥或悬索桥的桥墩和索塔、所有类型的高速铁路桥梁的墩台均应进行施工期间的沉降监测。

【规范条文分析】

监测沉降变形时，必须在梁部、每个桥墩/台及其承台上均设置监测标。

（1）承台监测标：为临时监测标，至少设置2个，对角布置，当墩身监测标正常使用后，承台监测标随基坑回填将不再使用。

（2）墩身监测标：每墩不少于2个，位于墩身两侧，位置位于地面或水位以上0.5～1.0m。当墩身较矮、立尺困难时，监测标位置可降低，或者设置在对应墩身埋标位置的顶帽上。特殊情况可按照确保监测精度、监测方便，利于测点保护的原则，确定相应的位置。桥墩上监测标的具体设置可参考图1-7-1。

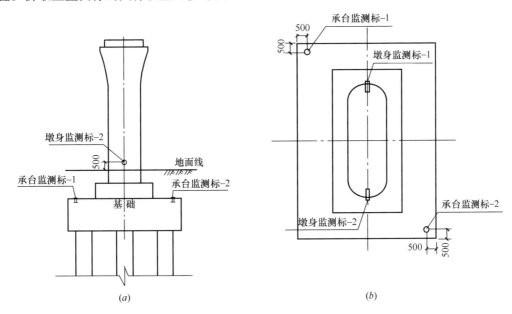

图 1-7-1　墩身和承台监测标设置示意图

（a）墩身侧面；（b）基础平面

（3）桥台监测标

原则上应设置在台顶（台帽及背墙顶），测点数量不少于4处，分别设在台帽两侧及背墙两侧（横桥向）。桥台监测标的具体设置位置可参考图1-7-2。

（4）梁体监测标

对原材料变化不大、预制工艺稳定、批量生产的预应力混凝土预制梁，可按每30孔选择1孔设置监测标。若实测弹性上拱度大于设计值，则前后未监测的梁应补充监测标，逐孔进行监测；其余现浇梁逐孔设置监测标。对于采用移动模架施工的梁，对前几孔进行重点监测，以验证支架预设拱度的精度。验证达到设计要求后，可每10孔选择1孔设置监测标。当实测弹性上拱度大于设计值的梁，前后未监测的梁应补充监测标，逐孔进行监测。

简支梁的一孔梁宜设置6个监测标，分别位于两侧支点和跨中；连续梁上的监测标，根据不同跨度，分别在支点、中跨跨中及边跨距支座1/4跨处附近设置，3跨以上连续梁中跨布置点相同，可参考图1-7-3。

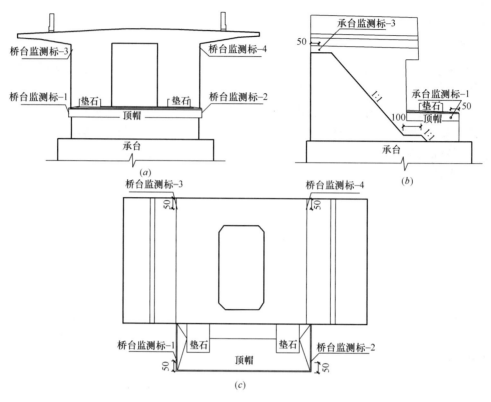

图 1-7-2 桥台监测标埋设位置示意图

（*a*）桥台正面；（*b*）桥台侧面；（*c*）桥台平面

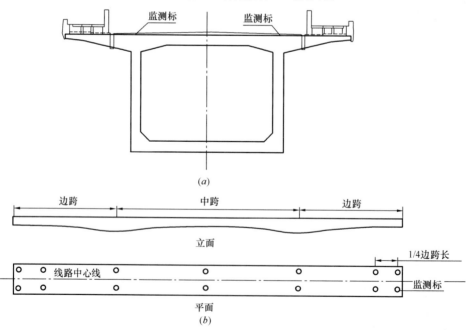

图 1-7-3 连续梁监测标埋设位置示意图

（*a*）梁部测点横向布置示意图；（*b*）连续梁梁部测点纵向布置示意图

【结构监测应用】

根据项目要求，沉降和变形的监测应按二等水准测量精度及以上要求形成闭合水准路线。

在监测期内，基础沉降实测值超过设计值 20% 及以上时，应及时查明原因，必要时进行地质复查，并根据实测结果调整计算参数，对设计预测沉降变形进行修正或采取沉降控制措施。

第 7.2.2 条

【规范规定】

7.2.2 沉降监测应反映荷载及荷载作用变化、结构体系转化等情况。

【规范条文分析】

重大体系转换（合龙、安装支墩等可视为重大体系转换，斜拉索安装则不属于重大体系转换）前后均应对全桥进行全面监测，而沉降监测是全面监测中必不可少的一部分。

【结构监测应用】

梁体徐变上拱计算方法如下：在终张拉完成后，梁体任一时刻上拱变形量 Δ 由弹性上拱 Δ_e 和徐变上拱 Δ_c 两部分组成，如图 1-7-4 所示。其中，弹性上拱即为终张拉完成时刻的上拱变形。

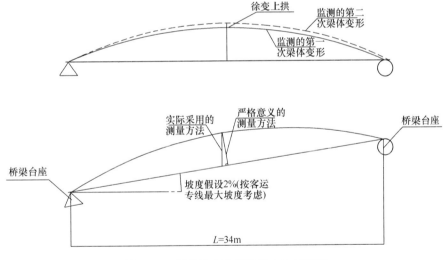

图 1-7-4 梁体徐变上拱计算方法示意图

对于预应力梁，任一截面均存在上拱变形，但工程实践中最关心的是最大上拱变形，即梁体跨中上拱量。该上拱变形量实测值计算方法如下：

$$\Delta = f_{跨中} - f_{端部} \tag{1-7-1}$$

其中，Δ 为实测梁体跨中上拱量；$f_{跨中}$ 为实测梁体跨中变形量（以向上为正）；$f_{端部}$ 为实测梁体端部（边端）变形量（以向上为正），取两端部变形量的平均值。

梁体在终张拉完成后任一时刻实测跨中徐变上拱量为：

$$\Delta_c = f_{跨中} - f_{端部} - \Delta_e \tag{1-7-2}$$

其中　　　弹性上拱量 Δ_c 即为终张拉完成时刻实测跨中上拱变形值。

Ⅱ　变　形　监　测

第 7.2.3 条

【规范规定】

7.2.3　施工期间的变形监测可包括轴线监测、挠度监测、倾斜变形监测。

【规范条文分析】

在进行施工控制量测前，要先确定桥轴线上的两个控制点。在选定的桥梁中线上，桥头两端埋设两个控制点，两控制点间的连线称为桥轴线。在进行墩、台定位时，主要以这两点为依据，故桥轴线长度的精度直接影响墩、台定位的精度。

桥面挠度是指桥面沿轴线的垂直位移情况。索塔的挠度是指索塔在高程方向上索塔各点的水平位移分布情况，它包括桥轴线方向的水平位移和垂直于桥轴线方向的水平位移。

墩台沿桥轴线方向（或垂直于桥轴线方向）的倾斜变形监测、墩台特征位置的垂直位移监测、墩台水平位移监测可归为墩台的常规变形监测内容；塔柱整体倾斜变形监测、塔柱顶部水平位移监测、塔柱体挠度监测、塔柱周围变形监测、塔柱体伸缩量监测可归为塔柱变形监测。

【结构监测应用】

除上面介绍的监测内容外，桥梁水平位移监测也是桥梁变形监测中不可少的内容。墩台的水平位移监测，其中各墩台在上、下游的水平位移监测称为横向位移监测；各墩台沿桥轴线方向的水平位移监测称为纵向位移监测。两者中，以横向位移监测更为重要。

桥梁墩台的变形一般来说是静态变形，而桥梁结构的挠度变形则是动态变形。对于静动态的不同规定要求应按照本规范第四章相关内容执行。

【推荐目录】

《变形监测技术及应用》伊晓东著，黄河水利出版社，2007 年，第 10 章。

第 7.2.4 条

【规范规定】

7.2.4　高度大于 30m 的索塔、大于 15m 的墩台施工时，应进行水平度和垂直度监测。

【规范条文分析】

高度大于 30m 的索塔和大于 15m 的墩台，施工中索塔和墩台的水平和垂直度至关重要，如果不水平或不垂直，不仅造成工程量的浪费，严重时会使桥梁受力发生改变，影响桥梁使用寿命，甚至危及生命财产安全。

【结构监测应用】

索塔施工量测重点是：保证塔柱、托架、钢锚箱、索套管等各部分结构的倾斜度、外形几何尺寸、平面位置、高程满足规范及设计要求。索塔施工测量难点在于：在有风振、温差、日照等情况下，确保高塔柱测量控制的精度。主要控制定位有：劲性骨架定位、钢筋定位、塔柱模板定位、托架定位、钢锚箱定位、索套管安装定位校核、预埋件安装定位等。

墩台的施工测量从内容上可分为墩台定位和轴线测设，即测设桥梁墩台的中心位置和它的纵横轴线；从施工过程又可分为桩基、承台和墩身的放样。

【推荐目录】

《桥梁工程实用测量》朱海涛著，中国铁道出版社，2000 年，第 1 章。

第 7.2.5 条

【规范规定】

7.2.5 应对悬臂施工主梁的水平向和竖向变形进行监测。

【规范条文分析】

悬臂施工，主梁的挠度变形是显著的，既有重力引起的向下挠度变形，又有张拉力引起的向上挠度变形，还有温度变化引起的挠度变形。这些挠度变形在悬臂桥梁施工过程中相互交织，必须对其进行监测，并在计算放样标高时考虑修正，只有这样才能保证施工悬臂的竖向合龙精度，从而确保成桥线形（内力）和施工质量。

【结构监测应用】

在连续刚构桥、拱桥、斜拉桥等主梁的施工中，均存在主梁悬臂施工情况，应按照量测水准要求，切实做好连续监测工作，并与设计预拱度等对照。

【推荐目录】

《桥梁工程实用测量》朱海涛著，中国铁道出版社，2000 年，第 9 章。

第 7.2.6 条

【规范规定】

7.2.6 变形监测时应停止可能对监测结果造成影响的桥上机械作业。对于缆索安装、悬臂施工对日照比较敏感的施工过程，变形监测应考虑日照影响，并进行修正。

【规范条文分析】

施工机械多、作业频繁容易影响变形监测，如机械的振动导致测量精度下降以及大型机械可能遮挡量测视线，因此变形监测时，应尽可能停止机械作业，特别是会影响变形监测的作业。日照作用将导致混凝土结构的应力和变形，会直接影响到混凝土结构的可靠性，考虑到悬臂施工及缆索安装时，如混凝土桥梁的顶板预应力钢束明显多于其他部位的预应力钢束，温度的升高可能产生较大的预应力损失，导致结构的长期变形量显著增加。因此，变形监测应考虑日照影响，并按照相关桥梁规范，如《铁路桥涵钢筋混凝土和预应力混凝土结构设计规范》TB 10002.3—2005、《公路钢筋混凝土及预应力混凝土桥涵设计规范》JTG D 62—2004 以及《城市桥梁设计规范》CJJ 11—2011 进行修正。

【结构监测应用】

施工控制应贯穿于桥梁施工的全过程中，除施工应按规定的程序进行外，对各类施工荷载应加强管理，并应对施工过程中的变形、应力和温度等参数进行监控测试，且采集的数据应准确、可靠。监控测试应符合下列规定：

（1）宜选择无风或微风的天气进行测试，减小风对量测的不利影响。

（2）测试时应停止桥上的机械施工作业，消除机械设备的振动及不平衡荷载等对测试产生的不利影响。

（3）各种测试均应在尽可能短的时间内完成，并避免测试条件产生较大的变化。在条件允许情况下，量测宜在夜间气温相对稳定的时段进行。

【推荐目录】

《桥梁施工控制技术》向中富著，人民交通出版社，2001 年，第 6 章。

第 7.2.7 条

【规范规定】

7.2.7 变形监测的监测频次除应符合本规范第 4.3.11 条规定外，尚应符合下列规定：

1 桥梁体系转换施工过程、节段施工新增节段过程中，应连续进行变形监测；

2 整体浇筑或吊装的桥梁应至少在增加荷载的 50% 和 100% 时各监测一次。

【规范条文分析】

增加变形监测的频次能加强对结构整体变形规律的掌握，监测频次也可随单位时间内变形量的大小而定：变形量较大时，应增大监测频次。除应符合前述第 4.3.11 条规定外，针对桥梁结构变形量较大的施工过程也应增加监测频次。

【结构监测应用】

由于各种类型桥梁的施工工艺流程差别较大，建设周期、跨越形式（江河、沟谷）等均不同，对变形监测频次很难做出统一的要求。因此，桥梁施工期的变形监测频次，应根据桥梁的类型、施工工序、设计要求等具体因素确定。

一般而言，每一个节段施工过程应至少进行一次施工监测，可以仅监测节段施工的影响区域；对节段施工的中间工况，应在施工初期考虑其安全及精度风险后对监测周期进行适当加密；重大体系转换（合龙、安装支墩等可视为重大体系转换）前后均应对全桥进行全面监测。

【推荐目录】

《工程测量规范》GB 50026—2007 第 10 章。

Ⅲ 应 变 监 测

第 7.2.8 条

【规范规定】

7.2.8 监测的关键构件及其关键部位宜包括特征位置构件、吊杆或吊索、斜拉索、主缆、施工过程中内力变化较大构件，反映构件受力特性的关键位置，受力复杂的局部位置。

【规范条文分析】

以上监测构件及测点布置位置均应具有代表性，且应能反应监测的目的。所有直接布置于结构上的测点都必须有效固定，但不得对既有结构造成损伤。

【结构监测应用】

主梁现场施工、扣塔现场施工、非简支桥面系现场施工、桥墩现场施工时应进行应力监测，其测点布置应满足安全监测的要求且应在主要分跨内进行设置。

【推荐目录】

《桥梁施工控制技术》向中富，人民交通出版社，2001年，第6~10章。

第7.2.9条

【规范规定】

7.2.9 复杂支架、扣塔及吊塔施工过程中的主要临时设施应进行应变监测。

【规范条文分析】

复杂支架、扣塔及吊塔等施工过程中的主要临时设施应根据施工方案具体确定。临时设施能否确保施工过程中整体和局部稳定、满足几何变形和力学控制要求等应进行风险评估。对于风险较大的主要临时设施，其力学或几何参数将影响永久结构的内力及几何状态，应将其纳入到主体结构的监测中来。

【结构监测应用】

前述第7.1.4条第三部分对主要临时设施已有所交代，除应变监测以外，具体而言如，吊塔（特别是高桥墩）施工的顶升及拆卸阶段、拱桥的扣塔安装过程、临时风缆控制、满堂支架关键断面等主要临时设施还应进行变形监测。

【推荐目录】

《大跨度桥梁施工控制》徐君兰著，人民交通出版社，2000年，第8章

第7.2.10条

【规范规定】

7.2.10 应变监测的频率除符合本规范第4.2.6条规定外，尚应符合下列规定：

1 节段施工的桥梁在新增节段过程中，应进行应变监测；

2 体系转换过程中，应进行应变监测；

3 整体浇筑或吊装的桥梁应至少在增加荷载的50%和100%时各监测一次。

【规范条文分析】

条文中频率即为频次，除了桥梁新增节段过程、体系转换过程、整体浇筑或吊装的桥梁荷载增加过程这些内力变化较大的施工过程，结构后浇带封闭、临时支撑、施加预应力等施工工艺过程，都应对应变监测及其监测频次予以关注。

【结构监测应用】

参照前述第5.2.13条、第6.2.14条第二部分及第三部分内容。

【推荐目录】

《基于监测数据的桥梁安全状况评估研究》徐文胜，华中科技大学博士学位论文，2013年，第2章。

Ⅳ 环境及效应监测

第 7. 2. 11 条

【规范规定】

7. 2. 11 环境及效应监测可包括温度、风及风致响应监测。温度监测结果应与变形、应变监测结果进行对比分析。风及风致响应监测应结合结构特点设置相应的预警值。

【规范条文分析】

温度监测结果与变形、应变监测结果进行对比分析，可以了解施工过程中温度与变形、应变之间的相互关系，研究体系温差和日照温差对桥梁结构的作用及其作用效果。对于风及风致响应监测施工预警标准及对应预警值的设立，应结合限定值，考虑风致响应、施工中的实际荷载效应以及温度效应的不利组合。

【结构监测应用】

环境变量（温度、湿度、天气情况、风向和风力等）是施工监测中的一项重要内容，具体可参照前述第 7.1.4 条第二及第三部分内容执行。

【推荐目录】

《桥梁施工控制技术》向中富著，人民交通出版社，2001 年，第 6～10 章。

Ⅴ 其他施工过程的监测

第 7. 2. 12 条

【规范规定】

7. 2. 12 转体施工期间监测应符合下列规定：

1 转体施工时应将转体临时索、塔结构纳入主体结构监测体系，监测应包括搭设、加载、承载及落架全过程；

2 应对主体结构及转体临时结构的力学参数、几何参数及转体速度进行监测。

【规范条文分析】

桥梁转体施工的技术复杂、难度大、精度要求高，为全桥施工的关键步骤。为确保桥梁结构的施工安全和施工质量，应对桥梁的施工转体全过程进行监测和控制。通过测试分析与结构计算，为施工过程中结构稳定、线形、变位和应力状态的控制提供依据，对施工过程结构状态的变化进行预测并提出有效的控制措施，给施工各阶段的指挥决策提供必要的数据，以保证施工阶段的结构安全，优化施工工序，提高施工质量，并为转体桥梁的设计和施工积累经验；此外，监测监控过程中产生的大量技术数据还将作为桥梁技术档案资料的一部分，为桥梁运营期间的技术管理和技术评估提供重要依据。

【结构监测应用】

转体过程中结构是否平衡，桥梁是否能够转动，是转体施工的两个关键性因素。因此转体施工监测也需围绕上述关键因素展开。转体过程中的监测是转体能否顺利就位的基础和关键，如加强对箱梁两端高程变化的监测、对应力的监测、对转盘环道聚四氟乙烯板的观察等。对于高墩来说，球铰及撑脚的细微变化都会导致箱梁两端的剧烈反应，加强对 T 构转体过程中的姿态进行监控，是保证转体顺利就位的前提和必要条件。

【推荐目录】

《桥梁施工控制技术》向中富著，人民交通出版社，2001 年，第 2 章、第 8 章。

第 7.2.13 条

【规范规定】

7.2.13 顶推施工期间监测应将临时结构纳入主体结构监测体系，顶推过程中应对主体结构及顶推临时结构的力学参数、几何参数及顶推速度进行监测。

【规范条文分析】

力学及几何参数应包括顶推荷载及支墩的应力变形等。虽然顶推结构设计已考虑了顶推过程的影响，但设计中的分析是在特定的理想状态下进行的，一旦某个参数有所改变，结构的实际受力状态也将发生改变，所以，在施工控制中首先要对其施工过程模拟分析。这样，一方面可对主要的设计参数进行校核，另一方面可根据已掌握的实际参数对设计确定的施工方案作模拟分析，确定是否需要对施工方案进行调整；在预测分析计算出施工过程中梁体、支墩的内力与变形状态等基础上，结合施工顶推过程中所监测得到的实际数据，及时评估桥梁顶推的施工质量和安全状态，实时指导、调整施工工艺。特别需要注意的是：顶推前宜进行顶推机构摩阻力的测试试验，并在顶推过程中对顶推荷载及支墩的应力变形进行监测。

在顶推施工过程中，施工监测的主要工作目标包括：

（1）保障顶推过程中梁体的稳定，不致出现倾覆或较大的平面外变形；

（2）保障顶推就位后的梁体线形满足设计控制要求；

（3）保障顶推过程中主梁及墩桩（含临时支墩）受力不超出预警标准范围；

（4）保障落梁后各永久支座受力符合设计要求；

（5）协助施工单位，保障整个施工过程中的质量和安全。

【结构监测应用】

根据顶推梁桥特点，在顶推施工过程中的控制原则是，在确保稳定的前提下，采取以变形（线形）控制为主、兼顾应力控制的双控原则。同时，在落梁阶段，成桥梁体受力状态（含支座反力）符合设计要求是施工控制的主要目的。

以连续梁顶推施工为例，一般需要监测的内容包括：

（1）预制平台变形与平整度监测

预制平台平整度及刚度是否满足要求是能否保证梁体预制精度的关键，一旦预制平台发生下沉或变形，就可能使梁底平整度和梁体高度出现偏差，从而使顶推出现困难，并可能使梁体在顶推过程中出现较大的附加内力。因此，必须监测预制平台变形与平整度，通常的做法是在预制平台上设置长期监测点，一旦出现超过允许的变形，就立即停止梁的顶推并进行处理。同时，在节段浇筑前应对平台顶面平整度进行检查，保证平整度符合要求。

（2）临时支墩变形监测

临时支墩是为减少顶推（悬臂）长度，从而减小梁截面的弯矩而设置的。由于其所具有的临时性，临时支墩的刚度（抗弯、抗压）一般比永久性桥墩小得多。虽然在顶推前，一般对其作处理（包括压重、施加预应力等），以削除非弹性变形，但其弹性变形以及其他不可预见的变形是无法消除的。如果某一个临时支墩发生超过允许的压缩变形，就相当于连续梁在该处存在一个强迫位移，从而在梁内产生较大的附加内力，对梁的安全不利。所以在顶推中必须对其作实时监测，除了对压缩变形进行监测外，对支墩顶的水平位移也要进行监测，因为支墩顶水平位移过大将会对支墩本身的受力产生影响，进而对主梁的受力产生影响。

（3）顶推同步性与施力监测

顶推方式主要包括单点和多点两种。对多点（间断、连续）顶推，除同样要求梁的两侧顶推同步外，还特别要求各墩的顶推同步，否则将使梁体发生横向偏位、前进困难、桥墩盖梁受扭以及某些顶推力大的墩受力过大等，施工中必须予以专门监测与控制；对单点顶推，要求梁的两侧顶推同步。为保证顶推同步，首先要求顶推千斤顶施力分辨率要高，以保证各顶推点上施力大小基本一致。其次，应对全桥的顶推千斤顶进行集中管理与控制，并且通过对各墩油泵分级调压，使其同步运行。条件具备时，在顶推千斤顶上另外安装压力传感器进行施力监测，以便通过液压和电测双控，确保顶推同步。其目标是保证主梁不偏位，并限制各墩上顶推力与摩阻力的差值在桥墩（包括临时支墩）能够承受的水平推力范围内。

（4）主梁应力监测

顶推连续梁的主梁截面应力是随着顶推的进行不断变化的，不但应力大小改变，其应力属性（抗、压）也会发生变化。为保证施工中结构的受力始终不超过设计允许值，就必须对其进行跟踪监测，一般采用预埋的应变计进行测试，一旦出现异常情况，则应暂停施工，查找原因并采取合理措施保证顶推施工的顺利进行。

（5）温度监测

当顶推用临时支墩采用钢结构时，其对温度的敏感性要比混凝土永久性桥墩大得多。当温度变化时，临时支墩将比永久性桥墩产生更大的变形，此变形可能对主梁受力产生影响，所以要对施工现场温度进行实时监测，判断其是否对施工产生不利影响。若存在较大的影响，则应对顶推时间作必要调整。

（6）主梁轴线位置监测

在顶推过程中，包括梁的两侧顶推不同步在内的多种因素可能使梁偏位，施工中应实时监测，及时发现和纠偏，确保梁的轴线位置正确，控制每段梁尾端横向位置以及与待预制节段的模板正位接头。

（7）导梁端部标高监测

在顶推过程中，导梁端部标高是不断变化的。一般说来，导梁端部挠度由于滑块压缩量不一、梁体混凝土收缩徐变、温度变化、导梁与梁体连接螺栓松动等原因，总大于预测值。为保证导梁顺利通过支墩，在导梁端部接近支墩时，应对其标高进行监测，确定是否需对导梁端起顶。

（8）顶推落梁控制监测

落梁是在全梁顶推到位并按设计要求完成有关预应力施工后进行，它是将主梁安置到设计支座上的一个重要步骤。由于此时的梁体已是连续体系，因落梁在墩顶施加的竖向顶力的任何不均匀值都将在梁内产生附加内力，所以必须要求墩顶竖向起顶同步均衡，或将起顶高度严格控制在允许范围内。施工时除通过千斤顶读数控制外，还应同时对梁体标高以及应力进行监测。落梁后的梁体受力状态（截面弯矩、支座反力）是否与设计相符也是施工控制的重要内容。梁体在支点处的下落量确定以及永久性支座顶标高是否需要调整均应以落梁后梁体内力是否满足设计要求为依据。针对主梁支座反力与梁底标高对成桥受力状态的影响程度不同，落梁时应以控制支座反力为主，适当考虑梁底标高。

（9）顶推过程中的导向与纠偏控制监测

在顶推施工过程中，必须保证梁轴线与设计位置一致，因而施工中横向导向是不可少的。通常在桥墩台上的主梁的两侧各安置一个水平千斤顶，千斤顶的高度与主梁的底板位置平齐，由墩台上的支架固定千斤顶位置。在千斤顶的顶杆与主梁侧面外缘之间放置滑块，顶推时千斤顶的顶杆与滑块的四氟乙烯板形成滑动面，顶推时由专人负责不断更换滑块。横向导向千斤顶在顶推施工中一般只控制两个位置，一个是在顶制梁段刚刚离开预制场的部位，另一个设置在顶推施工最前端的桥墩上，因此梁前端的导向位置将随着顶推架的前进不断更换位置。施工中如发现梁的横向位置有误而需要纠偏时，必须在梁顶推前进的过程中进行调整。对于曲线桥，由于超高而形成单面横坡，横向导向装置应比直线处强劲，且数量要增加，同时应注意在顶推时，内外弧两侧前进的距离不同，要加强控制和监测。

【推荐目录】

《大跨度钢桁梁桥顶推施工安全监测与分析》陈普智，合肥工业大学硕士学位论文，2012年，第2～5章；

《连续梁桥顶推施工控制监测与控制》谢建国，科技传播，2010年，第12期。

第7.2.14条

【规范规定】

7.2.14 顶升施工期间监测应符合下列规定：

    1 顶升过程中应对顶升速度、同步性和被顶升结构的稳定性进行监测；

    2 应根据顶升过程结构的受力特性，确定变形和应变测点。

【规范条文分析】

监测内容包括制约顶升过程的安全性和顶升完成的关键因素，即应力、位移（变形）、裂缝变化以及顶升力监测。应力监测的目的在于可使结构顶升过程中主梁的应力始终处于比较安全和平稳的状态，顶升完成后主梁内无较大的附加应力。位移（变形）监测的目的主要是使顶升过程中主梁不出现较大变形，避免主梁达不到预期的成形效果或顶升过程中出现倾覆破坏。裂缝监测主要目的是顶升过程中保证裂缝没有发展同时没有新裂缝产生。顶升力监测主要目的是确保顶升过程中各千斤顶同步，防止因局部顶升力过大引起顶升不同步。

【结构监测应用】

顶升施工过程中的监测内容包括：

（1）应力监测

主梁截面的应力监测是顶升施工监测的主要内容之一，它是顶升施工过程的安全保证。主梁截面指定点的应力与几何位置一样，随着顶升施工的进行，其值是不断变化的。在某一时刻的应力值是否与分析值一样，是否处于安全范围是顶升施工监控所关心的问题。通过监测，一旦发现异常情况，应立即停止顶升施工，查找原因并及时进行处理，待所有问题处理完毕后方可继续顶升。由于桥梁顶升施工的时间较长，每次分级顶升均需停顿一段时间，故应力监测是一个长时间连续的量测过程。要长期准确量测主梁结构的应力变化情况，采用可靠、耐久的传感器非常重要。

（2）位移监测

顶升施工监控主要是力和位移的监控，不论采取何种方法更换支座，施工过程中总要产生变形（位移）。位移主要包括水平位移和竖向位移，由于顶升施工前为防止主梁发生水平位移，预先设置了可靠的水平限位装置，故顶升施工不再作水平位移监控，主要对竖向位移进行监控，为应力监控提供辅助依据，确定顶升过程主梁空间位置随时间的变化过程。以连续梁为例，一般分级顶升均以毫米为单位，所以顶升施工的挠度监控要求精度比较高。目前，桥梁顶升竖向位移监测主要采用精密水准测量，基准点要求视距良好，基础无不均匀沉降，稳定可靠，与变形体密切结合，能代表该部位的变形特征；在整个顶升施工位移监测过程中，要求固定监测仪器和监测人员，固定监测路线和测站，防止因更换仪器、人员、监测路线及测站引起的误差。通过监测各特征点实际到达的位置与预期位置的逼近程度，观察顶升过程中桥墩及桥台处的沉降等情况，避免因顶升不同步引起桥梁整体受力发生变化，将量测数据时时汇总，及时发现问题，判断和控制顶升过程。

（3）裂缝监测

随着交通及运输行业不断发展，超载车及重型车辆不断增加，加上既有桥梁设计荷载等级偏低，桥梁支座及主梁已有不同程度的破损。支座老化、变形，主梁因承载力不足产生大量裂缝，已是现有桥梁普遍存在的病害，直接危害桥梁的使用安全。桥梁在顶升更换支座前，需对全桥进行外观检查及荷载试验，对桥梁薄弱断面及破损位置进行加固补强处理，对主梁裂缝进行封闭处理。顶升过程中可采用位移计或工具式应变计进行监测，尤其是跨中与支点位置的裂缝，当顶升引起的附加内力过大，裂缝有发展，应马上检查应力及位移是否满足顶升理论计算控制值，确定各千斤顶顶升高度是否相同。裂缝监测可以直观地反映主梁内力变化，对顶升监控起到有效的辅助作用。

（4）支点反力监测

在以位移及应力控制顶升的同时，对支点反力进行监测，这一点非常重要。当某一支点的顶升过高时，该支点分担的反力必然增大，相邻支点的反力跟着减少，可以通过各支点上千斤顶的压力表反映出来。

【推荐目录】

《既有桥梁顶升过程监测和数值模拟分析》郑洪涛，东北林业大学硕士学位论文，2012 年，第 4 章。

7.3 使 用 期 间 监 测

Ⅰ 变 形 监 测

第7.3.1条

【规范规定】

7.3.1 使用期间的变形监测项目应包括竖向位移、水平位移及倾角。

【规范条文分析】

按照前述第7.1.5条第二及第三部分表1-7-2～表1-7-6规定，变形监测应包括主梁挠度监测、主梁位移监测、主缆变形监测、索塔变形监测、拱肋变形监测。这些结构及构件变形监测内容包括竖向位移、水平位移及倾角。

【结构监测应用】

按照前述第7.2.3条第三部分内容，使用期间应同样注意本规范第四章中静动态变形监测的不同规定。

主梁挠度监测可以采用GPS或压力传感器，由于精度原因，最大活载挠度小于20cm时，不建议采用GPS；采用压力传感器的参考点应布设在基本不变形的位置（如墩顶），储液罐的高度应高于各个测点的高度1m以上；采用GPS应设置基准站。根据主梁线形高差以及测点分布选择传感器的量程，在超过量程范围的情况下，考虑设计高程转换点进行换算；选型应考虑动静态测量精度和量程。

主梁位移监测中，位移传感器的安装应严格考虑与被测位移的一致性，即传感器测量方向与被测位移方向无夹角存在。传感器采用膨胀螺栓固定在墩顶或梁底部，也可在混凝土表面先固定一块钢板，再将传感器安装在钢板上。位移传感器安装后，应有初始预位移作为量测系统的量测零点。梁端位移监测通常采用的传感器类型包括拉绳式位移传感器（光或电信号）、磁致伸缩位移传感器，根据结构设计值以及伸缩缝型号进行传感器选型。

主缆变形监测中可以采用GPS，基准站放置在相对固定的位置，监测点采用钢管固定，钢管固定在大缆预埋件上。选型应考虑动静态测量精度和量程。

索塔变形监测中可以采用GPS或倾角传感器（倾斜仪），基准站放置在相对固定的位置；传感器布设于被测结构表面，倾角传感器安装后，应有初始倾角作为量测系统的量测零点。倾角传感器可选用高精度力平衡式伺服式倾角传感器；GPS选型应考虑动静态测量精度和量程。

拱肋变形监测可参考前述主梁挠度监测部分选择执行。

【推荐目录】

《基于监测数据的桥梁安全状况评估研究》徐文胜，华中科技大学博士学位论文，2012年，第4章。

第 7.3.2 条

【规范规定】

7.3.2 变形监测的测点应反映结构整体性能变化，下列部位及项目应进行变形监测：

1 跨中竖向位移；

2 拱脚竖向位移、水平位移及倾角，拱顶及拱肋关键位置的竖向位移；

3 斜拉桥主塔塔顶水平位移，各跨主梁关键位置竖向位移；

4 悬索桥主缆关键位置的空间位移，锚碇或主缆锚固点的水平位移，索塔塔顶水平位移，各跨主梁竖向位移；

5 伸缩缝的位移。

【规范条文分析】

就桥型而言，按照第 7.1.5 条第二部分表 1-7-2～表 1-7-6 规定，斜拉桥变形监测应考虑主梁挠度、主梁位移、索塔变形；悬索桥变形监测应考虑主缆变形、主梁位移；拱桥变形监测应考虑拱肋变形、主梁位移；梁式桥变形监测应考虑主梁挠度、主梁位移；钢桥变形监测应考虑主梁挠度、主梁位移。伸缩缝的位移指伸缩缝缝宽监测。

【结构监测应用】

主梁挠度监测时，结构主跨主梁挠度应在跨中点、四分点布置测点，边跨及次边跨至少在跨中布置测点，并考虑变形较大（或相对变形较大）和变形变化较大的部位，双向 6 车道以上的桥梁应该在横断面两侧分别布设测点。主梁位移监测时，应在梁端伸缩缝处布设测点，监测方向主要包括纵向位移和横向位移。主缆变形监测时，应在中点、四分点布设测点，边跨至少在跨中布设测点。索塔变形监测时，应在塔顶顺桥向及横桥向两个方向布置测点。拱肋变形监测时，应在跨中点、四分点以及拱顶布置测点。

【推荐目录】

《天津市桥梁结构健康监测系统技术规程》DB/T 29—208—2011 第 4 章。

第 7.3.3 条

【规范规定】

7.3.3 使用期间变形监测的频率应结合桥梁结构的特点以及使用时间确定，不应少于定期检查的频率，特大桥宜进行实时监测。

【规范条文分析】

本条频率即为频次，参照前述第 7.2.7 条第二部分，除应符合前述第 4.3.11 条规定外，变形量较大时，应增大监测频次。按照前述第 7.1.2 条第二部分规定，可根据桥梁结构以及使用时间的特点划分为一级和二级桥梁，对于等级为一级桥梁，应进行实时监测；对于等级为二级桥梁，应进行定期监测（每次连续监测多天）。

【结构监测应用】

传感器采样频率在变形监测项目中的建议如下：

主梁挠度监测：不低于 20Hz；

主梁水平位移监测：不低于 20Hz；

主缆变形监测：不低于 20Hz；

索塔变形监测：混凝土结构不低于 20Hz，钢结构不低于 50Hz；

拱肋变形监测：不低于 20Hz；

连接件监测（伸缩缝位移、支座位移）：不低于 20Hz。

Ⅱ 应 变 监 测

第 7.3.4 条

【规范规定】

7.3.4 应变监测测点应结合桥梁结构的受力特点布置。

【规范条文分析】

　　静应变监测考虑最不利组合下应力最大的截面位置；疲劳应力监测考虑活载幅值变化最大的截面；对于结构关键的复杂应力区域考虑布设多向应变计（应变花）进行监测。确定受力特点后，可按照前述第 5.2.10 条第三部分具体截面布置应变测点。

【结构监测应用】

　　监测梁桥的应力应变时，应在主跨跨中、四分点、边跨跨中及支点（对于刚构桥为墩梁固结处）布置测点；监测拱桥的应力应变时，应在主跨跨中、四分点、主拱跨中、拱脚布置测点；监测斜拉桥的应力应变时，应在主跨跨中、四分点、边跨跨中及索塔布置测点；监测悬索桥的应力应变时，应在主跨跨中、四分点、边跨跨中及索塔布置测点。

　　在变形监测项目中对传感器采样频率的建议如下：

　　结构应力应变监测：静应变不低于 10Hz；动应变不低于 100Hz；连接件监测（支座应力）不低于 20Hz。

【推荐目录】

　　《天津市桥梁结构健康监测系统技术规程》DB/T 29—208—2011 第 4 章。

第 7.3.5 条

【规范规定】

7.3.5 应变监测应根据使用期间结构应变变化幅值设置预警值。

【规范条文分析】

　　对有代表性、关键性截面布设的应力应变测点，应设置预警标准及对应预警值。预警值根据限定值确定，限定值的设立应考虑桥梁设计规范、材料允许值、设计最不利值、行车安全性等因素，并结合结构数值分析模型计算结果，按照前述第 3.4.5 条第三部分分等级确定。

【结构监测应用】

　　基于有代表性、关键性构件及截面监测结构的性态评价，对于可能出现异常的采集数据，按照前述第 3.4.7 条第三部分执行，进行安全评级及预警。根据不同的危险状态和预警级别应给出相应的应急预案。

【推荐目录】

《桥梁健康监测结构预警关键问题研究》袁昆，华南理工大学硕士学位论文，2013年，第6章；

《基于监测数据的桥梁安全状况评估研究》徐文胜，华中科技大学博士学位论文，2013年，第5章。

第7.3.6条

【规范规定】

7.3.6　吊杆或吊索、斜拉索或主缆索力监测应符合下列规定：

1　应在每种规格型号的索中选取代表性的索均匀布置测点；

2　应选取索力最大的索、应力幅最大的索及安全系数最小的索进行监测；

3　测点布置宜包括上、下游及中跨、边跨。

【规范条文分析】

拱桥中应选择吊杆进行索力监测；斜拉桥应选择斜拉索进行索力监测；悬索桥应选择主缆及吊杆进行索力监测；斯克拉顿数（Scruton number）S_c低于10或结构阻尼比小于0.5%的索易发生各种风雨振动现象，也宜进行索力监测。

对于压力传感器、磁通量传感器应在斜拉索安装及张拉时安装于张拉端。对于加速度传感器，应用抱箍安装于拉索外表面，通常距离地面高度不低于4m。

【结构监测应用】

应根据测量要求和技术条件等因素，按照满足前述第4.8.1节、第4.8.2节规定，选择监测方法及传感器。

斜拉索索力监测宜采用压力传感器或振动传感器。传感器应在安装前进行标定，压力传感器应在斜拉索张拉时进行安装，并与斜拉索制造厂家进行协商是否相应增加斜拉索制造长度，压力传感器的尺寸应与斜拉索锚固螺母匹配。

大缆索股力监测宜采用压力传感器或磁通量传感器。传感器应在安装前进行标定，并在施工阶段完成安装，压力传感器在索股张拉时安装在前锚面位置。

代表性吊杆力监测宜采用振动传感器或磁通量传感器进行监测。系杆拱桥的系杆力监测宜采用压力传感器或磁通量传感器。传感器应在安装前进行标定，并在施工阶段完成安装。

【推荐目录】

《钢索索力识别方法研究》魏保华，上海师范大学硕士学位论文，2014年，第1～3章。

第7.3.7条

【规范规定】

7.3.7　钢结构桥梁应进行疲劳监测；监测参数可包括疲劳应力及钢结构温度。

【规范条文分析】

本条是传统的疲劳监测方法，即通过应变传感元件量测钢结构的应变时程，然后对记录的应变时程采用一定的方法（如雨流法）进行分析评估钢结构的疲劳状况，疲劳应力监测应考虑活载幅值变化最大的截面，采样频率宜不低于50Hz。

【结构监测应用】

疲劳损伤是长时间逐渐累积发展的过程，现有应力（应变）测试技术并不能保证长期的可靠稳定。基于传统应变传感元件的疲劳健康监测方法，尚不能有效地实现桥梁疲劳状态的实时监测，具有明显不足：

（1）长期进行实时信号采集，有很大的累积误差，而且容易受到外界环境的干扰，精度不高。

（2）为保证精度，需要有较高的采样频率从而导致存储和处理的数据量大，且设备复杂，经济成本高。

（3）由于输出的信号要进行各种前置电路处理，以及最终进行各环节的计算得到的应力谱误差来源众多，通过各环节传递的累积误差将倍增。

疲劳寿命计是由经过特殊轧制及热处理的铜镍合金制成的箔式传感器，外形与普通电阻应变计类似，但是疲劳寿命计具有疲劳记忆功能，在交变荷载作用下，其电阻值会自动发生累积性的变化，且荷载卸除后其增加值保留不变。利用疲劳寿命计电阻累积性变化的这种特性，可以简便和可靠地得到电阻累积与循环次数的关系，从而监测结构疲劳健康状况和预测疲劳寿命。与传统的疲劳损伤监测和检测方法相比，疲劳寿命计在使用中具有以下主要特点：

（1）疲劳寿命计的输出信号（电阻变化）直接反映了它所参与的疲劳历程。作用在疲劳寿命计上的循环应变导致其敏感栅发生了不可逆的电阻增加，同样的疲劳历程也发生在疲劳寿命计所粘贴的钢桥构件上，疲劳寿命计粘贴处与敏感栅感受同步的疲劳加载，因此它是一种直接的疲劳损伤监测和检测方法。

（2）大多数实时测量的敏感元件，所得到的是间接电信号，在数据分析后要进行统计，得到应力谱然后进行疲劳寿命评估，进程环节比较多。这样就造成这些误差源在这些进程中传递并使误差倍增。疲劳寿命计的电阻值对交变应变的响应是连续的、实时的，并自动存储各循环加载下产生的电阻累积变化值，大大地减少了在信号采集过程中产生的各种误差源。并且疲劳寿命计是直接响应疲劳加载参数的（应力幅和循环次数），所以不会产生误差传递。

（3）疲劳寿命计的疲劳响应高，电阻变化量大，分辨率高，容易保证测量精度。而且对系统的要求很低，可直接用电阻测量仪检测，无须附加电路等装置，经济、可靠。且测试和数据分析简便、数据量比其他方法小得多，但能够提供的信息量较大，如：可直接由电阻变化量的比较，得到不同测点的疲劳危险程度。

（4）对于传统的敏感元件（如普通应变计）来说，都有实时数据采集、前置调理等电路，并有长导线连接，在长期实时应变信号检测中必然存在环境干扰、温度漂移等带来的误差和误差累积。疲劳寿命计具有电阻自动累积功能，故无须实时监测，可数月测量一次，根据量测到的电阻值对钢桥进行疲劳状态评估，所以疲劳寿命计不会受到这些因素的干扰。

（5）现代疲劳断裂理论研究表明，金属材料的疲劳失效过程主要包括三个阶段：疲劳裂纹的萌生、疲劳裂纹的稳态扩展和快速破断。一般情况下，疲劳裂纹萌生阶段占整个疲劳寿命较大的比例。而在此阶段，明显的疲劳裂纹尚未形成，但材料抵抗破坏的能力已经有所弱化。现有的一些检测方法都以裂纹等缺陷为发现目标。如果未发现结构表现为物理不连续的缺陷，则无法对结构的损伤程度和可靠性作出合理的评估。结构性能弱化的表征与非破坏检测一直是困扰可靠性研究者的难题。而疲劳寿命计并不以表现为物理不连续的缺陷为检测目标，而是以自身的电阻变化来反映结构性能的弱化。

目前有针对土木工程特点设计的混凝土疲劳计和钢结构疲劳计，已在上海东海大桥、香港青马大桥、上海长江隧桥等工程中应用，如东海大桥结构疲劳监测子系统采用了疲劳寿命计，结合了放大系数为 25 左右的应变倍增器，使大桥钢梁在荷载作用下的交变应力进一步放大，以便交变应变值大小处于疲劳寿命计的最佳感应范围。

【推荐目录】

《疲劳寿命计性能测试与钢桥疲劳寿命估算》李飞，中南大学硕士学位论文，2007年，第 2～3 章。

Ⅲ 动力响应监测

第 7.3.8 条

【规范规定】

7.3.8 动力响应监测应兼顾动力特性测试，监测项目可包括结构自振频率、振型及阻尼比。

【规范条文分析】

根据桥梁结构模态振型的形状以及结构的主要振动形式，可选择三向、双向或单向加速度传感器。

【结构监测应用】

监测内容选择判读以及测点布置应满足前述第 4.5.5 条、第 4.5.6 条及第二部分、第二部分规定；加速度传感器除产品性能指标满足现场结构测量的要求外，还需根据桥梁结构的动力分析进行选型。对于基频较低的大跨度桥梁结构振动监测，可选用响应频率较低的力平衡式或电容式加速度传感器；而对于自振频率较高的中小跨度桥梁结构，可选用响应频率较高的压电式加速度传感器。

桥梁结构的自振频率、振型和阻尼比是其固有特性，除非有意外情况发生（比如受到撞击、发生地震等），否则短时间内这些参数基本上不会发生改变，而且桥梁上的交通荷载一直存在，有时候还存在风荷载，在此条件下实测得到的桥梁结构固有特性参数可能不准确，不能反映桥梁结构的真实固有特性，因此实时不间断地监测桥梁结构的固有特性不现实，也没必要。比较好的做法是在意外情况发生之后或者固定间隔一段时间，测试一次桥梁结构的固有特性（测试时建议封闭交通，且选择无风环境下进行）。

【推荐目录】

《基于监测数据的桥梁安全状况评估研究》徐文胜，华中科技大学博士学位论文，2013 年，第 4 章。

Ⅳ 基 础 沉 降 监 测

第 7.3.9 条

【规范规定】

7.3.9 基础沉降监测应按本规范第 7.2.1 条执行。

【规范条文分析】

参考前述第 7.2.1 条第二部分执行。

【结构监测应用】

参考前述第 7.2.1 条第三部分执行。

Ⅴ 支 座 反 力 与 位 移 监 测

第 7.3.10 条

【规范规定】

7.3.10 支座反力和位移监测应符合下列规定：

1 对于易发生倾覆破坏的独柱桥梁、弯桥、斜桥、基础易发生沉降的桥梁及存在负反力的大跨径桥梁可布置支座反力或偏载监测设备；监测项目应包括支座位移、支座反力或桥梁横向倾斜度；

2 支座反力的监测宜选用测力支座；测力支座在使用前，应重新设置零点，并在支座上加载标准重物，修正支座参数；

3 支座位移的监测应能判定支座脱空情况。采用位移监测设备监测支座位移时，传感器量测方向应平行于支座反力方向。

【规范条文分析】

一般来讲，绝大多数支座承受压力，但是有极少数桥梁支座承受拉力，也就是负反力。支座反力的监测在修正支座参数后，应再次进行量测。支座反力和位移监测对于准确了解梁体的实际受力状态，如在无法查出已有结构的实际沉降量时，通过支座反力及位移监测可了解连续梁各桥墩的不均匀沉降，了解周围土体扰动及变形情况，评估梁体安全度有着重要作用，目前在铁路桥及特大跨公路桥中应用较多。

【结构监测应用】

根据前述第 7.1.5 条第二及第三部分表 1-7-2～表 1-7-6，支座反力和位移监测属于可选择项，对于符合第 7.3.10 条第 1 款的桥梁应进行监测，其他桥梁应根据现场条件及结构特点、监测目的具体确定。其中，支座位移监测一般包括横向和纵向位移。

斜拉桥部分支座附近控制着斜拉索，可通过该项测试了解斜拉索松弛状态。支座反力及位移宜根据设计值设定预警标准及对应预警值，若支座脱空应立即报警。

【推荐目录】

《土木工程监测与监测诊断—原理、方法与工程实例》段向胜，周锡元著，中国建筑工业出版社，2010年，第13章。

Ⅵ 环境及效应监测

第7.3.11条

【规范规定】

7.3.11 环境及效应监测应在本规范第7.1.5条的基础上，结合桥梁结构的重要程度及桥址桥位特点，可选择增加腐蚀、雨量及冲刷等监测项目。

【规范条文分析】

满足规范第4.8.3条条文规定时，可进行腐蚀监测。

满足规范第7.3.15条条文规定时，可进行雨量监测。

满足规范第7.3.16条条文规定时，可进行冲刷监测。

【结构监测应用】

雨量监测时，监测参数及监测位置应符合第7.3.15条条文及第二部分、第三部分规定。

冲刷监测时，监测参数及监测位移应符合第7.3.17条、第7.3.18条条文及第二部分、第三部分规定。

第7.3.12条

【规范规定】

7.3.12 风及风致响应监测的测点应布置在主跨桥面和索塔顶处，各个方向无遮挡。

【规范条文分析】

梁桥风速仪可布置于主跨跨中，风致响应测点可布置于主跨跨中、1/4和3/4跨、边跨跨中及支点（刚构桥为桥墩固结处）；拱桥风速仪可布置于主拱跨中，风致响应测点可布置于主跨跨中、1/4和3/4跨；斜拉桥风速仪可布置于主跨跨中、索塔，风致响应测点可布置于主跨跨中、1/4和3/4跨、边跨跨中、索塔；悬索桥风速仪可布置于主跨跨中、索塔，风致响应测点可布置于主跨跨中、1/4和3/4跨、边跨跨中、索塔；具体要求按照规范第4.7.5条及第4.7.6条规定执行。

【结构监测应用】

对容易产生风致振动的桥梁，或采用气动特性状况不明确的桥梁结构形式时，宜布设风压力测试设备。应按照前述第4.7节中各条文内容及其第二部分和第三部分执行，风速仪量程应略大于设计风速，在恶劣环境下应能正常工作，能抵抗雷击。

【推荐目录】

《大跨度悬索桥现场实测数据、风雨激励响应及风振疲劳研究》胡俊，大连理工大学博士学位论文，2012年，第2～3章。

第 7.3.13 条

【规范规定】

7.3.13 温湿度监测的测点应布置在桥面、钢箱梁、索塔及锚室内部温湿度变化大或对结构影响大的位置。监测参数应包括环境温度、相对湿度及结构内相对湿度。

【规范条文分析】

温湿度变化大或对结构影响大的位置可在以下范围：梁桥温度测点于主跨跨中、1/4 和 3/4 跨；湿度测点于主跨跨中。拱桥温度测点于主跨跨中、主拱跨中；湿度测点于主跨跨中、主拱跨中。斜拉桥温度测点于主跨跨中、索塔；湿度测点于主跨跨中、索塔。悬索桥温度测点于主跨跨中、索塔；湿度测点于主跨跨中、索塔。

【结构监测应用】

传感器可固定于被测结构表面，直接置于大气中的温湿度传感器以获得有代表性的温湿度值。室内温湿度仪可固定在结构内壁、对结构内部的温湿度具有代表性的部位以及传感器便于维修、维护的位置。应符合前述第 4.4 节各条文及其第二部分和第三部分内容规定。温湿度监测，应保证能在恶劣环境下正常工作。

【推荐目录】

《中、小跨径预应力混凝土桥梁健康监测技术研究》李祥辉，吉林大学硕士学位论文，2011 年，第 2 章。

第 7.3.14 条

【规范规定】

7.3.14 地震动及船撞响应监测的测点应布置在相对固定不动、接近大地的位置，安装于大桥承台顶部、索塔根部及锚碇的锚室内。

【规范条文分析】

地震动及船撞响应监测应测试 X、Y、Z 三个方向的加速度时程，测点可参考前述第 7.3.12 条第二部分风致响应测点布置，并应符合前述第 4.6.3 条条文及第二部分、第三部分要求。

【结构监测应用】

地震动及船撞响应监测采样频率不应低于 50Hz。如需要进行地震动监测，测点布置可考虑：梁桥桥墩墩台、拱桥拱脚、斜拉桥桥墩墩台、悬索桥桥墩墩台及索塔。

【推荐目录】

《天津市桥梁结构健康监测系统技术规程》DB/T 29—208—2011 第 4 章。

第 7.3.15 条

【规范规定】

7.3.15 缆索结构体系桥梁可进行雨量监测。进行风雨振动相关分析或有设计要求时，雨量计可布置在桥面及索塔顶位置。同时宜与风速仪等环境监测设备布置在同一位置。监测参数宜包括降雨量及降雨强度。

【规范条文分析】

缆索结构体系振动包括风雨激振、卡门涡激振动、尾流驰振以及拉索的参数共振，除参数共振外，风雨激振是振幅最大的一种振动，危险比较大，为了监测风雨振动强度以及振动控制效果，有必要建立风雨振监测系统，进行雨量监测。雨量计宜布置在桥面及索塔顶等不受其他构件遮挡的位置，以便准确测量雨量。

【结构监测应用】

应依据桥址处有历史记录以来的最大降雨量确定雨量传感器的量程和精度。对于可安装空间较小的桥梁，宜选用体积较小的红外散射式雨量传感器或电容式雨量传感器；对于台风频发地区的大跨度桥梁，可选用传统单翻斗雨量传感器（不易损坏）。室外雨量计可考虑与风速仪一起安装在桁架或立柱上，雨量计的安装方向应尽量与桥面垂直。

【推荐目录】

《大跨度悬索桥现场实测数据、风雨激励响应及风振疲劳研究》胡俊，大连理工大学博士学位论文，2012 年，第 3～4 章。

第 7.3.16 条

【规范规定】

7.3.16 下列情况宜进行桥梁基础的冲刷监测：

1 依据结构分析或冲刷模型试验，判定冲刷速率或冲刷深度较大的区域；

2 使用过程中，实测冲刷速率大于结构分析结果的区域；

3 冲刷深度已达设计值或超过设计值的区域；

4 后期工程建设对河床造成改变，影响结构原冲刷规律的；

5 不易进行常规冲刷监测或结构冲刷变动剧烈，有必要进行高频量测的区域。

【规范条文分析】

冲刷是水流对河床的冲蚀淘刷过程，是组成河床的泥沙颗粒被水流冲走，致使河底高程降低或河岸后退的过程。冲刷是导致桥梁水毁的一个重要原因，世界各国每年都有许多桥梁因洪水的冲刷而毁坏，对桥梁安全性的威胁非常大，且常具有突发性，不会有明显预兆。因此，本条条文中各种情况均是针对易受冲刷的桥梁，通过冲刷监测，有助于较早发现冲刷问题，及时采取安全措施。

【结构监测应用】

我国在冲刷监测技术方面相比于国外进展缓慢，相反在计算和模拟方面投入较多，鉴于冲刷过程的复杂性和环境因素多变性，通过监测方法获得冲刷信息无疑是更加可取的。

【推荐目录】

《桥梁冲刷的超声监测技术》吴彪，哈尔滨工业大学硕士学位论文，2011 年，第 1 章。

第7.3.17条

【规范规定】

7.3.17 冲刷监测宜选择测深仪、流速仪及具有连续输出功能的水位计进行监测，应依据桥址处最大冲刷深度确定测深仪、流速仪及水位计的量程和精度。

【规范条文分析】

测深仪以及流速仪安装在测试区域最低水位以下，水位计安装在最高水位以上，均应满足相关设备测试要求。

【结构监测应用】

桥渡冲刷监测一般包括人工深度尺法、同位素法、超声波检测法、电阻应变片检测法、声纳法、探地雷达法、时域反射计法以及反射地震剖面法等；可分为目视监测和仪器监测。仪器监测又可分为固定仪器监测和便携式仪器监测。固定仪器监测一般采用声纳技术、探地雷达法、反射地震剖面法、电导率法等。目视监测的手段可分为铅锤测深、水下摄像机及潜水员摸探。对于高风速、高流速条件下的河床冲刷测量，可使用流线型铅鱼测量冲刷深度。此外，除了桥墩冲刷监测外，尚应加强卫星云图、气象雷达、雨量、上下游水文站流量、流速、水位等资料和信息的搜集、分析，综合开发利用 GIS 系统，实现数据共享和信息快速传递，实现科学防洪。

【推荐目录】

《桥梁冲刷的超声监测技术》吴彪，哈尔滨工业大学硕士学位论文，2011年，第1~2章。

第7.3.18条

【规范规定】

7.3.18 冲刷监测的监测参数可包括冲刷深度、流速及水位。监测测点应根据专项研究报告，桩基类型，选择冲刷最大区域及桩基薄弱区域进行布置。

【规范条文分析】

监测参数中冲刷深度是冲刷影响桥梁的最重要因素，应重点监测。

【结构监测应用】

测点布置应结合前述第7.3.17条规定综合考虑。

【推荐目录】

《桥梁冲刷的超声监测技术》，吴彪，哈尔滨工业大学硕士学位论文，2011年，第5章。

Ⅶ 车 辆 荷 载

第7.3.19条

【规范规定】

7.3.19 对车流量大、重车多或需要进行荷载静动力响应对比分析的桥梁结构，宜进行动态交通荷载的监测。

【规范条文分析】

交通荷载作为桥梁结构主要的荷载源，对于货车（车辆总重量 25kN）流量大的桥梁结构，特别是钢结构应进行动态交通荷载监测。

【结构监测应用】

动态交通荷载监测选用的动态称重系统适用于桥梁上监测行驶车辆的技术设备相关规定，主要应用于公路桥梁结构健康监测系统。

【推荐目录】

《动态称重系统关键技术研究》李磊，西安大学硕士学位论文，2008 年，第 1～2 章。

第 7.3.20 条

【规范规定】

7.3.20 交通荷载监测项目可包括交通流量、车型及分布、车速及车头间距。

【规范条文分析】

通过动态交通荷载监测系统，得到特定情况下行驶车辆的出现及车辆的重量、车速、轴距、车辆类型以及有关车辆的其他参数。同时通过实际车辆荷载作用下桥梁结构响应与计算值的比对，得出桥梁结构实际承载能力情况，为今后该地区公路桥梁的运营提供真实的荷载依据，同时也为桥梁结构整体性能评价提供参考。

【结构监测应用】

车型包含车的轴数、轴距、单轴重及总重及偏载。监测参数为：每一辆车的各车轴重量及各车轴距离、车辆速度；推导监测参数为：每辆车的总重量、每车辆的车轴数、每车辆的车长度、超重车辆类别和数量、超速车辆类别和数量、超重车轴类别和数量、总交通流量与货车所占百分比、交通荷载密度频谱图、交通疲劳荷载密度频谱图（相对于每一个疲劳测点）等。

目前车辆流量监测有：空气管道检测、磁感应线圈检测、调频连续波雷达检测、超声波检测、红外线检测、视频检测。车速监测有：雷达检测、激光检测、红外线视频检测、超声波检测、感应线圈检测、磁传感器检测、视频检测。车载监测有：石英压电传感器、光纤称重传感器、压电薄膜传感器、弯板式称重系统、动态称重系统。

【推荐目录】

《汽车动态称重系统的研究与设计》何红丽，郑州大学硕士学位论文，2007 年，第 1～2 章。

第 7.3.21 条

【规范规定】

7.3.21 动态称重系统量程应根据桥梁的限行车辆载重及实际预估车辆载重确定，同时其尺寸选型应考虑车道宽度和车辆轴距。动态称重监测系统应具备数据自动记录功能，并应与其他监测系统的软硬件接口兼容。

【规范条文分析】

动态称重系统一般由称重平台、信号调理电路、数据采集电路、车速采集电路、处理器以及显示屏幕、通信电路等组成。可采用压电传感器、光纤传感器、弯板及单传感器称重系统。称重系统选型应根据桥梁设计的最大车轴重量、最快车轴速度、行车道的斜度、行车道的设计交通流量等确定。除应具备数据自动记录功能外，还应能实时进行数据的采集和处理。

【结构监测应用】

根据称重系统原理不同，目前动态称重系统可分为路面动态称重系统和桥面动态称重系统。路面动态称重系统将称重设备埋设在公路表面，通过测量移动车辆经过传感器时的瞬时力并通过信号处理得到静态轴重。桥面动态称重系统则通过测量桥梁在车辆荷载下的响应，运用反问题求解方法获得车辆轴重信息。《欧洲动态称重系统规范》明确跨径 5～15m 的梁桥或涵洞为桥梁动态称重系统的最优结构载体。

应根据结构特点选择适合的动态称重系统类型，考虑抗车辆横向力好的称重传感器；秤台结构应设置约束限位装置；应保证秤台两侧路面的平整度。称重传感器应具有较好的动态特性。按时域法，应有对阶跃力的上升时间、峰值时间、稳定时间、超调量等参数；按频域法，应有对正弦力的频宽、峰值、相频带等参数。称重传感器性能中应提供上述参数指标，且宜提供抗侧向力、过载、温度影响、密封防潮、装卸更换等其他性能指标。

【推荐目录】

《动态称重系统关键技术研究》李磊，长安大学硕士学位论文，2008 年，第 3～6 章；

《欧洲动态称重系统规范》欧洲科技委员会，2000 年，第 3 章。

第 7.3.22 条

【规范规定】

7.3.22 测点宜布设在主桥上桥方向振动较小的断面。车轴车速仪与摄像头应相配套，摄像头的监视方向为来车方向。

【规范条文分析】

传感器布设于每条行车车道内，置于主梁桥面。若是钢桥，传感器布置在结构附近的混凝土桥桥面。不应设于远离桥梁结构的地方，如收费亭或隧道口等。

【结构监测应用】

传感器应埋设在混凝土桥跨处、相对稳定的位置，并减少桥梁振动对测试的影响。传感器称重精度应达到车速不大于 10km/h 时最大总重误差不大于 10%，车速不大于 5km/h 时车辆总重误差应满足《动态公路车辆自动衡器检定规程》JJG 907—2006 静态车辆轴荷载最大允许误差值的 5 倍。

【推荐目录】

《动态公路车辆自动衡器检定规程》JJG 907—2006 第 3 章。

8 其 他 结 构

说明：

　　根据目前隔震项目及穿越施工项目实际应用情况，本章明确了隔震结构施工及使用期间的监测类型、隔震部分的监测项目；穿越施工影响结构的监测范围、监测项目以及监测频次要求规定。

　　本节隔震结构主要涉及隔震支座，其他隔震设施还有待完善；隔震结构监测项目一般可分为以下三个部分：(1) 支座和阻尼器的定期检查；(2) 隔震缝的定期检查；(3) 柔性连接的定期检查。具体可参考《建筑隔震工程施工及验收规范》JGJ 360—2015 和《公路桥梁抗震设计细则》JTG/T B02—01—2008 的相关内容执行。

　　穿越施工针对施工对周边建筑与桥梁结构的影响，主要涉及沉降监测，其他监测项目可参考第 8.2.2 条第二部分内容，对风险等级为一级、二级的建（构）筑物，宜通过结构监测、计算分析和安全性评估等确定建（构）筑物的沉降、差异沉降和倾斜控制值；当无地方工程经验时，对于风险等级较低且无特殊要求的建（构）筑物，沉降控制值宜为 10～30mm，变化速率控制值宜为 1～3mm/d，差异沉降控制值宜为 0.001l～0.002l（l 为相邻基础的中心距离）。桥梁监测项目控制值应在调查分析桥梁规模、结构形式、基础类型、建筑材料、养护情况等的基础上，结合其与工程的空间位置关系、已有沉降、差异沉降和倾斜以及当地工程经验进行确定，并应符合《城市桥梁养护技术规范》CJJ 99—2003 和《公路桥梁技术状况评定标准》JTG/T H21—2011 的相关规定。

8.1 隔 震 结 构

第 8.1.1 条

【规范规定】

8.1.1 除设计文件要求或其他规定应进行监测的隔震结构以外，满足下列条件之一时，隔震结构应进行施工及使用期间监测：

　　1 桥梁隔震结构；

　　2 结构高度大于 60m 或高宽比大于 4 的高层隔震建筑；

　　3 结构跨度大于 60m 的大跨空间隔震结构；

　　4 单体面积大于 80000m² 的隔震结构。

【规范条文分析】

　　进行隔震结构的施工及使用期间监测对检验隔震效果、推动隔震技术发展具有非常重要的现实和科学意义。考虑到结构特点及功能性要求，提出了符合上述条件之一的隔震结构应进行施工及使用期间监测。

【结构监测应用】

以上隔震结构的施工及使用期间监测中，隔震层的变形监测是最基本也是最重要的监测内容，以下条文中的其他监测内容应根据结构特点及监测目的选择性执行。

【推荐目录】

《建筑抗震设计规范》GB 50011—2010 第 12 章；

《建筑工程抗震设防分类标准》GB 50223—2008 第 6 章。

第 8.1.2 条

【规范规定】

8.1.2 隔震层测点应设置在隔震层关键部位，施工期间应监测隔震层水平和竖向位移；使用期间尚应监测隔震层及结构顶层的加速度。

【规范条文分析】

隔震层均应布设单点沉降仪测点。对于桥梁结构，每一支墩处应布设监测点，每个监测点宜布设不少于一个单点沉降仪，单点沉降仪技术指标如表 1-8-1 所示。对于跨度较大的桥梁，应根据实际情况适当增加监测点数目。

单点沉降仪技术指标   表 1-8-1

型号	量程（mm）	分辨率（mm）	温度范围（℃）	直径（mm）	钻孔直径（mm）
YH2505A	50	0.01		25	
YH2510A	100	0.01	−20～80	25	110
YH2520A	200	0.01		25	
YH2540A	400	0.1		25	
选购配套设备					
1	安装配件	四芯屏蔽电缆（产品用线）			
		加长杆（仪器本体到基岩的连接杆）			
2	采集设备	读数仪（人工读数方式）			
		自动采集系统（含硬件设备及软件）			

隔震层水平位移监测的测点宜按两个层次布设，即由控制点组成首级网（控制网）、由观测点联测的控制点组成次级网（拓展网）。水平位移的监测网，宜采用独立坐标系统，并进行一次布网，具体规定应按照前述第 4.3 节的条文规定执行。

监测地面输入时，可在地面布置加速度传感器；通过与隔震层加速度传感器对比，可以验证隔震层的隔震效果；顶层布置加速度传感器，可以与地面以及隔震层的测试信息对比，确定隔震结构的放大倍数。

【结构监测应用】

被监测的结构为高层建筑结构、多层结构时，可每两层设置 1 个监测点，每个监测点可布设 3 个加速度传感器（两个水平一个垂直）和 3 个速度传感器（两个水平一个垂直），对于宽度和高度接近的结构或者较长的建筑结构，每层的监测点宜适当增加。对于层数超过 10 层的高层结构，可每三层布设 1 个测点，但顶层要设置测点。

对于桥梁结构，每跨至少布设 1 个监测点，每个监测点布设三分量加速度传感器（两个水平一个垂直）和三分量速度传感器（两个水平一个垂直）。对于大跨度桥梁，应根据实际情况适当增加监测点数目。

应力应变监测时，对于多层结构，可以在隔震层、中间层（可每两层）、顶层布置测点，每层测点数不宜少于 4 个。对关键的梁、柱、节点处应布置测点，较大跨度的梁上应布设测点。对于高层建筑，可以在隔震层、中间层（每两层）、顶层布置测点，每层测点数不宜少于 8 个，随着结构高度增加顶层测点数可适当增加。

【推荐目录】

《建筑隔震工程施工及验收规范》JGJ 360—2015 第 5~7 章。

第 8.1.3 条

【规范规定】

8.1.3 隔震支座变形监测可分为隔震支座水平剪切变形监测和竖向压缩变形监测，监测应符合下列规定：

1 施工期间，应对隔震支座的竖向压缩变形进行监测；

2 使用期间，宜对隔震支座的水平剪切变形和竖向压缩变形进行监测；

3 隔震支座正常使用状态下，隔震主体结构施工完毕，应以此时的状态作为初始状态，最大水平剪切变形不应大于 50mm，最大竖向压缩变形不应大于 5mm；

4 对于设置后浇带的建筑，每一后浇带分区应在中心点和至少一个角点设置测点；

5 施工和使用期间巡视检查中，应确保隔震缝的完整隔离；

6 监测设备可选择全站仪、位移计或单点沉降仪；仪器参数规定可按本规范附录 A 相关规定执行。

【规范条文分析】

依据日本《隔震建筑维护管理标准》(2010)，支座剪切变形最大值不应超过 50mm，支座竖向压缩变形最大值不应超过 5mm。监测点应设置在隔震层关键部位，如建（构）筑物角部、桥梁支墩、不同地基或基础的分界处、建（构）筑物不同结构的分界处、变形缝或抗震缝的两侧、新旧结构或高低结构交接处的两侧等。

【结构监测应用】

按照前述第 8.1.2 条第二部分规定执行，进行隔震支座变形监测时，宜同时进行对应区域的温度监测，了解实际工程结构温度变化对隔震支座水平剪切变形和竖向压缩变形的影响；同时，宜进行隔震层上下层相对水平和垂直位移监测，对于隔震层顶板和底板一体化浇筑时，可认为其变形属于刚体变形，此时边缘和边角部分属于重点监测部位。

【推荐目录】

《隔震建筑维护管理标准》日本规范，2010 年，第 3 章；

《土木工程监测与健康诊断—原理、方法及工程实例》，段向胜，周锡元著，中国建筑工业出版社，2010 年，第 12 章。

8.2 穿 越 施 工

第8.2.1条

【规范规定】

8.2.1 地下工程穿越既有结构分正穿和侧穿，下列情况应进行穿越施工监测：

1 地下工程正穿既有结构；

2 地铁区间结构、管线侧穿既有结构的监测范围一般为地铁结构及管线外沿两侧各30m范围内。在地铁车站施工地段，监测范围应视车站周围环境和既有结构情况适当加大。

【规范条文分析】

监测范围应结合工程自身的特点和周边环境条件进行确定，监测范围应覆盖工程周边受施工影响的主要影响区和次要影响区两个区域。工程影响分区应根据基坑、隧道工程施工对周围岩土体扰动和周边环境影响的程度及范围划分，可分为主要、次要和可能三个工程影响分区。条文中穿越施工监测范围参考主要影响区和次要影响区选择监测项目执行。

基坑工程影响分区宜按表1-8-2的规定进行划分。

基坑工程影响分区　　　　　　　　　　表1-8-2

基坑工程影响区	范　　围
主要影响区（Ⅰ）	基坑周边 $0.7H$ 或 $H \cdot \tan(45° - \varphi/2)$ 范围
次要影响区（Ⅱ）	基坑周边 $0.7H \sim (2.0 \sim 3.0)H$ 或 $H \cdot \tan(45° - \varphi/2) \sim (2.0 \sim 3.0)H$ 范围
可能影响区（Ⅲ）	基坑周边 $(2.0 \sim 3.0)H$ 范围外

注：1　H——基坑设计深度（m），φ——岩土体内摩擦角（°）；

　　2　基坑开挖范围内存在基岩时，H 可为覆盖土层和基岩强风化层厚度之和；

　　3　工程影响分区的划分界限取表中 $0.7H$ 或 $H \cdot \tan(45° - \varphi/2)$ 的较大值。

土质隧道工程影响分区宜按表1-8-3的规定进行划分。

土质隧道工程影响分区　　　　　　　　表1-8-3

隧道工程影响区	范　　围
主要影响区（Ⅰ）	隧道正上方及沉降曲线反弯点范围内
次要影响区（Ⅱ）	隧道沉降曲线反弯点至沉降曲线边缘 $2.5i$ 处
可能影响区（Ⅲ）	隧道沉降曲线边缘 $2.5i$ 外

注：i——隧道地表沉降曲线Peck计算公式中的沉降槽宽度系数。

【结构监测应用】

表1-8-2和表1-8-3是工程影响分区的划分界线的一般标准，还应根据地质条件、施工方法及措施特点，结合当地的工程经验进行调整。当遇到下列情况时，应调整工程影响分区界线。

（1）隧道、基坑周边土体以淤泥、淤泥质土或其他高压缩性土为主时，应增大工程主要影响区和次要影响区。

（2）隧道穿越或基坑处于断裂破碎带、岩溶、土洞、强风化岩、全风化岩或残积土等不良地质体或特殊性岩土发育区域，应根据其分布和对工程的危害程度调整工程影响分区界线。

（3）采用锚杆支护、注浆加固、高压旋喷等工程措施时，应根据其对岩土体的扰动程度和影响范围调整工程影响分区界线。

（4）采用施工降水措施时，应根据降水影响范围和预计的地面沉降大小调整工程影响分区界线。

（5）施工期间出现严重的涌砂、涌土或管涌以及较严重渗漏水、支护结构过大变形、周边建（构）筑物或地下管线严重变形等异常情况时，宜根据工程实际情况增大工程主要影响区和次要影响区。

（6）采用爆破开挖岩土体的地下工程，爆破振动的监测范围应根据工程实际情况通过爆破试验确定。

穿越施工监测应由独立于各相关方的第三方单位进行，应根据工程地质及水文地质条件、周边环境条件、地下工程施工工法、既有结构物的基础埋深及结构形式等编制专项监测方案，同时考虑监测工作的经济性。监测方案应包括：监测内容，精度级别，测点布设方案，监测周期与频率，仪器设备及检定要求，监测与数据处理方法，提交成果内容等。

【推荐目录】

《城市轨道交通工程监测技术规范》GB 50911—2013 第3章。

第8.2.2条

【规范规定】

8.2.2 监测项目可分为应监测项目和选监测项目两类。应监测项目包括沉降监测和巡视检查，选监测项目包括应变监测与倾斜监测。

【规范条义分析】

选择监测内容除应变监测与倾斜监测外，也可适时选择扭转、裂缝等项目作为监测项目。穿越施工受影响结构监测项目具体可根据表1-8-4选择。当主要影响区存在高层、高耸建（构）筑物时，应进行倾斜监测。既有城市轨道交通高架线和地面线的监测项目可按照桥梁和既有铁路的监测项目选择。

穿越施工受影响结构监测项目 表1-8-4

监测对象	监测项目	主要影响分区	
		主要影响区	次要影响区
建（构）筑物	竖向位移	★	★
	水平位移	○	○
	倾斜	○	○
	裂缝	★	○

监测对象	监测项目	主要影响分区	
		主要影响区	次要影响区
桥梁	墩台竖向位移	★	★
	墩台差异沉降	★	★
	墩柱倾斜	★	★
	梁板应力	○	○
	裂缝	★	○

注：★应监测项，○可监测项。

采用钻爆法施工时，还应考虑对爆破振动影响范围内的建（构）筑物、桥梁等高风险环境进行振动速度或加速度监测。

【结构监测应用】

监测频次应与施工进度密切配合，并针对不同工法和不同施工步序对穿越的既有结构分别制定相应的监测频次。针对高层高耸及桥梁等既有结构类型，沉降监测应按照第 5 章及第 7 章相应第 2 节中的条文内容及其第二部分、第三部分执行，大跨空间结构类型可参照高层高耸及桥梁既有结构沉降监测内容规定选择执行。沉降监测内容未展开的部分，应参考《工程测量规范》GB 50026—2007 第 10 章执行。

巡视检查应按照前述第 4.9 节各条条文内容及其第二部分、第三部分执行。

【推荐目录】

《工程测量规范》GB 50026—2007 第 10 章；

《城市轨道交通工程监测技术规范》GB 50911—2013 第 4 章。

第 8.2.3 条

【规范规定】

8.2.3 地下工程穿越既有工程结构时，对穿越施工引起周边结构沉降的监测应符合下列规定：

1 城市桥梁，沉降测点应布置在桥墩上，每个桥墩上对称布点数不应少于 2 个；当不便在桥墩上布点时，可在盖梁或支座上方的梁、板上布点；

2 大型立交桥，每个匝道桥应至少布置一个工作基点，工作基点可布置在影响区以外的相邻墩台上；无相邻墩台时，可将距离最远的测点作为工作基点；

3 建（构）筑物变形监测布置应按现行国家标准《工程测量规范》GB 50026 要求执行；

4 监测期间，每天应进行巡视检查。

【规范条文分析】

沉降监测基准点的设置应按照《工程测量规范》GB 50026—2007 第 4 章执行。

【结构监测应用】

监测点位应易于保护，标志应稳固美观；沉降监测时，对于一般建（构）筑物，建（构）筑物四角、大转角处及沿外墙可每隔 10m、20m 处或每隔 2、3 根柱基上布点；对于烟囱、水塔、油罐等高耸建（构）筑物，应沿周边在其基础轴线上的对称位置布点，点数不应少于4个。建（构）筑物水平位移监测点应布设在邻近基坑或隧道一侧的建（构）筑物外墙、承重柱、变形缝两侧及其他有代表性的部位，可与建（构）筑物竖向位移监测点布设在同一位置，并符合规范第5.2节和第6.2节规定。建（构）筑物倾斜监测时，倾斜监测点应沿主体结构顶部、底部上下对应按组布设，且中部可增加监测点；每栋建（构）筑物倾斜监测数量不宜少于2组，每组的监测点不应少于2个；采用基础的差异沉降推算建（构）筑物倾斜时，监测点的布设应符合前述沉降监测点的规定；并符合规范第4.3.13条规定。

桥梁墩台沉降监测点布设时，竖向位移监测点应布设在墩柱或承台上；每个墩柱和承台的监测点不应少于1个，群桩承台宜适当增加监测点，并符合规范第4.3节和第7.2节规定。采用全站仪监测桥梁墩柱倾斜时，监测点应沿墩柱顶、底部上下对应按组布设，且每个墩柱的监测点不应少于1组，每组的监测点不宜少于2个；采用倾斜仪监测时，监测点不应少于1个，并符合规范第4.3.13条规定。桥梁结构应力监测点宜布设在桥梁梁板结构中部或应力变化较大部位，并符合规范第4.2节规定。

建（构）筑物及桥梁裂缝宽度监测点布设时，裂缝宽度监测应根据裂缝的分布位置、走向、长度、宽度、错台等参数，分析裂缝的性质、产生的原因及发展趋势，选取应力或应力变化较大部位的裂缝或宽度较大的裂缝进行监测；裂缝宽度监测宜在裂缝的最宽处及裂缝首、末端按组布设，每组应布设2个监测点，并应分别布设在裂缝两侧，且其连线应垂直于裂缝走向，并应符合规范第4.3.15条具体规定。

【推荐目录】

《工程测量规范》GB 50026—2007 第4章；

《城市轨道交通工程监测技术规范》GB 50911—2013 第6章。

第8.2.4条

【规范规定】

8.2.4 应对所穿越的重要结构进行穿越施工期间的实时监测。

【规范条文分析】

重要建（构）筑物或重要桥梁等，周边环境风险等级一般为一级，其重要性和社会影响性大，对变形控制要求较高，控制指标值相对较为严格，为确保安全，应提高监测的频率，必要时对关键的监测项目进行24h远程实时监测，以便及时发现问题，采取相应安全措施。

周边环境风险等级宜根据周边环境发生变形或破坏的可能性和后果的严重程度，采用工程风险评估的方法确定，也可根据周边环境的类型、重要性、与工程的空间位置关系和对工程的危害性按表1-8-5划分。

周边环境风险等级 表1-8-5

周边环境风险等级	等级划分标准
一级	主要影响区内存在重要建（构）筑物、重要桥梁
二级	主要影响区内存在一般建（构）筑物、一般桥梁与隧道 次要影响区内存在重要建（构）筑物、重要桥梁

【结构监测应用】

在穿越城市桥梁时，应对桥梁墩台、盖梁、梁板结构进行穿越施工全过程监测，并应按要求加密监测频率，对变形敏感的重要桥梁应根据设计要求进行 24h 的远程实时监测。关键监测项目应包括：桥梁墩台的沉降及倾斜、盖梁及梁板结构的沉降及差异沉降。

在穿越高层高耸及其他建（构）筑物时，应对其沉降、倾斜和裂缝进行监测，并按照《工程测量规范》GB 50026—2007 第 10 章相关基本要求执行。

【推荐目录】

《地铁工程监控量测技术规程》DB 11/490—2007 第 3 章；

《工程测量规范》GB 50026—2007 第 10 章。

附录 A　监测设备主要技术指标

说明：

传感器设备技术规定参考了如欧盟标准《结构健康监测指南 F08b》、协会推荐标准《结构健康监测系统设计标准》CECS 333—2012、行业标准《建筑工程施工过程结构分析与监测技术》JGJ/T 302—2013、地标《天津市桥梁结构健康监测系统技术规程》DB/T 29—208—2011 等。

第二部分列出了传感器常用选择类型；第三部分列出了监测内容所选传感器的常规技术指标要求，以及采集设备仪器和传输设备仪器的常规技术指标要求，以供参考。

结构监测中常存在海量监测数据问题，监测系统设计时建议可考虑采用如下方法初步解决海量数据存储问题：

（1）设定门槛值对较小反应数据不存储；

（2）根据施工及使用状况，分时段确定数据采集和存储策略；

（3）保障存储设备的安全性和保密性，形成有效的历史记录。

【规范规定】

A.0.1　加速度传感器的主要技术指标应符合表 A.0.1 规定。

表 A.0.1　加速度传感器的主要技术指标

项　　目	力平衡加速度计	电动式加速度计	ICP 压电加速度计
灵敏度(V/(m/s²))	±0.125	±0.3	±0.1
满量程输出（V）	±2.5	±6	±5
频率响应（Hz）	0~80	0.25~80	0.3~1000
动态范围（dB）	≥120	≥120	≥110
线性度误差（%）	≤1	≤1	≤1
运行环境温度（℃）	−10~+50	−20~+50	−10~+50
信号调理	线性放大、积分	线性放大、积分	ICP 调理放大

A.0.2　速度传感器的主要技术指标应符合表 A.0.2 规定。

表 A.0.2　速度传感器主要技术指标

项　　目	技术指标	备注
灵敏度(V/(m/s))	±1~25	可调
满量程输出（V）	±5	
频率响应（Hz）	0.1~100	可调
动态范围（dB）	≥120	
线性度误差（%）	≤1	
运行环境温度（℃）	−20~+50	
信号调理	线性放大、积分、滤波	

A.0.3 地震动及地震动响应监测仪器主要由力平衡加速度计和记录器两部分组成。力平衡加速度计主要技术指标应符合表 A.0.1 的规定，记录器的主要技术指标应符合表 A.0.3 规定。

表 A.0.3 记录器主要技术指标

项 目	技 术 指 标
通道数	≥3
满量程输入（V）	≥±5
动态范围（dB）	≥120
转换精度（bit）	≥20
触发模式	带通阈值触发、STA/LTA 比值触发、外触发
环境温度（℃）	−20～+70
环境湿度	<80%
采样率	程控，至少 2 档，最高采样率不低于 200SPS
时间服务	标准 UTC，内部时钟稳定度优于 10^{-6}，同步精度优于 1ms
数据通信	RS-232 时实数据流串口，通信速率 9600，19 200 可选
数据存储	CF 卡闪存，≥4Gb
道间延迟	0
软件	包括通信程序，图形显示程序，其他实用程序与监控、诊断命令

A.0.4 信号采集分析仪由采集卡和分析软件组成，信号采集分析仪的采集卡技术应符合表 A.0.4 的规定。

表 A.0.4 信号采集分析仪采集卡技术指标

项 目	技术指标
采样率（sps）	50～1000
A/D 位数	不低于 16 位（有效位数不低于 14 位）
采样方式	采集通道同步，每通道使用单独 A/D
动态范围（dB）	≥80
输入量程（V）	±10
接口	USB 接口、LAN 接口
数据存储长度	不低于 5 个小时的采样数据

A.0.5 隔震支座水平位移监测传感器技术指标宜符合表 A.0.5 的规定。

表 A.0.5 位移传感器技术指标

项 目	技术指标
最大可测位移（cm）	±50
频率范围（Hz）	0～5（当拉线长度为 5m 时）
灵敏度（mV/cm/V）	10
线性度	≤0.2%
分辨率（mm）	0.2

【规范条文分析】

附录 A 给出了地震动及地震响应监测时加速度传感器、速度传感器、记录器、信号采集分析仪以及隔震支座水平位移传感器的主要技术指标。其中隔震支座水平位移监测传感器即相对位移传感器。

按照规范第 4 章监测内容，应选用相应类型传感器，总结监测用传感器及相关仪器类型宜符合表 1-A-1 规定。

传感器仪器常用类型选择 表 1-A-1

监测类型	监测内容	传感器类型
荷载源监测	风荷载	机械式风速仪和超声风速仪等
	温度	温度传感器
	湿度	湿度传感器
	车辆荷载	动态称重仪、视频摄像头
	地震	加速度传感器
结构响应监测	应力	光纤光栅应变传感器和振弦式应变传感器等
	索力	加速度传感器、锚索计、磁通量传感器、光纤光栅拉索
	挠度	全球定位系统、倾角仪
	空间变位	全球定位系统、倾角仪
	振动	速度传感器、加速度传感器
	几何线形	静力水准仪、位移传感器、倾角仪、全球定位系统、自动全站仪
	支座反力	应变传感器、支座反力传感器
	伸缩缝变位	位移传感器

【结构监测应用】

应针对结构特点、使用环境及监测目的确定上述各指标具体规定，在实际应用中若无技术指标参照时，可参考附录 A 执行，其中加速度传感器可重点关注频率响应、灵敏度及满量程输出三个指标。除上述监测仪器外，其他监测参数相关仪器也可参考下列情况执行。

若特别专注风振监测，风振加速度、速度、位移反应可参考表 A.0.1、表 A.0.2 及表 A.0.5 相应传感器参数执行；风振监测子系统其他仪器设备宜按照表 1-A-2~表 1-A-4 参考执行。

风压计技术要求 表 1-A-2

技术指标	技术要求
量程（kPa）	±1.25
精度	0.4%
采样频率（Hz）	0.02
使用寿命	符合现行国家/行业设备标准

风振监测系统信号调理仪技术要求　　　　表 1-A-3

技术指标	技术要求
放大倍数	$1\sim1000$
积分常数	≥2
等效输入噪声（有效值）（V）	$\leq10^{-5}$
输入阻抗（Ω）	$\geq10^{6}$
滤波	低通或带通
功耗（mA）	≤100
工作温度范围（℃）	$-10\sim50$
相对湿度	80%

风速仪技术要求　　　　表 1-A-4

传感器	技术指标	技术要求
超声风速仪（采用超声和机械式风速仪相配合工作）	风速测量范围（m/s）	$0\sim60$
	风速分辨率（m/s）	0.01
	风速测量精度	$\pm3\%$
	风向方位角测量范围	$0°\sim360°$
	风向分辨率	$0.1°$
	风向测量精度	$\leq\pm1°$
	采样频率（Hz）	≥10
	工作温度（℃）	$-30\sim65$
	使用寿命	符合现行国家/行业设备标准
机械式风速仪	风速测量范围（m/s）	$0\sim60$
	风速测量精度	$\pm0.1m/s$
	风向方位角测量范围	$0°\sim360°$
	风向测量精度	$\leq\pm3°$
	采样频率（Hz）	≥10
	工作温度（℃）	$-30\sim65$
	使用寿命	符合现行国家/行业设备标准

常规监测内容对应仪器性能指标可参考表 1-A-5 执行。

常规监测内容仪器技术要求　　　　表 1-A-5

传感器	技术指标	技术要求
应变传感器	测量范围（με）	±1500
	分辨率（με）	1
	采样频率（Hz）	≥10
	工作温度（℃）	$-30\sim85$
	测量精度（με）	±3
	使用寿命	符合现行国家/行业设备标准

续表

传感器	技术指标	技术要求
全球定位系统（GPS）	静态基线精度： 水平 竖向	3mm＋0.5ppm 5nm＋1ppm
	RTK 精度： 水平 高程	10mm＋1.5ppm 15mm＋1.5ppm（实时）
	采样频率（Hz）	20
	工作温度（℃）	－30～60
	使用寿命	符合现行国家/行业设备标准
位移传感器	测量范围（mm）	10～1000
	精度（mm）	0.1
	分辨率（mm）	0.01
	工作温度（℃）	－30～65
	使用寿命	符合现行国家/行业设备标准
湿度计	测量范围（RH）	12～99
	精度	±2%
	稳定性（RH/年）	＜1%
	工作温度（℃）	－30～85
	使用寿命	符合现行国家/行业设备标准
温度计	测量范围（℃）	－30～85
	精度（℃）	±0.5
	工作温度（℃）	－30～85
	使用寿命	符合现行国家/行业设备标准
倾角仪	量程	±14.5°
	灵敏轴非对准性	＜0.15°
	零点偏差	＜0.15°
	非线性	＜0.005°
	带宽	－3dB，（典型值）：30Hz
	满量程输出	±5.00volts±0.5%
	灵敏度非对准性（ppm/℃）	＜100
	零点温度系数（/℃）	0.003°
	分辨率	＜0.00005°
	重复性	＜0.003°
	噪声（rms）	＜0.0002°
	工作温度（℃）	－30～65
	使用寿命	符合现行国家/行业设备标准

续表

传感器	技术指标	技术要求
静力水准仪	量程（mm）	≥10
	精度（mm）	±0.3
	工作温度（℃）	−30～65
	使用寿命	符合现行国家/行业设备标准
磁通量传感器	测量范围	0～索屈服应力
	接线长度（m）	≤200
	系统误差（FS）	≤2%
	供电电源（V）	AC（100～240）
	激励电压（V）	100～500
	工作温度（℃）	−30～65
	使用寿命	符合现行国家/行业设备标准
自动全站仪	角度测量精度	≤1″
	测距精度	1mm＋2ppm
	测程（平均大气条件）	2.5km 单棱镜/3.5km 三棱镜
	单次测量时间（s）	≤3.5
	望远镜放大倍率	30x
	ATR 功能	1000m 单棱镜/600m360°棱镜
	工作温度（℃）	−30～65
	使用寿命	符合现行国家/行业设备标准
支座反力计	测量范围（kN）	500～64000
	分辨力（FS）	≤0.1%
	非直线度（FS）	≤1.5%
	综合误差（FS）	≤2.0%
	工作温度（℃）	−30～65
	使用寿命	符合现行国家/行业设备标准
锚索计	精度等级	3%
	适用量程	0.2Fnom～Fnom
	安装位置不变时	0.5%
	安装位置改变时	1.5%
	重复性误差	0.3%（0.2Fnom～Fnom）
	线性度误差	0.3%
	温度对灵敏度影响/10℃	0.25%（补偿后 0.05%）
	温度对零点输出影响/10℃	0.2%
	偏心影响	0.4%/5mm
	蠕变	0.1%/30min
	零点漂移	0.2%/1 年

201

续表

传感器	技术指标	技术要求
锚索计	储藏温度（℃）	−40～70
	最大工作荷载	120％
	极限安全过载	150％
	破坏荷载	250％
	允许应力振幅	70％
	工作温度（℃）	−30～65
	使用寿命	符合现行国家/行业设备标准
动态称重仪	行车速度范围（km/h）	10～200
	测速精度	≤±1.5％
	分离车辆准确可靠	≥98％
	称重范围（kN/轴）	300
	交通量技术精度	≤±1％
	轴距误差	≤±1％
	测重精度	±5％
	可分类车型	交通部颁布标准车型
	工作温度（℃）	−30～85
	使用寿命	符合现行国家/行业设备标准

数据采集设备性能技术要求中，除表 A.0.3 和表 A.0.4 规定外，对于采用光纤光栅传感器时，其解调仪性能技术要求可参考表 1-A-6。

光纤光栅解调仪技术要求 表 1-A-6

采集设备	技术指标	技术要求
光纤光栅解调仪	通道数	≥4
	波长范围（nm）	≥40
	分辨率（pm）	0.2
	重复性（pm）	2
	动态范围（dB）	25
	光纤接头	FC/APC
	外部数据接口	RJ45、USB
	工作温度（℃）	−30～65
	使用寿命	符合现行国家/行业设备标准

数据传输设备性能技术要求可参考表 1-A-7。

数据传输设备性能技术要求 表 1-A-7

传输设备	技术指标	技术要求
光纤耦合器	光接口类型	FC/APC
	工作波长（nm）	1310 或 1550

传输设备	技术指标	技术要求
光纤耦合器	带宽（nm）	±20
	附件损耗（dB）	≤0.1
	均匀性（dB）	≤0.6
	偏振平坦度（dB）	≤0.1
	方向性（dB）	≥55
	工作温度（℃）	−40～65
	封装形式	标准机架盒
	使用寿命	符合现行国家/行业设备标准
网线	传输性能	超过 TIA/EIA-568B.2-1 六类标准
	阻抗	100ohms±15％，（1−600）MHz
	传输延迟	536ns/100m max.@250MHz
	延迟偏移	45 ns max
	导体电阻	66.58 ojms max/km
	电容	5.6 NF max/100m
	直流电阻（Ω）	≤7.55
	耐压	300volts（AC or DC）
	弯曲半径	1英寸（4倍电缆直径）
	额定速率	70nom％
	UL/NEC 等级	CMR
	认证	获 UL listed file no. E154336
	工作环境温度（℃）	−20～60
	储运环境温度（℃）	−20～80
	导线	—23AWG soild bare copper
	绝缘体	单体 042in/整体 20in
	外皮	FR PVC
	重量（bs/mft）	261
	EIA/TIA 568/A 通用线序	适合
	语音、数据及大多数媒体高速传播	适合
	10BaseT/100Base Tx 快速以太网、千兆以太网和 622MbpsATM、令牌环等多种网络类型	适合
通信电缆	损耗	1300/1.0dB/km，1500/0.7dB/km
	传输距离（km）	≥2
	网络速率（Gps）	10
	工作温度（℃）	−40～65
	使用寿命	符合现行国家/行业设备标准

传输设备	技术指标	技术要求
通信电缆	20℃线芯直流电阻（Ω/km）	≤45
	电缆固有衰减（800Hz）（dB/km）	≤1.10
	+20℃绝缘电阻（MΩ/km）	≥3000
	1min工频交流电压试验	1500V不击穿（50Hz）
	远端串音衰减（dB/500）	≥70（800Hz）
	电感（μH/km）	≤800（800Hz）
	电缆工作电容（μF/km）	≤0.06（800Hz）
	工作对直流电阻差	≤2%环阻
	单根垂直燃烧试验	MT386
	工作温度（℃）	−40～65
	使用寿命	符合现行国家/行业设备标准

【推荐目录】

《结构健康监测指南 F08》，欧盟，2006 年，附录 A；

《结构健康监测系统设计标准》CECS 333—2012，附录 A；

《建筑工程施工过程结构分析与检测技术规范》JGJ/T 302—2013，第 6～7 章；

《天津市桥梁结构健康监测系统技术规程》DB/T 29—208—2011，第 4～5 章。

附录 B 不同类型桥梁使用期间监测要求

说明：

桥梁监测应用较为普及，条文对使用期间不同桥型监测内容选择、监测设备选择等进行了相关规定，同时，使用期间各类桥梁监测均宜设置永久性控制监测点，如表 1-B-1 所示。

城市桥梁永久性控制监测项目表　　　　　　　　　　表 1-B-1

监测项目	监测点
墩、台身、索塔锚锭的高程	墩、台身底部（距地面或常水位 0.5～2.0m 内）、桥台侧墙尾部顶面和锚锭的左右两侧各 1～2 点
墩、台身、索塔倾斜度	墩、台身底部（距地面或常水位 0.5～2.0m 内）左右两侧各 1～2 点
桥面（主梁）高程	沿行车道两边（近缘石处），按每孔跨中、$L/4$、支点等不少于 5 个位置（10 个点），测点应固定于桥面板或主梁上
拱桥平台、吊桥锚锭水平位移	在拱座、锚锭的左右两侧各 1 点
拱桥轴线线形，吊桥缆索线形，斜拉索的线形	拱轴线宜按桥跨的 12 等分点分别在拱背或拱腹布设测点；主缆线形宜按索夹位置在主缆顶面布设测点；斜拉索沿长度等分不少于 5 个点

注：1　L 为每跨跨径；

2　上下行分离式桥按两座桥分别设点；

3　倾斜度测点应采用相距 0.5～1m 的两点标记检测；

4　左右两侧指上、下游两侧或垂直于桥梁纵轴线的两侧。

施工期间各类桥型监测内容选择、监测设备选择等具体规定可参考本条文第三部分内容。

【规范规定】

B.0.1　梁式桥使用期间监测应符合下列规定：

1　荷载监测项目可包括温湿度、地震动及船撞响应、动态交通荷载；结构响应监测项目可包括主梁挠度、主梁水平位移、结构动力响应及关键截面应力。

2　梁式桥挠度可利用连通管原理采用静力水准仪或液压传感器进行监测，双向 6 车道及以上的梁桥应进行主梁扭转监测；梁端部纵向位移宜采用拉绳式位移计进行监测。

3　体外预应力宜采用压力式传感器或磁通量传感器进行监测。

B.0.2　拱桥使用期间监测应符合下列规定：

1　荷载监测项目可包括风荷载、温湿度、地震动及船撞响应、动态交通荷载；结构响应监测可包括拱肋变形、桥面系水平位移、结构动力响应、关键截面应力、吊索力及吊杆力。

2 结构空间变形监测应选用合适的监测设备,跨度大于 300m 的钢拱桥宜在拱顶采用 GPS 法监测空间变位,桥面挠度宜利用连通管原理采用静力水准仪或液压传感器进行监测;梁端部纵向位移宜采用拉绳式位移计进行监测。

3 系杆拱桥的系杆拉力可采用压力传感器或磁通量传感器进行监测。传感器应在安装前进行校准,并在施工期间完成安装。

4 代表性吊杆力可采用振动传感器或磁通量传感器进行监测。

B.0.3 斜拉桥使用期间监测应符合下列规定:

1 荷载监测项目可包括风荷载、温湿度、地震动及船撞响应、动态交通荷载;结构响应监测项目可包括主梁挠度、主梁水平位移、结构动力特性、索塔变形、关键截面应力、疲劳应力及斜拉索索力。

2 结构空间变形监测应选用合适的监测设备,索塔塔顶变形监测宜采用倾斜仪或 GPS 法;跨度大于 600m 的钢主梁斜拉桥或跨度大于 400m 的混凝土主梁斜拉桥宜在主梁跨中采用 GPS 法监测整个截面竖向、横向、纵向及扭转位移,挠度可利用连通管原理采用静力水准仪或液压传感器监测,双向 6 车道及以上的斜拉桥应进行主梁扭转监测;主梁端部纵向位移宜采用拉绳式位移计进行监测。

3 斜拉索索力监测宜采用压力传感器或振动传感器进行监测。压力传感器应在安装前进行校准,压力传感器应在斜拉索张拉前进行安装。

B.0.4 悬索桥使用期间监测应符合下列规定:

1 荷载监测项目可包括风荷载、温湿度、地震动及船撞响应、动态交通荷载;结构响应监测可包括主缆变形、主梁水平位移、结构动力特性、关键截面应力、疲劳应力、缆索索力及吊索索力。

2 结构空间变形监测应选用合适的监测设备,主缆变形监测宜采用 GPS 法,索塔塔顶变形监测宜采用倾斜仪监测或 GPS 法;跨度大于 600m 的悬索桥宜在主梁跨中采用 GPS 法监测整个截面竖向、横向、纵向及扭转位移,挠度可利用连通管原理采用静力水准仪或液压传感器进行监测,双向 6 车道及以上的悬索桥应进行主梁扭转监测;主梁端部纵向位移可采用拉绳式位移计进行监测。

3 主缆索力可采用压力传感器或磁通量传感器进行监测。传感器应在安装前进行校准,并在施工期间完成安装。

4 代表性吊索、吊杆力可采用振动传感器或磁通量传感器进行监测。

B.0.5 铁路桥使用期间监测系统应具备自动触发功能,能完整记录并存储整列车从上桥到出桥全过程的各项数据。铁路桥使用期间监测可根据实际情况选择下列监测项目:

1 主梁关键构件或部位的应力、变形,支座横向和纵向位移,支座反力;

2 主梁横向和竖向振幅及振动加速度,动挠度,动应力;

3 桥墩横向和纵向振幅;

4 索力;

5 轮轨力,包括脱轨系数、减载率;

6 列车动轴重、速度。

【规范条文分析】

规范参考范立础《桥梁工程》桥梁划分，刚构桥也归为梁式桥。梁式桥挠度监测可利用连通管原理采用液压传感器进行监测，一般应用于跨径大于 100m 情况。

与 6 车道以上的梁桥相同，6 车道以上的拱桥应进行主梁扭转监测。

对大跨度斜拉桥和悬索桥荷载源监测中应重点关注风速风向、地震、船撞和车辆荷载监测；其中钢箱梁或钢桁架结构应进行桥面疲劳监测。

刚构桥介于梁桥与拱桥之间，其监测规定可参考 B.0.1 条和 B.0.2 条执行。

铁路桥梁监测内容除条文规定外，还应包括推算参数：横向和竖向自振频率；监测系统必须具备自动触发功能，能够完整记录并存储整列车从进桥到出桥全过程的各项数据。

使用期间，各类桥梁测点布置宜参考表 1-B-2～表 1-B-5 执行，施工期间也可参考选择。

桥梁测点布置要求　　　　　　　　　　　　　　　表 1-B-2

监测内容	测点布置要求
温度	主跨跨中、1/4 和 3/4 跨
湿度	主跨跨中
应力	主跨跨中、1/4 和 3/4 跨、边跨跨中及支点（对于刚构桥为墩梁固结处）
桥梁振动	主跨跨中、1/4 和 3/4 跨、边跨跨中及支点（对于刚构桥为墩梁固结处）
挠度	主跨跨中、主跨 1/4 和 3/4 跨、边跨跨中
车辆荷载	与主桥相连的引桥桥头，行车道
地震	桥墩承台
伸缩缝缝宽	伸缩缝

拱桥测点布置要求　　　　　　　　　　　　　　　表 1-B-3

监测内容	测点布置要求
风速	主拱跨中
温度	主跨跨中、主拱跨中
湿度	主跨跨中、主拱跨中
车辆荷载	与主桥相连的引桥桥头，行车道
地震	拱脚
应力	主跨跨中、1/4 和 3/4 跨、主拱跨中、拱脚
桥梁振动	主跨跨中、1/4 和 3/4 跨
空间变位	主跨跨中、主拱跨中、拱脚
挠度	主跨跨中、主跨 1/4 和 3/4 跨、拱顶
支座反力	拱座
伸缩缝缝宽	伸缩缝

斜拉桥测点布置要求　　　　　　　　　　　　　　　　　　　　表 1-B-4

监测内容	测点布置要求
风速	主跨跨中、索塔
温度	主跨跨中、索塔
湿度	主跨跨中、索塔
车辆荷载	与主桥相连的引桥桥头，行车道
地震	桥墩承台
应力	主跨跨中、1/4 和 3/4 跨、边跨跨中、索塔
索力	斜拉索
桥梁振动	主跨跨中、1/4 和 3/4 跨、边跨跨中、索塔
空间变位	主跨跨中、索塔
挠度	主跨跨中、主跨 1/4 和 3/4 跨、边跨跨中
支座反力	桥墩
伸缩缝缝宽	伸缩缝

悬索桥测点布置要求　　　　　　　　　　　　　　　　　　　　表 1-B-5

监测内容	测点布置要求
风速	主跨跨中、索塔
温度	主跨跨中、索塔
湿度	主跨跨中、索塔
车辆荷载	与主桥相连的引桥桥头，行车道
地震	桥墩承台、索塔
应力	主跨跨中、1/4 和 3/4 跨、边跨跨中、索塔
索力	主缆、吊杆
桥梁振动	主跨跨中、1/4 和 3/4 跨、边跨跨中、索塔
空间变位	主跨跨中、索塔
挠度	主跨跨中、主跨 1/4 和 3/4 跨、边跨跨中
锚碇压力	锚碇
伸缩缝缝宽	伸缩缝

【结构监测应用】

除各类桥梁使用期间监测规定外，其施工期间的监测也应符合下列规定：

1. 梁式桥施工期间监测

1）应保证主梁在施工过程中的变形和内力始终处于安全范围内。对大跨径梁桥，应按规定进行施工过程控制；对中、小跨径梁桥，可采取相对简便易行的方法进行施工控制。

2）刚构桥合龙时应对环境及结构温度场进行重点监测，并在与设计合龙温度差异大时考虑采用补偿手段。

3）施工控制的方法宜根据结构特点、施工方案和环境条件等因素综合选择确定，宜遵守以下原则：

（1）现场连接为焊接或粘结的预制拼装梁段应该在预制现场按照制造线形进行试拼，试拼后应在夜间恒定温度环境下对其线形及接缝宽度进行监测，其高程误差应小于 $1/1000L$（L 为节段长度），轴线误差应小于 $1/3000L$（L 为节段长度），接缝宽度应满足连接的要求。

（2）主梁现场施工时应进行线形监测，其线形误差应满足施工技术规范的要求。

（3）主梁现场施工时应进行应力监测，其应力测点布置应满足安全监测的要求。

（4）桥墩现场施工时应进行应力监测，其应力测点布置应满足桥墩施工阶段及后续主梁施工阶段的安全监测要求。

（5）现场几何监测应选择在夜间温度恒定的时间进行，且应避开大风天气，在监测时应停止可能对监测造成影响的桥上机械施工作业。

（6）若采用特殊的制造工艺或控制方法或运行特种车辆时，可在监测风险评估的基础上适当调整上述精度要求。

2．拱桥施工期间监测

1）应保证拱结构在施工过程中的稳定性、变形和内力始终处于安全范围内。对大跨径拱桥，应按本规范的规定进行施工过程控制；对中、小跨径拱桥，可采取相对简便易行的方法进行施工控制。

2）拱桥施工时采用的扣索体系应纳入到主体结构监测的范围。

3）拱肋合龙时应对环境及结构温度场进行重点监测，并在与设计合龙温度差异大时考虑采用补偿手段。

4）施工控制的方法宜根据结构特点、施工方案和环境条件等因素综合选择确定，宜遵守以下原则：

（1）现场连接为焊接或粘结的预制拼装拱肋应该在预制现场按照制造线形进行试拼，试拼后应在夜间恒定温度环境下对其线形及接缝宽度进行监测，其高程误差应小于 $1/1000L$（L 为节段长度），轴线误差应小于 $1/3000L$（L 为节段长度），接缝宽度应满足连接的要求。

（2）拱肋现场施工时应进行线形监测，其线形误差应满足施工技术规范的要求。

（3）拱肋现场施工时应进行应力监测，其应力测点布置应满足安全监测的要求。

（4）支撑非简支桥面系的吊杆、系杆及扣索应进行索力监测，索力监测应采用高精度的索力传感器进行，其张拉索力误差应控制在 1% 以内。

（5）扣塔现场施工时应进行应力监测，其应力测点布置应满足安全监测的要求。

（6）连拱的桥墩现场施工时应进行应力监测，其应力测点布置应满足安全监测的要求。

（7）桥面系现场施工时应进行线形监测，其成桥高程误差不得大于 $1/5000L$（L 为拱肋跨度），跨度小于 150m 时误差不得大于 30mm，相邻梁段相对高程误差不得大于梁段长度的 0.3%，其成桥轴线误差应满足施工技术规范要求。

（8）非简支桥面系现场施工时应进行应力监测，其测点布置应满足安全监测的要求。

（9）现场几何监测应选择在夜间温度恒定的时间进行，且应避开大风天气，在监测时应停止可能对监测造成影响的桥上机械施工作业。

（10）若采用特殊的制造工艺或控制方法或运行特种车辆时，可在监测风险评估的基础上适当调整上述精度要求。

3. 斜拉桥施工期间监测

1）最重要的监测参数是主梁线形与拉索索力，应根据监测风险评估在不同阶段选取不同的监测与控制重点，一般而言在短悬臂阶段以索力控制为主，在长悬臂阶段以线形控制为主。

2）施工控制的方法宜根据结构特点、施工方案和环境条件等因素综合选择确定，宜遵守以下原则：

（1）斜拉索索长误差不得大于 $1/5000L$（L 为索长），索长小于 100m 时不得大于 20mm，索长监测应在恒定的温度环境下进行并应修正其温度影响。

（2）索塔预制节段（钢塔、钢锚梁等）应按照制造线形进行试拼，试拼后应在夜间恒定温度环境下对其线形及接缝宽度进行监测，其轴线误差应小于 $1/3000L$（L 为节段长度），接缝宽度应满足连接的要求。

（3）预制梁段应按照制造线形进行试拼，试拼后应在夜间恒定温度环境下对其线形及接缝宽度进行监测，其高程误差应小于 $1/1000L$（L 为节段长度），轴线误差应小于 $1/3000L$（L 为节段长度），接缝宽度应满足连接的要求。

（4）拉索张拉阶段索力监测应采用高精度的索力传感器进行，其张拉索力误差应控制在 1% 以内。张拉后索力监测可采用振动式索力仪进行，但应在张拉阶段通过高精度索力传感器对其进行参数修正。拉索索力最终实测值与理论目标值的偏差不宜大于 5%，矮塔斜拉桥不宜大于 10%，钢绞线斜拉索单根钢绞线索力不均匀性还应满足施工技术规范的要求。拉索实测索力应带入数值模型进行结构安全复核。

（5）索塔现场施工时应进行线形监测，其裸塔线形误差应满足施工技术规范的要求。

（6）索塔现场施工时应进行应力监测，其应力测点布置应满足索塔施工阶段及后续主梁施工阶段的安全监测要求。

（7）主梁现场施工时应进行线形监测，其成桥高程误差不得大于 $1/5000L$（L 为跨度），跨度小于 150m 时误差不得大于 30mm，相邻节段相对高程误差不得大于节段长度的 0.3%，其成桥轴线误差应满足施工技术规范要求。

（8）主梁现场施工时应进行应力监测，其测点布置应满足安全监测的要求且应在主要分跨内均进行设置。

（9）现场几何监测应选择在夜间温度恒定的时间进行，且应避开大风天气，在监测时应停止可能对监测造成影响的桥上机械施工作业。

（10）若采用特殊的制造工艺或控制方法或运行特种车辆时，可在监测风险评估的基础上适当调整上述精度要求。

4. 悬索桥施工期间监测

1）最重要的监测参数是主缆无应力长度、基准索股线形、空缆线形、吊索长度、加劲梁线形、吊索索力和主缆锚跨张力，应根据监测风险评估在不同阶段选取不同的监测与控制重点。

2）施工控制的方法宜根据结构特点、施工方案和环境条件等因素综合选择确定，宜遵守以下原则：

（1）索塔预制节段应按照制造线形进行试拼，试拼后应在夜间恒定温度环境下对其线形及接缝宽度进行监测，其轴线误差应小于 $1/3000L$（L 为节段长度），接缝宽度应满足连接的要求。

（2）预制梁段应按照制造线形进行试拼，试拼后应在夜间恒定温度环境下对其线形及接缝宽度进行监测，其高程误差应小于 $1/1000L$（L 为节段长度），轴线误差应小于 $1/3000L$（L 为节段长度），接缝宽度应满足连接的要求。

（3）成桥后主缆索股锚跨张力均匀，单根索股索力最大偏差不超过平均值的 10%，误差的均方根不超过均值的 5%。

（4）吊索索力最终实测值与理论目标值的偏差不宜大于 10%，自锚式悬索桥不宜大于 5%，吊索实测索力应带入数值模型进行结构安全复核。

（5）成桥时桥塔位置逼近设计状态，塔高 h 在 200m 以下时，顺桥向塔顶偏离设计位置的误差不超过 $h/3000$，且不超过 30mm（h 为从承台顶到塔顶的高度，单位为 m）。

（6）基准索股的架设精度宜控制在以下范围以内：中跨±40mm，边跨±30mm 以内；空缆线形的标高误差宜控制在±60mm。

（7）加劲梁现场施工时应进行线形监测，跨度大于 1000m 时，其成桥高程误差不得大于 $1/10000L$（L 为主缆跨度），也不得大于 20cm；跨度 600～1000m 时误差不得大于 $1/8000L$，也不得大于 10cm；跨度 150～600m 时误差不得大于 $1/5000L$，也不得大于 8cm；跨度小于 150m 时误差不得大于 3cm；相邻节段相对高程误差不得大于节段长度的 0.3%；同一梁段两侧对称吊点处梁顶高差不得大于吊索横向距离的 0.2%；成桥轴线误差应满足施工技术规范要求。

（8）现场几何监测应选择在夜间温度恒定的时间进行，且应避开大风天气，在监测时应停止可能对监测造成影响的桥上机械施工作业。

（9）若采用特殊的制造工艺或控制方法或运行特种车辆时，可在监测风险评估的基础上适当调整上述精度要求。

5. 无砟轨道的高速铁路桥梁施工期间监测

1）在进行桥面施工（如铺设无砟轨道）之前的各施工阶段时，应对桥梁的沉降和变形进行监测，验证和校核设计理论和计算方法，并根据测试数据分析预测总沉降和工后沉降量，进而确定桥梁工后沉降是否满足桥面施工（如铺设无砟轨道）的要求。

2）监测期内，基础沉降实测值超过设计值 20% 及以上时，应及时查明原因，必要时进行地质复查，并根据实测结果调整计算参数，对设计预测沉降变形进行修正或采取沉降控制措施。

3）监测沉降变形时，必须在梁部、每个桥墩/台及其承台上均设置监测标。

【推荐目录】

《天津市桥梁结构健康监测系统技术规程》DB/T 29—208—2011 第 4 章；

《公路桥梁承载能力检测评定规程》JTG/TJ 21—2011 第 5 章；

《城市桥梁检测技术标准》DBJ/T 15—87—2011 第 8～9 章。

第二篇 工 程 案 例

案例 1 重庆菜园坝长江大桥监测

1 工程概况

菜园坝长江大桥主桥（以下简称菜园坝长江大桥）是重庆市南北大通道上的关键工程，大桥全长 800m，其中主跨 420m，是目前世界上跨度最大的系杆拱桥，大桥立面示意图和实桥照片分别如图 2-1-1、图 2-1-2 所示。

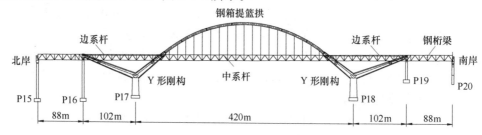

图 2-1-1 菜园坝长江大桥主桥立面图

图 2-1-2 正在进行后期涂装施工的菜园坝长江大桥

菜园坝长江大桥最为独特之处在于其主体结构由一对预应力 Y 形刚构和钢箱提篮拱组成，3 个独立的子结构通过中、边跨系杆的连接而平衡拱产生的推力，这种首创的结构形式发挥了不同材料、不同结构的最佳经济跨径，是场地条件、功能需求、材料特性、结构受力和景观的结合和协调。大桥设 6 线行车道、双侧人行道和双线城市轻轨。6 车道及双侧人行道设在桥面，双线轻轨铺设于钢桁梁的下横梁上。在施工过程中，针对复杂的结构形式，采用了整体节段施工、斜截面 Y 构现场浇筑、钢桁梁整体组装等独创的新式施工工艺。

　　大桥主要设计技术标准为：公路设计荷载为城市 A 级；跨座式单轨列车单列 352 吨；人群荷载 2.4kN/m²。公路车辆设计时速为 60km/h；轨道交通设计时速为 75km/h。地震烈度为Ⅵ度，按Ⅶ度设防。设计基准年限为 100 年。

2　监测目的

　　菜园坝长江大桥采用了创新的设计思路，首创了刚构-系杆拱组合结构体系。该体系最大限度利用了混凝土结构耐久性强、抗压强度高、经济性好的特点以及钢结构质量轻、强度高的特性，是经济与美观、安全与实用的统一。车辆荷载、轻轨荷载以及人群荷载通过钢桁梁将活荷载传递到吊杆、支点吊索，然后通过索系将荷载传递给拱结构和 Y 形刚构，水平力由系杆平衡，竖向力由刚构传递到地基。繁多的荷载和频繁的体系转换导致结构受力十分复杂，而新型的结构形式致使大桥设计无成熟经验可循，加之有限元数值模型很难准确计算复杂桥梁的实际受力状态，因此，建成后大桥的变形和应力是否与设计相符有待进一步验证。

　　菜园坝长江大桥使用了诸多新施工工艺，例如，首次应用了钢桁梁整体节段架设施工，达到了钢桁梁生产的工厂化、现场施工的整体化；针对非对称变截面薄壁箱形的 Y 形刚构，采用了悬臂现浇节段吊挂施工和底模侧模一体化整体模板拖拉技术，完成了空间三维特殊预应力混凝土结构的现场浇筑；使用了斜拉扣挂法进行钢箱提篮拱单榀节段安装新技术，实现了三维立体拱肋的高精度安装定位和合龙。这些新施工工艺有效提高了施工效率和效果，解决了该桥结构形式复杂导致的种种施工难题，但这些新施工工艺对结构后期受力和变形的影响仍需进一步验证。

　　综上所述，菜园坝长江大桥采用了创新的设计思路和施工工艺，需通过有效的测试手段检测结构应力与变形是否与设计相符。更重要的是，在大桥投入使用后，亟待通过长期监测全面掌握桥梁的内力和变形的动态发展过程，从而积累宝贵的桥梁状态数据、建立完整的大桥安全状态档案。这对于验证菜园坝长江大桥的新设计理念、新施工工艺具有重大的科学意义，对保证大桥得到合理、科学、及时的管养具有重要的实用价值。

　　在《建筑与桥梁结构监测技术规范》GB 50982—2014（以下简称规范）未颁布实施前，对桥梁在使用期间是否实施监测主要根据业主、设计方等对桥梁重要性、监测必要性等的理解以及建设费用等情况确定，主观性、随机性较大，而在规范第 3.4.1 条对使用期间进行监测的作用给予了说明；第 7.1.2 条对是否实施桥梁监测系统进行了规定，菜园坝大桥监测目的及方式完全符合规范第 3.4.1 条、第 3.4.3 条及第 7.1.2 条规定，具体内容参见第一篇相关规范条文分析。

3　监测项目

　　菜园坝长江大桥的运行状态监测与健康诊断系统于 2004 年开始设计及实施，当时国内尚无具有针对性的监测技术规范，加之该桥独特的结构形式致使无法直接移植已有桥梁结构监测系统的经验，所以结合菜园坝长江大桥的结构特点，重点考虑系杆与吊杆、Y 形刚构、钢箱拱、钢桁梁等重要子结构或构件的监测。为从该桥复杂的结构形式中准确把握结构状态，化繁为简，制定了"变形为主、应变为辅；静态为主、动态为辅；平面为主、空间为辅"的监测原则，重点监测结构的变形、应变、索力和温度，具体的监测项目如下：

(1) 变形，包括全桥三维变形、钢桁梁挠度和支座相对位移；

(2) 应变，包括混凝土 Y 形刚构的静态应变、钢拱和钢桁梁的动态应变；

(3) 系杆索力，包括中、边系杆的索力；

(4) 吊杆和吊索索力，包括短吊杆、支点吊索的索力变化趋势；

(5) 振动，包括钢桁梁和主拱钢-混接头的振动情况；

(6) 温度，包括环境温度以及钢拱、Y 构、钢桁梁的结构温度。

将监测项目与规范表 7.1.5 对比可知，对于应监测项，菜园坝长江大桥未监测车辆荷载，这主要是因为该桥为市政桥梁，桥梁两岸的基础建设已基本完成，预计仅少量重型车辆通过桥梁，而轻轨荷载基本与设计相符，变化幅度较小；对于宜监测项，菜园坝长江大桥未监测基础沉降和地震，因菜园坝长江大桥桥址处的地质条件较好且所有桥墩均嵌入基岩，预计桥墩无基础沉降，这在该桥监测系统和长期人工变形观测中得到了较好的验证。同时，重庆主城区仅有少量的地震记录，未来发生地震的概率较低，因而在设计监测系统时未将基础沉降和地震纳入该桥的监测项目。考虑该桥监测系统实施时尚无规范，部分监测项目未纳入，但对于今后实施的监测系统，应参照规范表 7.1.5 执行。

4 测点布设

对于菜园坝长江大桥的测点布设，主要从大桥的结构特点、有限元理论计算、便于施工及后期维护等方面着眼，达到精益求精找准关键部位、适当冗余提高系统可靠性，从而实现准确把握桥梁性态变化的目标。这与规范第 3.2.6 条对于测点布设的总体要求在原则上是一致的，也与规范附录 B 第 B.0.2 条第 1 项关于拱桥在使用期间监测项目的具体要求相符。

4.1 变形测点布设

菜园坝长江大桥的变形监测包括全桥三维变形、钢桁梁挠度和支座相对位移三项内容，符合规范第 4.3 节的监测基本内容及监测方法规定，以下就这三项内容分别进行阐述。

4.1.1 三维变形测点布设

钢箱拱、钢桁梁、Y 形刚构及桥墩是全桥的关键子结构，所以三维变形是监测系统的主要对象。经计算分析表明，当钢箱拱出现一定损伤时，钢箱拱和 Y 形刚构的横桥向和竖桥向位移将发生较大改变。因此，需对钢箱拱、钢桁梁、Y 形刚构及桥墩的三维变形进行监测，选取的测点布置方案如图 2-1-3 所示。需说明的是，三维位移测点在上、下游侧对称布置，以监测桥梁是否出现扭转现象。

规范第 7.3.2 条及附录 B 第 B.0.2 条对拱桥变形监测的测点进行了规定，即在拱脚处布设竖向、水平位移，在拱顶和拱肋关键位置布设竖向位移。同时，第一篇相应条文的"结构监测应用"中也明确将拱肋四分点作为关键位置，需在该点布设变形测点。菜园坝长江大桥三维变形测点布设与规范要求基本一致，但每个测点均监测三个方向的位移。

4.1.2 钢桁梁挠度测点布设

桥梁挠度是反映桥梁整体技术状况、桥面线形等各项指标的综合参量，菜园坝长江大

图 2-1-3　全桥三维变形测点布置图

桥挠度测点在钢桁梁的上、下游侧对称布设，测点立面布设如图 2-1-4 所示。

图 2-1-4　钢桁梁挠度测点布置图

规范表 7.1.5 中规定拱桥应监测竖向变形，在附录 B 第 B.0.2 条给出了拱桥使用期挠度监测的方法，但未对测点布设的部位进行规定，所以在第一篇第 7.3.2 条的"规范条文分析"中指出，拱桥变形监测应考虑主梁位移，同时在该条条文的"结构监测应用"中给出了具体的挠度测点布置要求。

4.1.3　支座相对位移测点布设

支座相对位移指支座处墩与梁之间的相对位移。支座卡死或钢桁梁在桥头处发生扭转等不正常现象都将在支座相对位移上得到体现。同时，菜园坝长江大桥为限制钢桁梁在地震、车辆刹车荷载作用下的纵桥向位移，在 P16、P19 墩处安装了阻尼器，这些阻尼器能否正常工作可间接通过支座相对位移得到检验，故在该桥的支座处布设了相对位移测点，如图 2-1-5 所示。

图 2-1-5　支座相对位移测点布置图

规范第 7.3.2 条指出需监测伸缩缝位移，菜园坝长江大桥监测了所有的伸缩缝位移，符合规范要求。

4.2　应变测点布设

菜园坝长江大桥的应变监测包括静态应变和动态应变，因混凝土结构主要用于桥墩和 Y 形刚构，这些子结构均未直接受到车辆荷载、轻轨荷载的动力作用，所以其应变监测采用静态形式，即对采样的同步性要求较低且采样间隔为数分钟或数小时，符合规范第 4.2 节基本要求。钢桁梁直接承受车辆、轻轨荷载的动力作用且钢箱拱在日常运营中会发生一定的振动，故钢结构的应变监测采用动态连续采样形式，符合规范第4.5节基本要求。

4.2.1 静态应变测点布设

应变属于局部监测参量，通常仅在关键截面布设测点，选取Y形刚构的墩底、墩顶、前悬臂底端截面、后悬臂底端截面和前悬臂牛腿等关键截面布设测点，与第一篇第7.3.4条文分析中考虑最不利组合下应力最大的截面位置相符，具体的监测截面如图2-1-6所示。

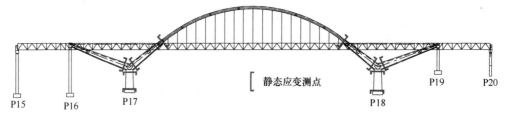

图 2-1-6 静态应变监测截面布置图

4.2.2 动态应变测点布设

选取钢箱拱、钢桁梁在动力荷载作用下应力变化较大的截面以及主拱钢-混接头处进行动态应变监测，具体的监测截面如图2-1-7所示。

图 2-1-7 动态应变监测截面布置图

应指出的是，在规范条文中，并未按静态、动态应变对应变监测进行分类，但在第7.3.7条以及本书第7.3.4条有关"规范条文分析"、"结构监测应用"部分指出了应力应变监测可分为一般应力应变和疲劳应力应变监测，两种应变监测布设测点的原则不同，同时给出了静、动应变常用采样频率的建议。

4.3 振动测点布设

菜园坝长江大桥结构形式复杂、影响结构振动的因素众多，很难通过振型对大桥损伤或安全状态作出准确评估，故仅对大桥关键点的振动响应进行监测，选取的振动监测截面如图2-1-8所示。

规范第7.3.8条指出振动响应监测应兼顾动力特性监测，菜园坝长江大桥的振动形式

图 2-1-8 振动监测截面布置图

216

十分复杂，布设较多测点未必能较好地捕获结构的振型，加之当时根据实桥振动特性进行损伤识别的技术尚不成熟，故布设的动态测点较少。

4.4　系杆索力测点布设

菜园坝长江大桥的水平力主要由中、边系杆平衡，系杆对保证主要结构的正常受力及变形起到了至关重要的作用（如图2-1-1所示），故对所有的系杆均进行监测，具体的监测截面布置如图2-1-9所示。

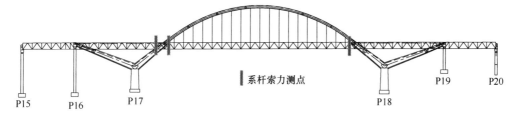

图 2-1-9　系杆索力监测截面布置图

4.5　吊杆及吊索索力测点布设

菜园坝长江大桥在Y构前悬臂处并未设置钢桁梁支座，而是通过支点吊索（吊杆）将边跨荷载传递给Y形刚构，所以支点吊索承受了巨大的荷载。另一方面，当结构发生异常变形时，短吊杆的受力将受到较大影响，故需对短吊杆受力进行监测，具体的测点布设方案如图2-1-10所示。

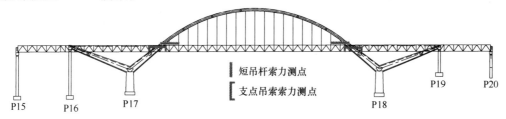

图 2-1-10　吊杆索力测点布置图

规范第7.3.6条对桥梁吊杆、吊索和斜拉索等索系的测点布设进行了规定，因菜园坝长江大桥每处的吊杆均为两根，根据有限元模拟分析表明，仅单根吊杆损坏对全桥总体受力的影响较小，故仅对较易发生损坏的短吊杆进行监测，符合规范第7.3.6条第2款的基本要求。

4.6　温度测点布设

仅在温度变化下应变等传感器的测量值将发生改变，且结构响应也可能受到结构温度的影响，故选取的温度测试截面如图2-1-11所示，符合规范第4.4节的基本规定。

图 2-1-11　温度测点布置图

5 监测硬件系统

桥梁结构健康系统由监测硬件系统和软件系统组成。监测硬件系统包括第一篇表1-3-1中的前两项子系统，按照第一篇规范第3.1.2条"规范条文分析"部分的内容，通过传感器实现桥梁、环境状态的感知，通过采集设备、传输设备实现数据采集和传输。

5.1 位移监测

因菜园坝长江大桥的位移监测涉及全桥三维变形、钢桁梁挠度和支座相对位移三项内容，必须采用不同的监测手段才能实现各项监测内容。

5.1.1 三维变形监测

在规范附录B的第B.0.2条第2款规定跨度大于300m的钢拱桥宜在拱顶采用GPS法监测空间变形。规范的第4.3.2条规定，变形监测方法可采用机械式测试仪器法、电测仪器法、光学仪器法及卫星定位系统法。菜园坝长江大桥的结构形式较为复杂且三维变形的测点较多，考虑到经济性和可行性，选用光学仪器法中的测量机器人（全自动全站仪）进行三维位移监测。

全自动全站仪由安装在被测点的反射棱镜和测量主机组成。系统工作时，由主机发出激光束，并自动调整方向，以激光束对准被测点处的反射棱镜，然后自动记录下主机的方位角与俯仰角，并通过激光测距测量主机与棱镜之间的距离，从而通过距离、俯仰角和方位角计算出被测点处的三维变形，故所有测量点（即各个反射棱镜）与测量主机之间必须保证无遮挡通视。完成第一点测量之后，主机按照制定程序，自动调整方向，依次进行第二点、第三点的测量，因此这种测量方法只适合静态三维变形测量。菜园坝长江大桥健康监测系统采用的全自动全站仪的主要性能指标如表2-1-1所示，符合第一篇附录A中表1-A-5的传感器技术要求。

全自动全站仪主要性能指标 表2-1-1

测角精度		激光对中精度	激光测距精度（300m）	单次测量时间	工作温度
标称	实测				
±1.0″	±1.5″	0.8mm	3mm+2×10⁻⁶l	4s	−20~+50℃

由于三维变形的测点分布在全桥各处，各个测点自身之间的距离已经超过500m，且没有任何一个基准点能够对全桥所有测点实现无遮挡通视，因此分别在P18墩的上游方向、下游方向设置两个测量基准点，由两台测量主机分别监测上侧与下侧的测点，而两台测量主机分别通过通信机与主机房内的电脑相连，进行同步控制。考虑到南岸侧岩壁较高、不会被洪水淹没，且距离南桥墩较近，因此在南岸侧岩壁上安装一组反射棱镜作为永久性测量基准，对两个测量主机的位置进行校核，以提高系统的测量精度。

在钢箱拱上安装的反射棱镜如图2-1-12所示。

5.1.2 挠度监测

针对菜园坝长江大桥钢桁梁的挠度监测，为弥补三维变形测量的静态限制，解决雾天、雨天等不利天气下的测量问题，并考虑挠度监测对单测点的动态响应要求不高、但对多测点的同步性要求较高的特点，选用了数字式光电液位传感器，是规范第B.0.2条第2款推荐的拱桥挠度监测方法。按照第一篇附录A中表1-A-5的传感器技术要求，数字式

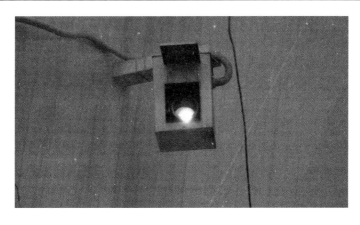

图 2-1-12　反射棱镜及自动开闭保护盒

光电液位传感器主要技术指标如表 2-1-2 所示。

数字式光电液位传感器主要性能指标　表 2-1-2

项　目	测量范围	测量精度	多传感器动态特性
指标	400mm	0.1mm	5Hz（30 只）

为尽量保证液位与桥梁挠度之间的动态响应特性，沿桥梁轴向采用了管径大于 40mm 的连通管，符合规范第 B.0.2 条第 2 款规定。钢桁梁上安装的数字式光电液位传感器如图 2-1-13 所示。

5.1.3　支座相对位移监测

菜园坝长江大桥支座相对位移选用了拉绳式位移传感器，与规范第 B.0.2 条第 2 款规定的拱桥梁端部纵向位移宜采用拉绳式位移计内容一致，该类传感器可承受剧烈的垂向振动冲击以及路面雨水下漏的侵蚀，其主要技术指标如表 2-1-3 所示，符合第一篇附录 A 中表 1-A-5 的传感器技术要求。南桥头处安装的拉绳式位移传感器如图 2-1-14 所示。

图 2-1-13　光电液位挠度传感器

拉绳式位移传感器主要技术指标　表 2-1-3

测量行程	1000mm	工作温度	−10℃−70℃
线性度	±0.3%FS	保证等级	IP50
拉力	<600g	其他功能	防水、防尘、抗震

5.2　应变监测

5.2.1　静态应变监测

考虑到菜园坝长江大桥的静态应变测点均预埋于混凝土中，必须与混凝土施工同步进行，从而应变传感器在混凝土施工过程中要反复经受钢模板移动、捆扎钢筋、浇筑混凝

图 2-1-14 伸缩缝处拉绳式位移传感器

土、振荡捣实等各种施工工艺过程的考验。所以埋入式应变传感器及其信号线应相互独立，以便某个传感器自身在损坏后不影响其他传感器的测试。混凝土作为一种各向异性非均匀材料，须充分考虑传感器与混凝土材料的相容性、测量的准确性，此外，使用期间的桥梁健康监测还需考虑传感器的长期稳定性、零点飘移、使用寿命、灵敏度等各项性能指标。因此，菜园坝长江大桥的静态应变监测选取光纤法珀传感器符合规范第 4.2.1 条及第 4.2.2 条的规定。

光纤法珀传感器是一个特制的二氧化硅光纤密封腔，因而具有天然的稳定性和长期可靠性；同时，光纤法珀传感器是以光波长为应变测量的基准长度，因而具有极高的测量精度，其测量结果不受环境温度、工作电压等外界因素的影响，系统无零漂，且各传感器之间相互独立。按照第一篇附录 A 中表 1-A-5 的传感器技术要求，菜园坝长江大桥选用的光纤法珀传感器的主要技术指标如表 2-1-4 所示。

光纤法珀传感器主要技术指标　　　　　　　　　　表 2-1-4

量程	灵敏度	长期稳定性	安装方式
$2500\mu\varepsilon$	0.1%FS	优于1%	混凝土浇筑同步

5.2.2　动态应变监测

动态应变测点主要表贴于钢箱拱、钢桁梁关键截面的钢结构上，通常是在结构制造、施工完成之后，最后安装在钢结构预定位置的表面处，即将传感器焊接于已施工完成的钢结构构件上，故对传感器的安装性能要求不高。因动态应变更关心短时间内测量值的变化，对传感器的零点飘移要求比埋入式静态光纤法珀应变传感器的要求低，但考虑到动态应变测点可能受到较大冲击荷载的作用，故应变测试的量程宜大于静态应变，在规范第 4.5.8 条中也对动应变监测设备的量程进行了具体规定，即设备量程不应低于量测估计值得 2～3 倍。因此，动态应变传感器选取光纤光栅应变传感器，其主要的技术指标如表 2-1-5 所示，符合第一篇附录 A 中表 1-A-5 的传感器技术要求。钢桁梁安装的光纤光栅应变传感器如图 2-1-15 所示。

光纤光栅应变传感器主要技术指标　　　　　　　　表 2-1-5

量程	灵敏度	动态响应	温度范围	安装方式
$3000\mu\varepsilon$	0.1%FS	50Hz	$-20℃\sim70℃$	表面焊接

5.3　振动监测

菜园坝长江大桥主桥的主梁跨度超过 400m，其振动的前几阶固有频率较低，要求传

图 2-1-15　钢桁梁安装的光纤光栅应变传感器

感器的低频响应特性好。虽加速度传感器是目前最为成熟可靠的振动测量手段，但加速度传感器普遍低频响应差，且需要专用、昂贵的电荷放大器。因此，低频特性与电荷放大器是限制加速度传感器在桥梁现场实际应用的主要瓶颈。经分析对比与多次试验，选取拾振器对大桥振动特性进行监测，该类传感器的主要技术指标如表 2-1-6 所示。钢桁梁下弦处布设的拾振器如图 2-1-16 所示。

拾振器主要技术指标　　　　　　　　　　　　　　表 2-1-6

灵敏度	量程	频率响应	线性误差	分辨率
$\pm 0.3V/（m/s^2）$	$20m/s^2$	$0.25\sim80$	$\leqslant1\%$	$5\times10^{-6}m/s^2$

对比表 2-1-6 和规范附录 A 中表 A.0.1 可知，表 2-1-6 中的技术指标基本与规范附录 A 表 A.0.1 中的指标一致。

图 2-1-16　钢桁梁下弦处拾振器

5.4　系杆索力监测

系杆是菜园坝长江大桥的主要受力构件之一，被置于特制的钢套管内，仅在 Y 形刚构前悬臂处的锚头处露出，限于现场条件并结合国内外技术水平，选取穿套式压力传感器监测系杆索力，属于规范第 4.8.1 条规定的千斤顶油压法、压力传感器测定法和振动频率法中的一种。由于边跨系杆和中跨系杆受力相差较大，选取两种测量范围不同的穿套式压力传感器，其主要技术指标如表 2-1-7 所示。封锚后穿套式索力传感器的信号线如图 2-1-17 所示。

221

穿套式压力传感器主要技术指标 表 2-1-7

测量范围	测量精度	长期稳定性
5000kN	1‰	5‰
10000kN	1‰	5‰

菜园坝长江大桥系杆压力传感器的测量精度为满量程的 1‰，小于规范第 4.8.1 条规定的压力传感器测定法监测精度宜为满量程 3.0% 的规定。

图 2-1-17 封锚后穿套式索力传感器的信号线

5.5 吊杆及吊索索力监测

菜园坝长江大桥共有 4 组短吊杆，每组短吊杆由 2 根吊杆构成；共有 4 组支点吊索，每组支点吊索由 6 根吊杆构成。经有限元模拟计算表明，即使某组短吊杆、支点吊索的 1 根吊杆完全损坏，全桥的受力、变形也不会发生明显改变；而当系杆发生较小损伤时，短吊杆、支点吊杆的索力可能增加 1 倍。故吊杆和吊索索力主要以监测索力变化趋势为主，对准确测试索力值的要求可适当降低。虽短吊杆和支点吊索的长度均在 10m 以内，仍选取 ICP 型加速度传感器通过振动频率法监测索力，该方法已成为规范第 4.8.1 条关于拉索索力监测的推荐方法之一。ICP 型加速度传感器的具体参数如表 2-1-8 所示。安装在短吊杆的加速度传感器如图 2-1-18 所示。

ICP 型加速度传感器主要技术指标 表 2-1-8

灵敏度	量程	频率响应	线性误差	分辨率
$\pm 0.1V/(m/s^2)$	$50m/s^2$	$0.2 \sim 1500$	$\leqslant 1\%$	$2 \times 10^{-4}m/s^2$

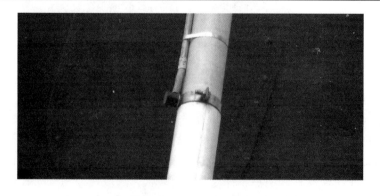

图 2-1-18 短吊杆上的加速度传感器

从表 2-1-8 可知，菜园坝长江大桥选取的 ICP 压电加速度传感器与规范附录 A 表 A.0.1 中规定的 ICP 压电加速度计的技术指标一致。应指出的，规范第 4.8.1 条规定采用振动频率法测试索力的精度应小于满量程的 5.0%，而菜园坝长江大桥采用振动频率法对短吊杆、支点吊索的测试精度无法达到该要求，这主要是由于施工时无法在短吊杆、支点吊索上安装压力式索力传感器，且短吊杆、支点吊索索力监测目的主要是为了间接反映系杆的受力状态，其次才是监测吊杆索力的变化。

5.6　温度监测

温度监测方法相对而言具有技术成熟、产品种类多、挑选范围大的特点，考虑到传感器量程、精度和可靠性等要求，菜园坝长江大桥健康监测系统选用了模拟/数字混合式半导体温度传感器，其主要性能指标如表 2-1-9 所示，符合第一篇附录 A 表 1-A-5 的传感器技术规定。

温度传感器主要技术指标　　　　　　　　　　　　　表 2-1-9

测量范围	测量精度	工作电压	工作电流	接口
$-50\sim150℃$	$\pm0.5℃$	$9\sim24V$	18mA	RS485

在规范中，仅第 4.4.3 条规定了温度监测的精度宜为 $\pm0.5℃$，对其余指标规定可参考第一篇附录 A 表 1-A-5。因温度传感器发展相对较为成熟，现有产品的测量精度一般能够满足规范的规定。

5.7　数据采集与传输

5.7.1　数据采集与传输子系统构建

菜园坝长江大桥运行状态监测系统由三百多只传感器、数十台测量仪组成，但监控中心离桥梁现场距离较远（达数公里），如将这三百多传感器的信号线、电源线等直接连接到监控中心内，将产生较高的设备成本、施工成本，且这些线路的损坏也将降低监测系统的可靠性，因此，按照规范第 3.2.1 条要求，采用在桥梁现场建立现场机房的方式，将测量仪安放在现场机房内。同时，考虑到系统的冗余度、备份和可靠性，根据菜园坝长江大桥的实际情况，在两个 Y 形刚构处分别设置两个现场机房（采集站），将三百多只传感器的数据线、电源线合理分配到两个现场机房。两个现场机房和桥梁监控中心之间采用专用通信光缆，连接成局域网，从而实现系统的无缝连接，这样既可以防止一个现场机房出现意外时，整套监测系统出现全面瘫痪的可能性；又能降低系统的施工难度以及总成本。施工完毕的南 Y 形刚构处的

图 2-1-19　南 Y 构处现场采集机房

223

现场采集机房如图 2-1-19 所示。

5.7.2 数据采集

如第一篇第 3.1.2 条"规范条文分析"所述，数据采集与传输子系统完成传感器数据的采集、信号调理与数据传输。各种不同类型的传感器采用不同的信号调理模块，数据采集模块完成对调理后的传感器信号的处理与转换，最终形成数字信号；数据传输模块将采集模块采集的传感器数据调制成为可供远程传输的信号，并完成信号的远程传输及解调的任务。作为向传感器发送采集指令的载体与通道，数据采集与传输子系统要求可靠性高、稳定性强、集成化程度高、便于统一管控、扩充性强，并易于升级以及维护更换。

根据不同传感器类型对采集设备的要求，菜园坝长江大桥结构健康监测各类传感器系统的输出信号及对应的采集设备如表 2-1-10 所示。

菜园坝长江大桥传感器信号分析及采集设备选择　　　　　　　　　表 2-1-10

传感器类型	信号传输形式	采集设备
数字式光电液位传感器	RS485 信号	工控机
拉绳式位移传感器	RS485 信号	工控机
光纤法珀应变传感器	光信号	光纤法珀解调仪
光纤光栅应变传感器	光信号	光纤光栅解调仪
拾振器	电压信号	
穿套式压力传感器	RS485 信号	工控机
加速度传感器	电压信号	采集卡
半导体温度传感器	RS485	工控机

位移南、北 Y 构的现场采集站主要由工控机采集系统、光信号采集系统和网络传输系统组成，其中工控机采集系统负责电压信号和 RS485 总线采集；光纤法珀解调仪、光纤光栅解调仪负责光信号的采集；交换机负责工控机、光纤法珀解调仪和光纤光栅解调仪等网络信号的汇聚，然后交换机将信号发送给光纤收发器，由光纤收发器负责远距离通信。

6 监测软件系统

6.1 软件系统总体框架

按照第一篇第 3.1.2 条"规范条文分析"，菜园坝长江大桥健康监测系统中的软件子系统以传感器子系统、数据采集和传输子系统为基础，以满足记录桥

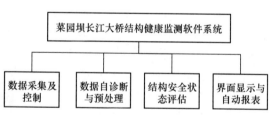

图 2-1-20 软件系统总体框架

梁结构性态变化、结构安全状态评价需求为出发点，根据数据采集控制策略、数据处理理论和安全评价理论，实现传感器数据的自动采集、存储、处理和桥梁结果的安全状态评价。软件系统的总体框架如图 2-1-20 所示。

6.2 数据采集及存储

6.2.1 数据采集策略

1. 静态数据的采集策略

菜园坝长江大桥的静态数据采集分为定时采集和触发采集。对于定时采集，以反映桥梁结构静态变化为目标，根据桥梁安全评估的需要，设定采集时刻点，以此来触发传感器数据的采集。为保证不同种类传感器以及同种类传感器数据的同步性，采取软硬件结合的思路，依靠多线程、多总线等技术。在采集时，同时启动各类传感器执行采集。定时采集的数据全部提交到数据库中。

对于触发采集，是指在突发事故或恶劣环境下，由加速度传感器感知到较大振动时触发全桥所有传感器进行数据采集。由于该类情况发生的频率低但对桥梁结构安全状态影响大，因此，触发采集对所有传感器均采用连续方式进行数据采集，且采集的所有数据均提交到数据库中。

2. 动态数据采集策略

理论与试验都证明，结构的高阶动力特性与结构损伤的关系更明显，更有利于结构损伤识别和判断。但是，如果缺少外部有效激励，仅采用环境激励的方式很难激发桥梁结构的高阶振动。另外，结构损伤除了在特大事故或恶劣气象时可能会突然发生，日常运营情况下结构损伤发展十分缓慢，属于"温水煮青蛙"式的累积损伤。但考虑到需利用动态采集系统触发静态采集系统，因此，对于动态数据虽进行实时采集，但在提交数据时，仅提交每日温度最高和温度最低时的动态数据，符合第一篇第3.2.8条"规范条文分析"的要求。

采用上述数据采集策略，一年形成的静态数据大约为53MB，动态数据大约为8.5GB，大大减轻了对数据备份、检索的压力，也有效避免了海量数据问题。

6.2.2　数据存储

关系数据库以关系模型为数据模型，采用三级模式结构，可实现高效的数据管理和查询。该类数据库不仅可以直接查询数据表中的数据，还可以根据要求，在表的基础上建立视图。通过视图，可以屏蔽表的具体结构，更能方便用户对数据的查询、管理，菜园坝长江大桥结构监测系统采用关系数据库进行数据存储。

数据库的设计需要经过需求分析、概念结构设计、逻辑结构设计、数据库物理设计、数据库实施等阶段。菜园坝长江大桥数据库系统中的数据流程较为简单，通常仅需数据表设计。所有采集回来的数据可以按采集的目的分为几大类，比如温度类、挠度类等，设计表时可以据此为每个大类建立一张表，而在每张表除了为每个传感器建立对应的属性以外，还增加时间属性，并设其为主关键字，以便与其他类数据进行关联。同时，由于有动态采集和静态采集两种采集方式，为便于数据的管理和查询，分别为其建立两套表（表2-1-11、表2-1-12）。表示例如下：

温度表　　　　　表 2-1-11

属性名	数据类型
日期	日期型
温度1	float
温度2	float
温度3	float
温度4	float
温度5	float
……	

静态挠度表　　　　表 2-1-12

属性名	数据类型
日期	日期型
挠度1	float
挠度2	float
挠度3	float
挠度4	float
挠度5	float
……	

6.2.3 数据管理

数据管理主要指实现数据库的管理，主要分为以下 3 个部分：用户管理、采集参数管理、数据库管理，其结构框图如图 2-1-21 所示。

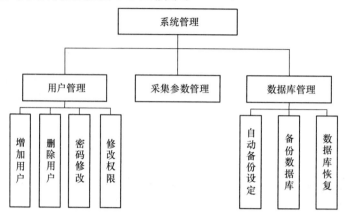

图 2-1-21 数据管理框图

桥梁结构健康监测系统的数据库通常较为简单，因对数据分析的大量工作是由数据自诊断与预处理、结构安全状态评估模块完成的，而数据库仅需实现数据存储、查询等功能，所以在规范中未对监测数据的存储和管理作出具体规定，在第 3.4 节、第 4.9 节以及第 7.1 节"规范条文分析"及"结构监测应用"部分有所提及。

6.3 数据自诊断与预处理

桥梁安全状态评估的依据是监测数据，所以数据的可靠性直接决定了安全状态评估的准确性。而受现场环境干扰以及传感器的偶发故障，将不可避免产生失真数据，甚至产生严重异常数据，需对这些数据进行自诊断，修正或隔离这些数据并提交关于传感器故障的报告；另一方面，更换传感器所产生的数据跳变将产生失真数据，也需要通过数据预处理进行自诊断和修正。数据自诊断和预处理流程如图 2-1-22 所示。规范第 3.4.11 条提出监

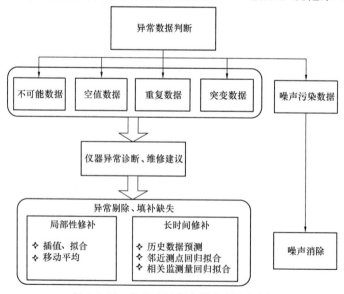

图 2-1-22 数据自诊断和预处理流程图

测数据应真实、可靠、有效，在第一篇第 3.4.11 条"结构监测应用"部分也进行了数据诊断处理的阐述，但诊断及处理方式未详细阐述，菜园坝长江大桥的数据处理方法可供借鉴参考。

6.3.1　数据自诊断

数据自诊断旨在对采集的原始数据按照一定的判别准则，判断数据质量好坏，针对数据存在的"病症"，结合不同类型传感器、采集设备的特征，做出各种仪器设备自身是否处于正常工作状态，以及故障可能原因的诊断和维修建议，通知现场相关人员对仪器设备进行故障排查检修工作。同时，针对异常数据的不同表现形式，采取纠正不一致数据，消除异常数据，修补遗漏数据，平滑噪声数据等相应措施，为后续的分析处理提供准确、可靠的数据。

结合传感器故障机理、传感器失真数据规律、数据干扰规律以及大量桥梁监测数据的处理分析，根据失真数据和异常数据的特征，将其分为以下 6 类：

第一类是"不可能"数据，亦称超限数据，主要指超过传感器量程和被测构件物理意义界限外的数据，比如 220m 跨连续刚构桥的一天之内挠度变化 5m，超限数据的限值可直接根据传感器量程、被测参量的物理范围等确定。

第二类是空通道数据，主要指设备通道未接入传感器时产生的异常数据，或因传感器信号线中断以及采集设备通道损坏产生的异常数据。这些异常数据可通过与正常数据在时域、频域的对比进行判断。

第三类是白噪声数据或白噪声占优的数据，当传感器损坏或该通道受到强烈噪声干扰（接地异常时可能会产生较大的噪声干扰）时会产生此类干扰数据。将该类数据与正常数据的频谱进行对比分析即可实现判别。

第四类是典型的受干扰数据，主要是指监测硬件系统屏蔽出现故障时产生的数据。该类数据的特征较明显，即在频谱上能明显看到某些频点出现峰值，如 50Hz 频点出现峰值，则说明该该数据收到了 50Hz 交流电信号干扰。

第五类是"尖峰"数据，亦称为突变数据，即某个时点采集的数据突然间大幅度变大或变小，但其前后时间数据均较为正常的数据，例如某整点时刻温度监测数据为 30℃，但在其前后整点的监测数据均为 5℃左右。"尖峰"数据可通过设定监测数据变化速率阈值进行判定。

第六类数据是多次重复的大值数据，即在一定时间段内出现大量完全一样的大值数据。这可能是因传感器或采集设备的电路异常造成的。该类异常数据可通过对一定时间内数据出现频次的统计进行判断。

6.3.2　数据预处理

对监测设备采集的原始数据，根据上一小节给出的判断准则，对数据进行异常检验，一旦发现数据异常，首先在数据库中记录异常数据发生的时间点和所在通道，并对该段数据做标记，然后根据不同类型的失真数据进行必要的修补，最后在图形显示界面和报表中通知相关管理人员，以便得到妥善处理。

根据失真数据产生的原因和不同类型，菜园坝长江大桥结构健康监测系统主要采用 3 类方法进行数据预处理。

第一类方法是针对超限数据、空通道数据、突变数据以及多次重复的大量数据进行异常剔除、缺失填补，即丢弃错误数据，针对丢弃操作产生的缺失数据进行填补。该类方法又可细分为两种方案。一是针对局部性缺失，采用该通道邻近时间段的数据进行修正，包括多项式拟合插值、拉格朗日插值、样条插值等插值法以及移动平均法等方法；二是针对长时间范围缺失，主要根据相关性进行数据填补，即在同类型传感器或测试相同结构特性的传感器中，根据历史监测数据选取具有最大相关系数的传感器，并建立起两者的回归关系模型，然后利用这些相关传感器的监测数据填补出因丢弃异常数据产生的缺失数据。

第二类方法针对噪声污染数据进行噪声消除。首先通过频谱分析判断出噪声的特点，然后针对不同的噪声类型采用不同的滤波手段进行消除：针对工频及谐波干扰，采用梳状滤波器（陷波滤波器）；针对白噪声干扰，采用基于小波或小波包的阈值消噪法。

第三类方法是针对更换传感器产生的突变数据进行数据衔接。首先判断因更换传感器出现数据突变的时间点，然后根据对比基准点数据、邻近点传感器该时段的变化数据等进行突变数据的修正。

6.4 结构安全状态评估

6.4.1 安全状态评估方法

桥梁的安全状态评价是桥梁运行状态监测与健康诊断系统的关键点和难点，国内外学者一直在研究能适用于复杂结构的桥梁损伤及整体安全性的"实时"评估方法，主要分为动力评估和静力评估方法两大类。动力分析方法中主要有基于频域、时域和时频域等方法；静力分析方法中最具代表性和适用性的是分层综合分析方法。在这些方法的具体应用中，用到了模型修正、神经网络和模糊数学等技术，衍生出各种不同的方法和技术。但是由于桥梁结构本身及其工作环境的高度复杂性、测试信息不充分、测试精度不足和测试信号噪声等不确定性，桥梁结构赘余度大并且测试信号对结构局部损伤不敏感等原因，造成现有一些评估方法和技术尽管在理论分析和实验室简单结构上有成功例子，但还不能可靠地应用于复杂结构。遵循既简单可靠，又不失先进性的原则，根据目前结构健康监测和安全状态评估方法研究的应用水平的现状，采用层次分析法实现菜园坝大桥的结构安全状态评估。

层次分析法是美国运筹学专家 T. L. Saaty 于 20 世纪 70 年代提出的一种定性和定量相结合的多准则评价方法，体现了人类决策思维的基本特征，即分析、判断和综合。层次分析法的基本原理是将桥梁结构分解成若干个组成因素，再将这些因素按支配关系分组形成递阶式的层次结构。在最底层通常利用阈值对比法得出各测点的安全状态，然后根据各层次的权重依次计算得出最高层的安全状态，即结构总的安全状态。

层次分析法可针对不同监测类型的数据进行评估，既可利用整体监测数据，也能根据层次划分利用局部构件和部位的监测数据。根据层次划分的不同，各种类型的桥梁，都可采用层次分析法进行评估，所以该方法特别适用于大型桥梁。目前层次分析法的研究已经较为成熟，是大型桥梁最为常用的安全状态评估方法之一。

根据层次分析法的思想，首先将菜园坝长江大桥分为整体静态评估和整体动态评估两个层次。对于整体静态评估，进一步细分为 Y 构状态评估、拱肋状态评估、主梁状态评估、系杆状态评估、支点吊索状态评估及短吊索状态评估 6 个子结构。针对不同的子结构，又可能包含不用的监测参量，比如 Y 构状态评估包含的 Y 构位移和 Y 构应变评估。菜园坝大桥采用的层次划分和用到的计算方法和手段如图 2-1-23 所示。

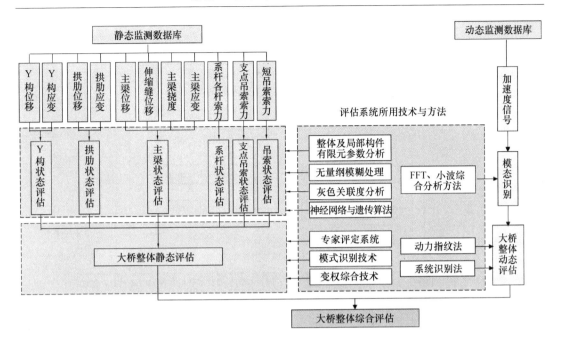

图 2-1-23　菜园坝长江大桥层次分析法示意图

参考《公路桥涵养护规范》JTG H11—2004 的规定，子结构和大桥整体的评估结果可分为四类：良好、观察、一般预警、严重预警。符合第一篇第 1.0.1 条"结构监测应用"及第 1.0.3 条"规范条文分析"的要求。

6.4.2　阈值确定方案

阈值是安全状态评估中的一个关键参量，但合理确定阈值，特别是大型桥梁的阈值是一项艰巨的工作。应指出的是，阈值不是一个孤立的物理量限值（如位移等），它一般情况下是一个相对值（如相对基础沉降、桥面线型、各吊杆内力分布曲线等）；阈值也是一个变量，它可能和时间、温度、载荷等有关；另外，确定合理阈值是一个根据长期监测结果不断修正完善的过程。菜园坝长江大桥阈值确定过程如图 2-1-24 所示。

阈值或监测预警值是桥梁结构健康监测及时预警功能的关键参数，所以被列为规范的唯一强制性条文（第 3.1.8 条），按照第一篇第 3.1.8 条监测应用部分，菜园坝长江大桥制定了不同的预警等级及相应预警值。应指出的是，阈值不是一个固定不变的值，特别是针对内力和变形不断发生重分布的新建桥梁，合理阈值的确定需在较长的时间段内不断调整、优化才能完成。

6.5　图形显示与自动报表

按照规范第 3.4.11 条及第 3.4.13 条规定，为使大桥的专业维护管理人员最为方便地查看健康监测系统的各种数据和评估结果，位于监控中心的服务器采用 C/S 界面显示健康监测系统的监测、评估结果并自动生成报表。

6.5.1　图形显示模块

采用三维建模技术构建大桥的真三维模型，并采用 OpenGL 三维显示技术渲染大桥的立体模型。各监测截面和监测点分别采用空间截面和各种形状的图形在实体模型中形象地展示，从而实现在模型中直接选择想要观测和操作的监测截面或监测点。直观的大桥三维变

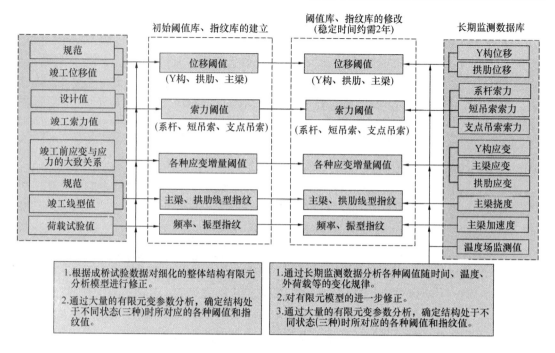

图 2-1-24　阈值确定流程图

形、桥体竖向挠度显示，整桥的应力场和温度场的云图渲染以及由各种二维图形表示的监测数据曲线和分析结果，使整个系统到达了数据显示形象直观和使用操作方便的效果。

　　为全面显示大桥的信息以及便于操作人员分析数据，C/S界面采用双屏设计，即一个为屏幕显示操作区，一个屏幕为分析输出区。其显示操作区可细分为菜单和工具条、桥体模型管理区、桥梁三维模型显示区和数据属性设置与显示区共 4 个功能分区，如图 2-1-25 所示。分析输出区主要显示采集数据趋势分析、评估结果等内容，如图 2-1-26 所示。

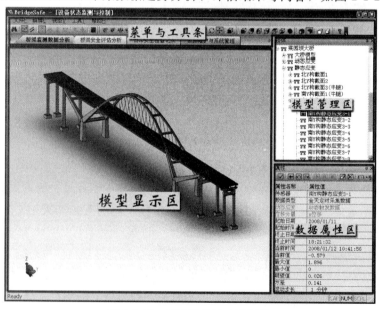

图 2-1-25　显示操作区功能划分

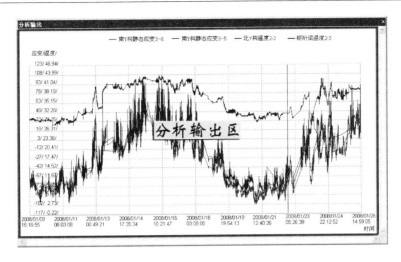

图 2-1-26　分析输出区显示内容

6.5.2　自动报表模块

菜园坝长江大桥的软件系统具有自动报表模块，可根据每天监测的数据自动生成报告，生成的报表示例如图 2-1-27 和 2-1-28 所示。

每日监测结论

根据采集的监测数据，在消除温度影响后，大桥的安全状态如下表所示：

部位	Y构		钢	系杆			支点吊索		短吊索		钢
	北	南	箱拱	北	中	南	北	南	北	南	桁梁
状态	正常	正常	正常	正常	正常	正常	正常	正常	正常	正常	正常

对各子结构的安全状态评估结果进行数据融合可知：菜园坝长江大桥没有表现出明显的结构损伤征兆，处于安全状态。

图 2-1-27　自动报告首页结论部分

全桥挠度监测报告
2007年2月17日

1 监测挠度数据对比

(单位：毫米)

索引号	测点所在截面位置	测点在该截面位置	实测值	阈值上界	阈值下界	是否超界	索引号	测点所在截面位置	测点在该截面位置	实测值	阈值上界	阈值下界	是否超界
1	1	上游	0.3	−14.3	5.9	否	14	1	下游	−15.5	−11.7	8.5	是
2	2	上游	0.7	−8.3	27.6	否	15	2	下游	0.5	−4.9	31.0	否
3	3	上游	0.9	−13.7	53.2	否	16	3	下游	0.8	−10.0	56.9	否
4	4	上游	1.6	−23.7	113.2	否	17	4	下游	0.5	−15.7	121.2	否
5	5	上游	0.7	−13.7	52.4	否	18	5	下游	0.5	−11.7	48.6	否
6	6	上游	0.3	−5.7	29.3	否	19	6	下游	0.5	−10.4	24.6	否
7	7	上游	0.1	−6.3	3.7	否	20	7	下游	0.1	−7.5	2.5	否
8	8	上游	−0.1	−11.8	5.2	否	21	8	下游	−0.1	−8.9	8.1	否
9	9	上游	0.0	−5.2	4.8	否	22	9	下游	0.0	−6.0	4.0	否
10	10	上游	0.1	−12.2	20.5	否	23	10	下游	0.0	−12.9	19.8	否

2 挠度监测结论

通过对昨日全桥挠度数据的评估，表明除个别部位的挠度接近限值外，绝大多数测点的挠度小于或远小于其相应的阈值。因此，从全桥的正常使用状态来看，大桥处于安全状态。

图 2-1-28　钢桁梁挠度测试系统自动报表

从图 2-1-27 和图 2-1-28 可知，菜园坝长江大桥的自动报表包括了监测数据和阈值，并将监测数据与阈值进行了对比，并给出了大桥总体的安全状态，这些指标对桥梁管理人员了解桥梁状态起到了重要作用，符合规范第 3.4.13 条对监测报表应包括的内容规定。

7 监测成果

监测成果应符合规范第 3.4.10 条～第 3.4.14 条相关规定，以下从成桥荷载试验、地震突发事件和日常运营监测共三个方面对菜园坝长江大桥健康监测系统的监测成果进行论述。

7.1 成桥荷载试验挠度测试

由于施工工序原因，结构健康监测系统的施工滞后于其他工种，导致成桥荷载试验时，结构健康监测系统正处于施工阶段，系统仅能依靠人工进行数据采集，部分监测子系统甚至无法依靠人工进行数据采集。故仅给出成桥荷载试验时的挠度监测数据。在各工况下，监测系统采集到的桥面加载挠度、回弹挠度及理论计算挠度如图 2-1-29 所示，图中坐标 0 点为全桥纵桥向的对称点。

由于成桥荷载试验布设的挠度测点与桥梁结构健康监测系统布设的测点部位不同，所以无法对测试值的大小进行准确比较。但在试验荷载作用下，测试的桥梁挠度曲线与理论计算挠度曲线的形状基本吻合，且在各工况卸载后，桥梁线型恢复到初始线型，这与人工测试的结果完全一致。

从测试结果来看，桥梁在荷载作用下的变形与理论变形的形状一致，且卸载后桥梁能回弹到初始值，表明桥梁在设计荷载作用下能够正常工作。因此，采用健康监测的测试数据可以实现对新设计理论、新施工工艺验证的目标。

7.2 突发事件下的安全状态评估

在 2008 年 5 月 12 日，汶川大地震在重庆地区引发了较为强烈的震感。在地震发生后第一时间，重庆市桥梁管理部门急需对全市百余座桥梁的性能是否受到地震影响、是否能够正常通车进行判断。依托菜园坝长江大桥的健康监测系统，项目组及时形成了《菜园坝长江大桥运行状态监测与健康诊断系统 5.12 地震后评估报告》，总体结论如下：

根据 5.12 地震前后监测数据，并分别通过系统的自动评估软件、人工分析两种方式对数据进行了分析计算，得出如下结论：虽然地震对桥梁主桥部分结构有短暂的冲击影响，但没有超出桥梁的安全范围，且冲击过后主桥的相关参数基本都能够复原，因此，在地震发生后，菜园坝长江大桥主桥没有表现出明显的结构损伤征兆，处于安全状态。

5 月 13 日上午，《菜园坝长江大桥运行状态监测与健康诊断系统 5.12 地震后评估报告》就送达相关部门，为管理者对菜园坝长江大桥以及其他桥梁在突发事件下的管理、养护起到了至关重要的作用。

因此，在突发事件下，桥梁结构健康监测系统能及时、准确、科学的评估桥梁结构的安全状态，为桥梁的管理、养护、维修提供了技术依据。

7.3 日常安全状态评估

菜园坝长江大桥健康监测系统的日常安全状态评估是由评估软件自动完成的，并采用图形显示和自动报表两种方式显示监测结果。

在图形显示界面，通过对子结构和大桥整体的安全状态进行总体显示。为便于管理人

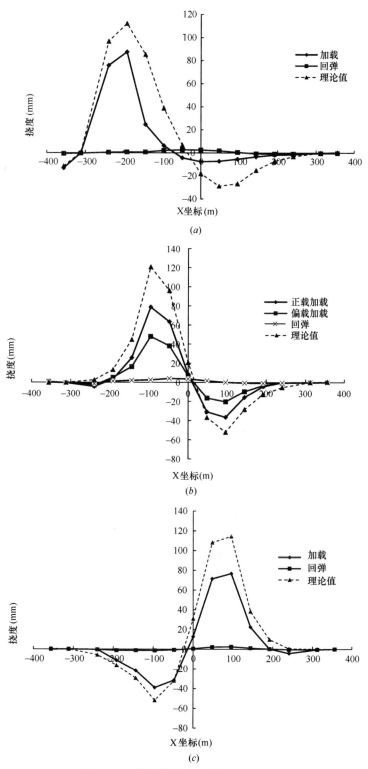

图 2-1-29 成桥荷载试验采集的挠度数据
(a) 北钢拱脚最大弯矩对称加载；(b) 北钢拱脚 L/4 截面最大弯矩加载；
(c) 南钢拱脚 L/4 截面最大弯矩对称加载

员及时发现并报警，采用如下 3 种方式通知管理人员：一是以不同颜色区分发生报警的子结构或整桥；二是评估软件所在服务器将发生特殊的蜂鸣声；三是通过短信发送到相关管理人员的手机上。大桥整体评估结果显示如图 2-1-30 所示。

图 2-1-30　大桥整体评估结果的三维显示

如桥梁管理人员需在界面查看某个测点的监测数据，可在图形界面或屏幕右边的菜单栏进行操作，从而查看具体测点的评估结果或监测数据，如图 2-1-31 所示。

除图形显示界面外，也可通过自动报表查看每天监测数据及自动评估结果。

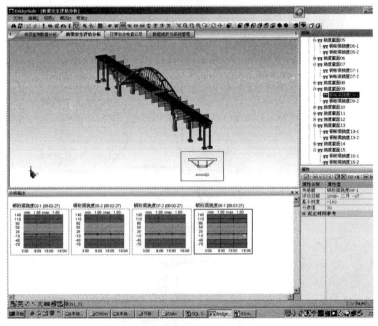

图 2-1-31　监测测点自动评估结果

案例 2 重庆嘉陵江高家花园大桥监测

1 工程概况

重庆嘉陵江高家花园大桥北接江北区石马河，南接沙坪坝高家花园，是重庆市内环快速路上的节点工程。大桥主桥为三跨预应力混凝土连续刚构体系，跨径组合 140m＋240m＋140m，全长 970m；引桥为多跨 T 形简支梁，跨径组合 8×50m。桥宽 31.5m，分两幅独立修建，中间设 1.5m 的分隔带。大桥设计车速 80km/h，设计载荷：汽-超20，挂-120。

大桥于 1996 年 1 月开工，1998 年 12 月竣工。建成后的高家花园大桥如图 2-2-1所示。

图 2-2-1 高家花园大桥

2 监测目的

高家花园大桥主桥为连续刚构桥，该类桥梁在运营过程中普遍出现病害，即跨中持续下挠和箱梁出现裂缝，严重时将导致桥梁倒塌。例如，帕劳共和国的科罗·巴岛（Koror-Babeldaob）桥于 1978 年建成通车，跨径组合为 72m＋241m＋72m，在运营 12 年后，跨中下挠量已超过设计允许范围。该桥在加固结束后不到 3 个月就发生倒塌事故，如图 2-2-2（a）所示。我国湖北钟祥汉江大桥于 1993 年 11 月通车，在运营仅 10 年后因下挠和开裂等严重病害就成为"危桥"，在 2005 年 9 月不得不拆除，图 2-2-2（b）为已拆成数段的桥梁现场。

高家花园大桥作为典型的连续刚构桥，经过多年的超负荷运行，该桥的技术状况正逐渐恶化，传统的检测手段已很难满足养护管理的要求，必须引进更为先进的结构健康监测系统，才能有效掌握桥梁的安全状态。按照规范第 3.4.1 条规定，建立该桥结构健康监测

(a)   (b)

图 2-2-2 已出现结构安全事故的连续刚构桥

(a) 科罗·巴岛桥倒塌事故；(b) 钟祥汉江大桥拆除现场

系统的目的为：

（1）随时掌握桥梁结构的挠度变化和内力状态；

（2）尽早发现桥梁结构所面临的危险状况；

（3）在结构安全及行车安全受到威胁的情况下采取适当的措施实现主动安全控制，切实提高结构的全寿命安全度；

（4）为桥梁结构的养护维修提供依据；

（5）通过及时维修延长桥梁使用寿命以及综合养护成本。

3 监测项目

高家花园大桥的结构健康监测系统于 2012 年 11 月完成初步设计，2013 年 2 月完成优化设计，当时国内并无具有针对性的桥梁结构健康监测规范和标准，加之高家花园大桥作为既有桥梁，与新建桥梁建立结构健康监测系统有所不同，因此，在优化设计时主要从以下三个方面来确定该桥的监测项目：类似桥梁常见病害和桥梁已有病害、桥梁结构类型特点、桥梁运营环境。

3.1 同类桥型常见病害及原因分析

国内外大跨径混凝土连续刚构桥最为常见的病害是超出设计许可的下挠和箱梁开裂，这给桥梁结构的耐久性和运营的安全性带来了巨大威胁。

我国虎门大桥辅航道桥、三门峡黄河公路大桥和广东南海金沙大桥主桥等多座桥梁在运营 7 年后下挠量仍持续增加且伴随着梁体开裂。CEB（原国际结构混凝土协会）调查了 27 座混凝土桥梁的下挠趋势，结果表明部分桥梁在运营 8～10 年后下挠仍有明显的增长趋势，甚至有两座桥的下挠量分别在建成后的 16 年和 20 年内（总观测时段长度）一直以相同速度增加。

连续刚构桥在使用过程中，通常在箱梁腹板、底板产生裂缝，墩顶 0♯ 梁段开裂等问题，其中最突出的问题就是箱梁腹板出现约 45°的斜裂缝。例如黄河公路大桥主桥（75m＋7×120m＋75m）、台儿庄大桥（主桥 46m＋80m＋46m）和临清卫运河大桥主桥（33m＋56m＋33m）等多座预应力连续刚构桥梁出现裂缝，裂缝主要有箱梁顶板和底板的纵向裂缝，箱梁腹板的斜向裂缝，特别是靠近边跨现浇箱梁端部范围的两侧腹板出现近 45°的斜向裂缝，这些裂缝的性质大多为受力裂缝，且宽度较大。

因此，从同类桥型的常见病害来看，应加强箱梁的挠度及裂缝监测。

3.2　桥梁结构特点分析

高家花园大桥属于大跨度连续刚构桥。该类桥梁是将墩身与连续主梁固结而成的一种桥梁，是在连续梁桥和 T 形刚构桥的基础上发展起来的，是大跨径桥梁最常用的形式之一，具有跨越能力大，伸缩缝少（仅设两道）、平顺度好，行车舒适，施工无体系转换，无须大型支座，顺桥向抗弯、横桥向抗扭刚度大，顺桥向抗推刚度小，对温度、混凝土收缩徐变、地震的影响有一定的适应能力。该类桥型完美地结合了 T 形刚构和连续梁的优点，又回避了它们的缺点。自 1988 年我国第一座主跨 180m 的大跨径连续刚构桥-广东洛溪大桥建成通车后，这种桥型在全国范围内得到了广泛应用。

刚构桥的总概念是墩梁固结，共同工作，是介于梁与拱之间的一种结构体系，它是由受弯的上部梁（或板）结构与承压的下部结构柱（或墩）整体结合一起的结构。因此，整个体系既是压弯结构，也是推力结构。

桥墩墩身一般为钢筋混凝土结构，采用直立式单柱或双柱形薄壁墩，高度一般在 40m 以上，最高可达 100m 以上，属压弯构件。墩高而柔，沿纵桥向抗推刚度小，使温度变化、混凝土收缩、徐变以及制动力等影响对桥上部结构产生的水平位移具有良好的适应能力，故其可靠性较高，安全性能良好。

主梁大都为变截面箱形梁，以承受弯矩为主，具有良好的抗扭能力。梁高在墩顶处最大并沿桥纵向递减至合拢段梁高。根据桥面的宽度、桥梁下部结构设计和桥梁线路的总体设计，主梁大多为箱形截面并配置三向预应力体系，以充分发挥混凝土和预应力材料的各自特点和适应桥梁大跨径、轻型化的要求。纵向一般采用大吨位预应力钢绞线群锚体系，横向一般采用一端张拉一端轧花的钢绞线扁锚体系，竖向一般采用一端张拉的高强精轧螺纹粗钢筋。主梁受弯可导致混凝土开裂，且预应力可能发生较大损失，进一步引发主梁开裂。主梁截面较大，顶、低板和腹板的厚度较大，加之重庆夏季日照强，因此，可能在主梁局部引起较大的不均匀内力。

因此，从高家花园大桥结构特性来看，应加强箱梁受力及温度变化的监测。

3.3　桥梁运营环境

高家花园大桥是重庆市内环快速路的节点工程，承受着巨大的交通流量，经人工观测结果表明，该桥实际车流量是设计车流量的 2 倍以上，而车辆荷载是桥梁结构最主要的活荷载输入，是引发桥梁结构发生破坏的重要因素之一。虽然高家花园大桥是城市桥梁，以承受小型汽车荷载为主，但其上仍有重载车辆通行，这些车辆对桥梁结构的冲击力和振动影响常会使其产生的动力效应大于相应的静力效应，并存在超过设计值的可能，将造成桥梁挠度增大、混凝土结构裂缝、钢筋锈蚀，缩短桥梁使用寿命。且重载车辆极易发生交通事故和车辆损坏，如轮胎爆裂、主轴切断、刹车失灵、驾驶不稳和与此相应的撞翻车辆、碰撞桥梁等交通事故。

重庆属亚热带季风性湿润气候，1 月份气温最低，月平均气温为 7℃，最低极限气温为零下 3.8℃；7 月至 8 月份气温最高，多在 27～38℃之间，最高极限气温可达 43.8℃。所以年气温变化较大且历年的变形观测表明，桥梁挠度受气温变化的影响较大。

因此，应对大桥的车流量、车辆荷载和温度进行监测。

综上所述，优化后高家花园大桥的监测内容如表 2-2-1 所示。

高家花园大桥主桥监测参量　　　　　　　　　　表 2-2-1

监测参量类型		监测参量
荷载		交通流量及车辆荷载、温度
响应	全局参量	挠度
	局部参量	静态应变

将表 2-2-1 与规范表 7.1.5 对比可知，高家花园大桥的监测项目包含了规范规定的所有应监测项目，但未包括"宜监测项"和"可监测项"，主要考虑到高家花园大桥是既有桥梁，建立的结构监测系统不宜"大而全"、面面俱到，而是应根据大桥在多年日常运营过程中观测到的病害等情况建立"小而精"、针对性强的监测系统，这也符合规范第 7.1.5 条条文的规定。

4 测点布设

4.1 交通流量测点布设

高家花园大桥布设交通流量是为了监测大桥的日常交通流量及重车，因大桥分左右两幅独立修建且大桥作为重庆市内环快速路的节点工程，大桥双向均承担着繁重的交通流量，所以在左右两幅的每个车道均布设交通流量和车辆荷载测点。综合考虑到大桥布局特点、交通流量测试设备安装要求等因素，现场安装弯板传感器，其测点布设在沙坪坝侧的入桥处，测点布置如图 2-2-3 所示。

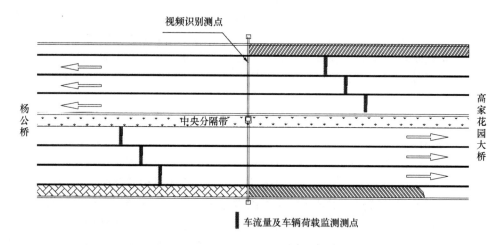

图 2-2-3 交通流量及车辆荷载测点布置图

高家花园大桥的交通流量和车辆荷载测点未布设在大桥的主桥或引桥上，而是布设在入桥处的路面上，这与规范第 7.3.22 条条文规定车辆荷载测点宜布设在主桥上桥方向振动较小的断面基本相符。左幅桥（高家花园至杨公桥方向）未布设在上桥方向的原因在于该幅桥的上桥向路面均为斜坡，无法安装车辆荷载测点。视频识别测点布设在左右幅车辆荷载测点的中部，可实现规范第 7.3.22 条规定的摄像头方向为来车方向的要求。

4.2 温度测点布设

按照规范第 4.4 节规定，本项目将结构监测温度与补偿传感器温度相结合，并考虑到对环境温度的监测，选取的温度测点布设情况如图 2-2-4 所示。

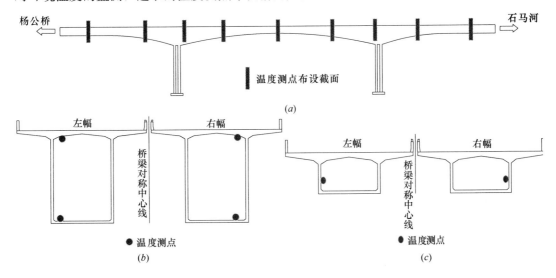

图 2-2-4 温度测点布置图

（a）温度监测截面；（b）桥墩处截面温度测点布设；（c）除桥墩截面外温度测点布设

规范第 4.4.4 条对环境和结构温度的测点进行了较为详尽的规定，高家花园大桥温度监测主要是补偿应变传感器的温度效应，因而布设的测点较规范规定可能偏多。

4.3 挠度测点布设

目前，传感器的优化布设已成为结构健康监测研究的一个重要分支，但目前传感器优化布设主要针对加速度传感器等动态监测测点，如第一篇第 4.5.6 条"结构监测应用"部分对各种方法的论述。但针对挠度等静态测点优化布设的研究不多，第一篇第 7.3.2 条"结构监测应用"部分给出了各种桥型中挠度测点布设的原则，本节在该规定的基础上，参考第一篇第 3.2.6 条"结构监测应用部分"的测点优化过程，对挠度、应变测点的布设进一步进行了优化，供类似情况参考。

对于挠度监测，不但要将测点布设在桥梁具有代表性的、控制性的关键截面和部位上，更应考虑到经济性和可行性，利用尽可能少的传感器测点，在有噪声的测试环境中获取尽量可靠和全面的桥梁信息，本桥挠度测点优化目标即为考虑最不利受力截面和损伤敏感度最大的原则。

基于最不利受力截面的测点布设即将测点优先布设在受力最不利的截面。由于高家花园大桥是既有桥梁，桥梁的恒载效应已无法监测，故优化准则即将挠度测点布设在活荷载、温度荷载引起桥梁挠度最大的截面。

基于损伤敏感度最大的测点布设的基本思路是从损伤识别的角度出发，考虑将测点布置在对较多单元的损伤都敏感的地方。但同一测点对不同单元损伤的敏感度有所不同，故基于平均敏感度最大化优化准则，构造如下的敏感度因子 S 算法进行候选测点的选取：

$$S_i = \frac{\mu_i}{\sqrt{1+\sigma_i^2}}(i=1,\cdots,m_1) \tag{2-2-1}$$

式中，μ_i 为敏感度矩阵 $\boldsymbol{H}$ 第 i 行所有元素绝对值的平均值，其物理意义是当结构的所有单元都发生单位损伤时，i 测点监测值改变量的绝对值的平均；σ_i 为敏感度矩阵第 i 行的标准差；m_1 为待选测点的个数。上式的意义在于：

（1）优先选取对各个单元的损伤均有较大敏感度的候选测点；

（2）从经济性角度出发，应尽量避免所选测点对某一个特定部位损伤的敏感度很大，而对其余部位均不敏感的情况。

根据上式的定义可知，S 指标值越大，则该候选测点对结构各单元出现损伤的平均敏感性就越高，故应优先将测点布置在 S 指标值较大处。因仅需实现对测点的优化选取，S 指标的绝对大小并无实际意义，故将其进行归一化，即

$$LSM_i = \frac{S_i}{\max(S_i)} \tag{2-2-2}$$

归一化后的 S 指标称为归一化 LSM 指标。

其中，敏感度矩阵 $\boldsymbol{H}$ 的定义为：

$$\left[\frac{\partial u}{\partial p}\right] = \begin{bmatrix} \frac{\partial u_1}{\partial p_1} & \cdots & \frac{\partial u_1}{\partial p_n} \\ \cdots & & \cdots \\ \frac{\partial u_m}{\partial p_1} & \cdots & \frac{\partial u_m}{\partial p_n} \end{bmatrix} = \boldsymbol{H}_{m \times n} \tag{2-2-3}$$

式中，u 为监测参数的测量值，p 为结构某部位的损伤程度，m 为可行的测点个数，n 为总的部位数。$\boldsymbol{H}$ 矩阵中元素 h_{ij} 的物理意义为第 j 个单元损伤时结构第 i 个自由度监测值改变量的大小，故 $\boldsymbol{H}$ 为结构损伤的灵敏度矩阵。如果理论求解 $\boldsymbol{H}$ 矩阵较困难，可以采用差分法利用有限元模型计算得到：计算第 i 个单元损伤前后各自由度的监测值差，这些差值组成的列向量就是 $\boldsymbol{H}$ 矩阵中的第 i 列。

因连续刚构桥类似于丁两端固支梁，故先以下图所示网端固支梁为例进行测点的优化布设。建立两端固支梁模型，梁长 10m，划分为等长的 20 个单元，如图 2-2-5 所示（图中上排数字编号为节点编号，下排圆圈内的数字编号为单元编号）。截面惯性矩为 $5.4 \times 10^{-3} \mathrm{m}^4$，面积为 $0.18 \mathrm{m}^2$，材料的弹性模量为 32.5GPa，密度为 2700kg/m³。计算的 LSM 指标如图 2-2-6 所示。

图 2-2-5　两端固支梁有限元模型

从图 2-2-6 可知：

（1）将位移测点布置在跨中部分时，其对固支梁的损伤识别最为有效；

（2）将应变测点布置在固支端时，才能达到最优布设的目的。

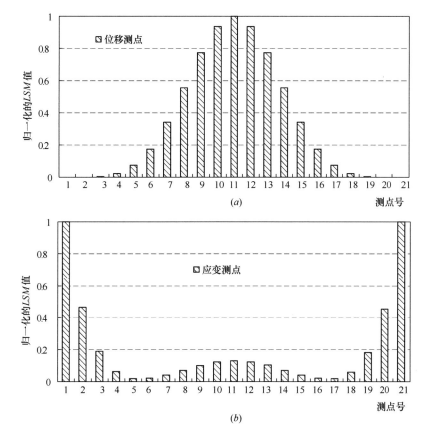

图 2-2-6　两端固支单跨梁的测点优化布置

（*a*）归一化的位移测点 *LSM* 值；（*b*）归一化的应变测点 *LSM* 值

结合高家花园大桥结构特性、运营特点，在基于最不利受力截面和基于损伤最敏感优化目标的基础上，综合考虑各方面的因素，得出大桥挠度测点截面布置及测点布置分别如图 2-2-7 所示。

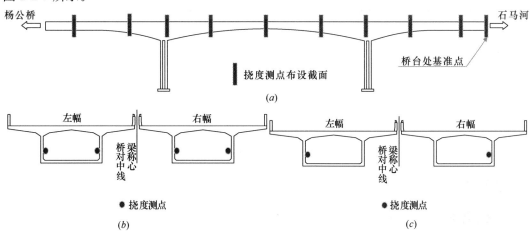

图 2-2-7　挠度测点布置图

（*a*）挠度监测截面；（*b*）中跨跨中截面挠度测点布设；（*c*）除中跨跨中截面外挠度测点布设

4.4 应变测点布设

根据与挠度测点布设相同的方法，针对高家花园大桥主桥得到的应变测点布设如图 2-2-8 所示。对于引桥，仅选取两跨进行监测，得到的应变测点布设如图 2-2-9 所示。

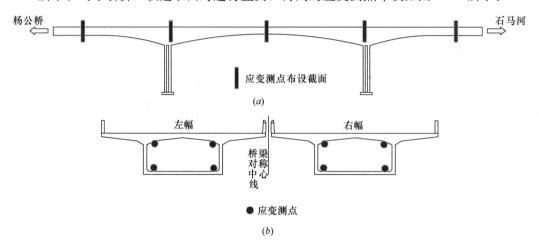

图 2-2-8 主桥应变测点布置图

（a）应变监测截面；（b）截面测点布设

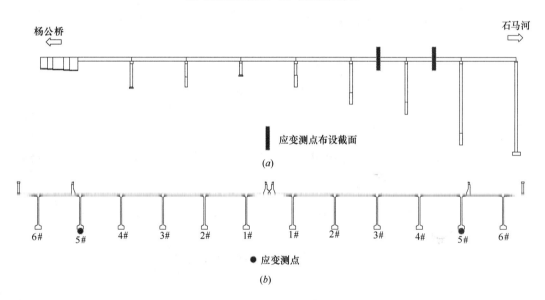

图 2-2-9 引桥应变测点布置图

（a）应变监测截面；（b）截面测点布设

5 监测方法

5.1 交通流量及车辆荷载监测方法

规范第 7.3.19 条及第 7.3.20 条对交通流量及车辆荷载进行了规定，在第一篇第 7.3.20 条"结构监测应用"部分对交通流量监测方法进行了基本阐述，但尚未展开。目前交通流量监测的常用方法中，空气管道检测即通过埋设在路面的软管在车轮经过时引起压力发生变化的原理进行交通流量检测，该方法仅能获得单一的流量信息且软管的寿命很短；磁感应线圈检测利用埋设在路面下方的线圈在车辆通过时将引起线圈磁场变化的原理，测试车辆的流量、速度、时间占有率和长度等交通参数，该方法不受雨、雾等恶劣气候的影响，但当车辆非正常骑线行驶时将产生误判；调频连续波雷达检测、超声波检测和红外线检测都属于波频测试技术，即分别通过发射和经车辆反射的雷达波、超声波和红外脉冲之间的某种差异来检测有无车辆通过，受天气、车辆外形等的影响，该类技术可能产生误判且能检测的交通参数较少；视频检测通过对检测区域内图像的识别，能提供车流量、速度、车辆长度、号牌等多个交通参数，且随着摄像技术、图像识别技术的发展，该技术日臻完善，漏检、误检问题目前已得到完善。所以选取基于磁感应线圈的车辆检测仪监测本项目交通流量，并采用基于视频检测的车牌识别仪对车牌号码进行识别。视频检测识别车牌号码的主要技术参数如表 2-2-2 所示。

车牌识别仪的主要技术参数　　　　　　　　　　　　　　　表 2-2-2

项目	技术参数	项目	技术参数
车牌正确识别率	白天 98％以上，夜间 95％以上	单次识别时间	≤0.3s
漏识率	≤3‰	速度范围	0～200km/h

因桥梁健康监测系统不能中断桥梁的正常交通，所以重车的称重仅能采用动态称重系统。按照第一篇第 7.3.21 条监测应用部分陈述，高家花园大桥为大跨径连续刚构桥，采用路面动态称重系统对过桥重车进行监测。路面动态称重系统根据采用的硬件系统不同，可分为弯板、压电传感器、单传感器及光纤传感器。弯板技术目前较为成熟，工程实际成功应用的案例较多，故选取弯板传感器进行重车监测，其主要技术指标如表 2-2-3 所示。表 2-2-3 的技术指标与规范附录 A "结构监测应用部分"表 1-A-5 技术指标规定基本一致。桥梁现场安装的弯板传感器如图 2-2-10 所示。

动态汽车称重仪主要技术指标　　　　　　　　　　　　　　表 2-2-3

项目	技术参数	项目	技术参数
总重测量误差	小于 5％	最大可测总重	在允许轴重下总重不限
车速测量误差	小于 3％	工作环境温度	−20～+50℃
最大可测轴重	300kN		

图 2-2-10　安装于路面的弯板设备

5.2 温度监测方法

由于温度传感器相对而言具有技术成熟、产品种类多、挑选范围大的特点，因此在确定温度监测方案时应尽量考虑成熟度高、稳定性好、售后服务有保障、安装使用方便的产品。

按照温度传感器输出信号的模式，大致包括数字式温度传感器、逻辑输出温度传感器、模拟式温度传感器三类。目前，用于桥梁健康监测的主要手段为模拟式温度传感器和数字式温度传感器。传统模拟式温度传感器需要信号线多，传输距离较近，精度易受环境影响，系统难以维护，使用前需要进行标定。数字式温度传感器需要的信号线少，所有传感器可以通过一条 RS485 总线串在一起，传输距离远，没有精度损失，系统便于维护，使用前不需要进行标定。经过对比，温度监测采用数字式温度传感器，其主要技术指标如表 2-2-4 所示。

温度传感器主要技术指标　　　　　　　　　　　　表 2-2-4

测量范围	测量精度	工作电压	工作电流	接口
−50～150℃	±0.5℃	9～24V	18mA	RS485

表 2-2-4 的技术指标不仅符合规范第 4.4.3 条基本要求，也与第一篇附录 A 表 1-A-5 常规监测内容仪器技术要求中对温度传感器技术指标的规定基本一致。

5.3 位移监测方法

对于箱梁竖向挠度的测试，目前可采用的方法如第一篇第 4.3.1 节规范条文分析所述，包括：经纬仪、水准仪、百分表、测量机器人、倾角仪、GPS、连通管法、光电成像法等。其中经纬仪、水准仪、百分表等已广泛用于桥梁施工现场检测及验收鉴定中，但这些廉价、结构简单的测量方法只适用于桥梁短期、人工测量，存在费时费力、使用不便、实时测量困难等不足。测量机器人、倾角仪、GPS、连通管法、光电成像法被逐渐应用于大型桥梁结构挠度监测中。针对桥梁结构，以上常用的挠度测量方法的对比如表 2-2-5 所示。

挠度测量方法对比　　　　　　　　　　　　　　表 2-2-5

测量方法	测量精度	动态/静态测量	测量寿命	适用桥型	单点费用
测量机器人	厘米/毫米级	动态/静态	长期	各种桥梁	贵
倾角仪	厘米级以下	动态/静态	长期	大型钢构桥	贵
GPS	厘米级	静态	长期	各种超大型桥梁	昂贵
连通管	毫米级	静态	长期	各种桥梁	一般
光电成像	厘米/毫米级	动态/静态	长期	大型桥梁	较贵

按规范附录第 B.0.1 条第 2 款规定，本项目采用的连通管进行挠度测试可采用液面测试和压强测试两种手段，前者多采用静力水准仪，后者一般采用压力变送器。当连通管的长度较长时，很难将管道内的空气完全排出，管道内空气压缩比与管道内液体的压缩比往往不同，当不同挠度测点发生高差变化时，空气与液体的不同压缩比将使液面产生较大

误差，而不同压缩比对压强的影响较小，所以选用压力变送器测试高家花园大桥的挠度，符合第一篇附录第 B.0.1 条条文分析部分内容，压力变送器主要技术性能指标如表 2-2-6 所示，现场安装照片如图 2-2-11 所示。

压力变送器主要性能指标　　　　　　　　　　　　　　表 2-2-6

量程	精度	线性度	零点温漂	工作温度
5m 水柱	1mm	≤0.2%FS	≤±0.025%FS/℃	−20～+85℃

图 2-2-11　现场安装的压力变送器

5.4　应变监测方法

应变监测目前有电阻应变片、钢弦应变计和光纤应变传感器等，各种传感器的优缺点在第一篇第 4.2.2 条表 1-4-1 中进行了论述。考虑到高家花园大桥长期应变监测的需求，结合表 1-4-1，采用了 FBG 光纤光栅应变传感器，如图 2-2-12 所示，现场安装的应变传感器如图 2-2-13 所示。该类传感器的详细技术参数见表 2-2-7 所示。

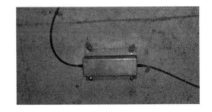

图 2-2-12　FBG 光纤光栅应变传感器　　　　图 2-2-13　安装保护盒后的光纤光栅应变传感器

FBG 光纤光栅应变传感器主要性能指标　　　　　　　　表 2-2-7

量程	精度	分辨率	工作温度
±1500με	0.1% FS	0.1με	−30～+120℃

表 2-2-7 技术指标与第一篇附录 A 表 1-A-5 常规监测内容仪器技术要求中对应变传感器技术指标的规定基本一致。

6　监测成果

高家花园大桥结构健康监测系统从安装完成至今仅运行了1年左右，按照规范第3.4节规定，应提供监测报表，本节是在监测报表基础上，对结构健康监测系统第一年获取的数据进行了系统性研究分析，得出了一些有益的结论，以供其他桥梁结构分析参考。

6.1　车流量及重车过桥分析

左右幅桥梁监测的日均车流量如图2-2-14所示。从该图可知，左、右幅桥梁在全年绝大多数月份内的日均车流量均超过5万辆/天。石马河往杨公桥方向的车流量（左幅）在前十个月的日均车流量均大于杨公桥往石马河方向的车流量（右幅），日均车流量差额各月从2000辆至8000辆不等，十一月左右两幅日均车流量基本持平，而十二月杨公桥往石马河方向的车流量（右幅）比左幅多10000辆左右。

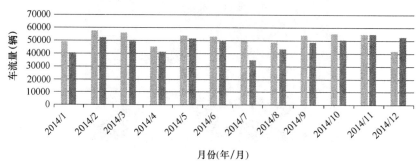

图2-2-14　日均车流量统计表

根据全国车辆超限超载认定标准，选取四轴车超过40吨作为重车，得到各月日平均重车流量如图2-2-15所示。1、2月份重车在每天的分布情况如图2-2-16所示。

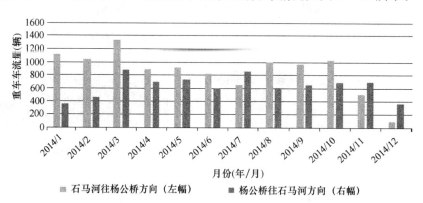

图2-2-15　每月日均重车统计表

从图2-2-15可知，石马河往杨公桥方向的（左幅）在前十个月的日均重车过桥数量均大于杨公桥往石马河方向（右幅）的日均重车过桥数量，日均重车达到或超过1000辆。图2-2-16表明，重车过桥数量从1月25日至2月12日有一个明显的下降然后上升的过

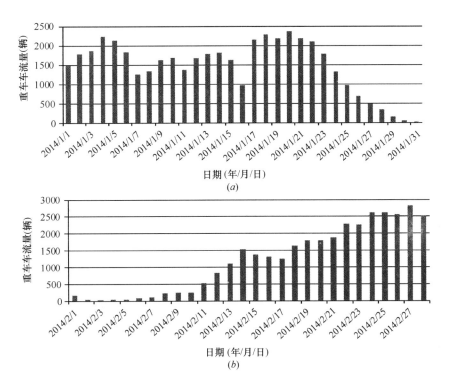

图 2-2-16　1 月和 2 月每日重车流量统计表

（a）1 月份；（b）2 月份

程，特别是在 1 月 29 日至 2 月 7 日，重车数量未超过 50 辆/日（2 月 1 日除外），这可能
与春节期间货运量较小相关。

6.2　挠度数据分析

因车流量和重车流量主要作用在左幅桥梁，故以左幅上游挠度测点为例，将挠度和温
度监测数据绘制于图 2-2-17 中。

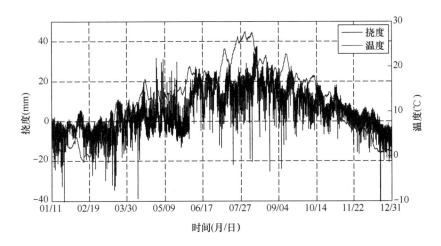

图 2-2-17　左幅跨中上游挠度和温度测试数据

从图 2-2-17 可知，跨中挠度与温度的变化趋势一致，为考察挠度与温度的相关性，绘制挠度与温度的相关曲线于图 2-2-18 中。

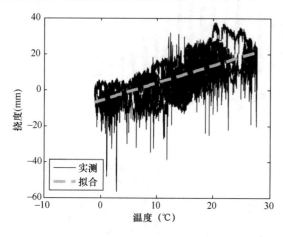

图 2-2-18　跨中挠度与温度相关性

从图 2-2-18 可知，温度与挠度呈现出一定的线性相关性。但挠度沿拟合曲线的分布较宽，仍然有其他因素的影响，为较为准确分析这些因素的影响，采用小波分析方法对挠度数据进行处理。在测试所得的挠度数据中，包含了收缩徐变、温度、车辆荷载、测试误差、结构性能变化等多种因素的综合影响。但由于各种因素的作用周期长短不一，例如车辆等活载的影响是瞬时的，温度的影响周期较长，而结构本身的疲劳、蠕变等将更加缓慢。因此，挠度数据含有多种频率成分的信息。而小波分析可实现多分辨率分析，可从多尺度信号中实现各种因素的提取。离散小波变换的多分辨率分析实质上是对频率域的划分，而且是 2 的整数次幂逐次降低分辨率，如图 2-2-19 所示。因此，如果信号的频率范围为 $0 \sim f_n$，而需要分离的低频信号的频率范围为 $0 \sim f_m$，则分解层数为：

$$J = \left[\log_2(f_n/f_m)\right] \tag{2-2-4}$$

式中，$[X]$ 表示不大于 X 的最大整数。可见，只需知道 f_n 和 f_m 的相对值，就可以采取相应的分解层数，将所需信号分离出来。

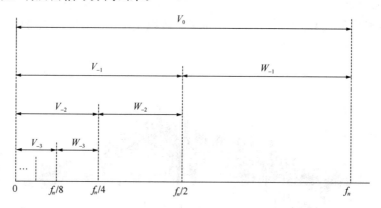

图 2-2-19　离散小波分析的频域描述

高家花园大桥挠度数据每 10 分钟测量一次。因日温差 24 小时变化 1 次，则日温差的频率为 0.04166，根据离散小波和日温差频率，将左幅跨中上游挠度测试数据分解为由收缩徐变、温度引起的挠度变化和其他因素引起的挠度变化，分解后的信号如图 2-2-20 所示。

从图 2-2-20 可知，在剔除其他因素后，挠度数据与温度变化十分类似，所以挠度变

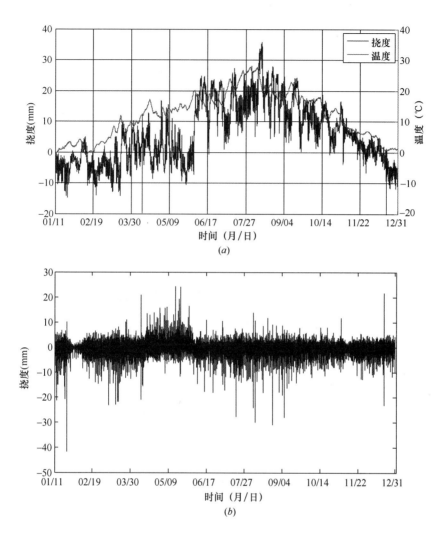

图 2-2-20　挠度信号的小波分解

（a）收缩徐变和温度引起的挠度变化；（b）其他因素引起的挠度变化

化主要是由温度引起的，这可能与高家花园大桥已运营了 17 年，收缩徐变效应较小有关。对于其他因素引起的挠度变化，其值主要围绕 0 值波动，但应注意的是，在 1 月 29 日至 2 月 7 日之间，挠度主要在 ±3mm 内波动，而其余时段均在 ±10mm 内波动。从车流量监测可知，1 月 29 日至 2 月 7 日之间车流量变化不大，而重车流量大幅降低，说明跨中挠度波动主要是由重车引起的。

6.3　应变数据分析

选取跨中截面的应变数据进行分析，如图 2-2-21 所示。

从图 2-2-21 可知，全桥应变从 1 月 1 日至 8 月总体表现为应变增大，各测点应变增加幅值在 $250\mu\varepsilon$ 至 $300\mu\varepsilon$ 之间。按照热胀冷缩的物理规律，理论上由温度引起的应变增量为 $\alpha\Delta t = 285\mu\varepsilon$，且全桥应变增加的趋势与温度变化的趋势基本一致，表明温度是引起跨中截面应变测试数据变化的主要因素。为进一步分析应变与温度的关系，选取左幅跨中截面的

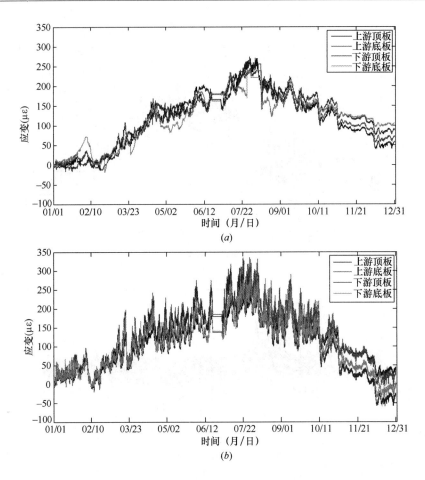

图 2-2-21 跨中应变监测数据

(*a*) 左幅；(*b*) 右幅

应变，绘制应变与温度的相关曲线如图 2-2-22 所示。

从图 2-2-22 可知，应变与温度具有明显的线性相关性。将挠度用 y 表示，温度用 x 表示，则挠度与温度之间的关系可表示为：$y = ax + b$。其中各测点的参数值 a、b 可由拟合得出，如表 2-2-8 所示。

左右幅跨中截面应变拟合系数 表 2-2-8

测点	a	b	测点	a	b
左幅上游顶板	10.019	2.263	左幅上游底板	10.098	2.172
左幅下游顶板	9.943	3.648	左幅下游底板	10.102	3.706

从表 2-2-8 可知，当温度上升 1℃时，跨中处的应变大约增加 $9.9\mu\varepsilon$ 至 $10.1\mu\varepsilon$，这与温度上升 1℃，应变增加 $10\mu\varepsilon$ 的理论值基本吻合。应注意的是，实测的温度与应变之间表现出一定的环状曲线，这主要是由于混凝土结构的升、降温相对于大气温度有一个滞后的过程。

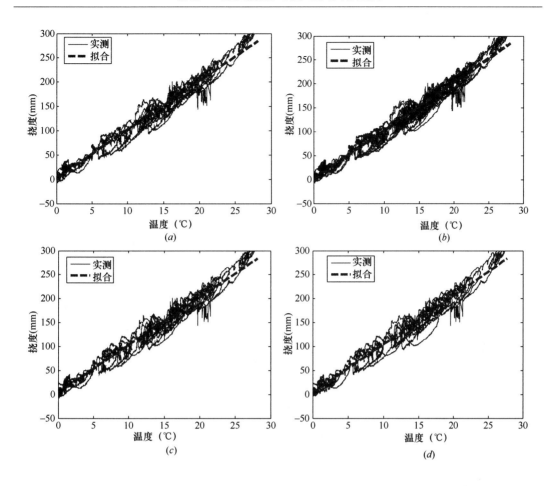

图 2-2-22　左幅箱梁跨中截面各测点应变-温度相关性及拟合曲线

（a）上游顶板；（b）上游底板；（c）下游顶板；（d）下游底板

案例 3 香港国际金融中心二期监测

1 工程概况

香港国际金融中心二期（简称：2IFC）高 420m，共 88 层，2003 年建成时是香港地区第一高楼（见图 2-3-1）。该高层建筑地处香港中环的繁华地带，周边存在着大量的高层建筑物，属于典型的沿海城市地貌。2IFC 北面和东面均毗邻维多利亚港湾，北方跨过宽约 1km 的维多利亚港有高层建筑群（包括一栋高度与 2IFC 相仿的超高层建筑），东面在 2km 范围内主要是海平面，超过 2km 也存在着高层建筑群。2IFC 从东南方到西方在半径 1km 范围内均存在着大量的高层建筑，其中南面距 2IFC 1km 处为高度超过 500m 的太平山。

2IFC 结构形式是框架-核心筒体系，8 根大柱起支撑作用，并由三组强化层紧扣大厦的巨大核心筒，形成极其坚固的大厦结构。该塔楼结构的平面布置为方形，底部尺寸为 57m×57m，到顶部逐渐变化到 39m×39m，高宽比大约为 8，属于典型的风敏感性结构。

图 2-3-1 香港国际金融中心二期

2 监测目的

由于该超高层属于风敏感性结构，按照规范第 5.1.3 条 1 款和 4 款规定，有必要进行结构使用期间监测。按照规范第 3.4.1 条规定，建立该超高层结构健康监测系统的目的为：

（1）对结构使用过程中的风速、风向、风压、风致响应等状态进行监测；

（2）对结构使用过程中的楼层加速度响应、结构顶部风致位移状态进行监测；

（3）对结构使用过程中的局部风压进行监测；

（4）对结构进行动力特性监测和状态识别，得到结构自振频率、振型、阻尼比等；

（5）对结构在强风过程中的工作状态进行监测记录，并实时显示；

（6）对结构使用过程中的振动幅值超界进行报警。

通过以上现场监测行为，有效掌握结构风荷载作用机理和结构响应及破坏机理，并以此作为修正现有试验方法和改进现有理论模型的依据，为结构及幕墙安全性的评定提供参考；通过对结构模态参数的可靠估计，了解结构的安全运行状态、动态响应行为及材料损伤等，并对结构的安全性和适用性进行评估；通过振动预警控制，保证结构的舒适性；通过以上监测行为实现中心数据库的数据管理功能。

3　监测项目

针对本工程特点以及业主单位需求，本工程主要以风场及结构风致效应监测为主，具体监测项目如下：

（1）风环境（风速、风向）监测；

（2）结构表面风压监测；

（3）结构振动响应监测（风致振动和其他振动）；

（4）结构风致位移监测。

与规范表 5.1.6 监测项目仔细对比发现，本工程风致位移监测包含了水平位移，振动响应也按照规范第 5.3.8 条要求，也可兼作监测地震响应，符合规范第 4.6 节地震响应监测规定，因此本工程监测项目与规范表 5.1.6 中监测项目虽有所区别，但也具备一定程度匹配。

4　测点布设

4.1　风速仪位置

按照第一篇第 5.3.10 条条文及条文分析内容，风速仪应设置在楼顶开阔处，尽量不受结构的影响；考虑结构的具体情况，风速仪布设在结构顶部。在邻近的位置，如第一篇第 4.7.4 条条文分析内容及规范第 4.7.5 条 2 款所述，同时布设超声风速仪和机械式风速仪相互验证监测结果。因此，本工程在最高层（420.55m 处）安装了三个风速仪（1 个超声风速仪及 2 个机械式风速仪）。

4.2　风压传感器

风压传感器布设的主要目的是监测建筑表面风压分布状况，为幕墙安全性的评定提供参考。同时，通过风压点阵的布设，可以根据风压监测的结果，验证建筑物表面风压分布规律。因此，按照规范第 4.7.3 条 3 款规定，根据风压分布的一般规律或风洞试验的结果在最大风压可能出现的区域布设风压传感器。因此，选取的风压传感器共计 4 个，安装在玻璃幕墙的外表面，风压传感器布置的三维及平面分布分别如图 2-3-2 和图 2-3-3（e）所示。

4.3　加速度传感器

加速度传感器布设的主要目的是监测结构动力特性和结构的风致加速度响应状况，评估结构居住者的舒适性，按照规范第 5.3.8 条及第 5.3.12 条规定，加速度传感器布置在风致响应较大的部位。因此，选取了 4 个加速度传感器，安装高度为 400.10m，即布设在 88 层楼面上，具体布置如图 2-3-2 和图 2-3-3（e）所示。

4.4　GPS 测点布置

根据结构特点及工程项目需求，在规范第 4.3.2 条条文基础上，本工程选择了全球卫星定位系统（GPS）进行了结构总体位移（包括静、动位移）的监测。按照第一篇第 4.7.6 条"结构监测应用"部分内容，为了提供有价值的监测数据，也考虑到 GPS 接收卫星信号的要求，GPS 的测点选择在建筑物的顶部，安装高度为 414.55m，具体布置如图 2-3-2 所示。

5 现场监测系统

5.1 系统组成

现场监测系统即硬件系统，主要有两部分组成：数据采集子系统及传感器子系统（如图 2-3-2、图 2-3-3 所示）。数据采集设备为 NI Pci-6281 DAQ 采集卡，采样频率为 20Hz，符合第一篇附录 A "结构监测应用"部分风振子系统要求；采集设备可实时、同步存储各

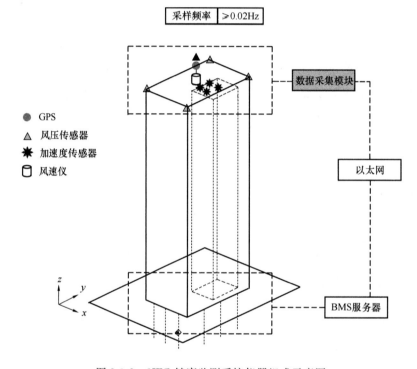

图 2-3-2　2IFC 健康监测系统仪器组成示意图

传感器拾取的数字信号及模拟信号，开发的采集软件同时具备结构振动状态评估与灾害预警等多种功能（如图 2-3-4）。传感器子系统包括风速仪、加速度计、GPS 以及风压计，如本章第 4 部分所述，沿着建筑高度分三层布设。最高层（第一层）为三个风速仪，其中超声风速仪用来测试城市上空的湍流特性，机械式风速仪主要用来测试城市上空的平均风速、平均风向，三个风速仪均向正北方向安装，风向角定义北风为 $\phi=0°$，而东风为 $\phi=90°$，以此类推。表 2-3-1 和表 2-3-2 列出了风速仪的主要技术指标，与第一篇第 4.7.4 条条文及监测应用部分对比，并参考第一篇附录 A 表 1-A-4 中的技术指标要求，本工程考虑的个别指标不符合，还有待提高，考虑本项目当时条件需求，监测数据已满足结果要求，对结论分析及评估并无直接影响。第二层（414.55m）在楼顶安装了 1 个 GPS 双频接收器以测试结构在台风作用下的位移，见图 2-3-2 所示，技术指标如表 2-3-3 所示，符合第一篇附录 A 中表 1-A-5 相应技术指标，也满足第 4.3.7 条条文分析中《工程测量规范》GB 50026—2007 的要求。第三层（400.10m）为加速度传感器，用来测量建筑在台

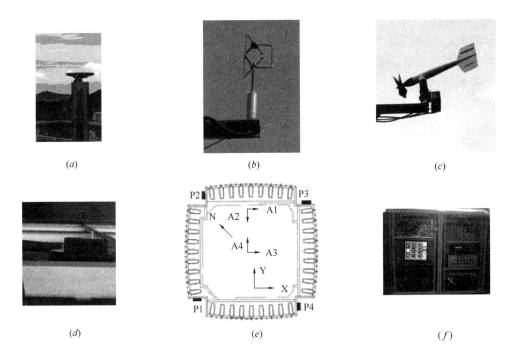

(*a*) (*b*) (*c*)

(*d*) (*e*) (*f*)

图 2-3-3　2IFC 现场监测系统

(*a*) GPS；(*b*) 超声风速仪；(*c*) 机械式风速仪；(*d*) 风压传感器；

(*e*) 风压及加速度传感器布置图；(*f*) 采集系统

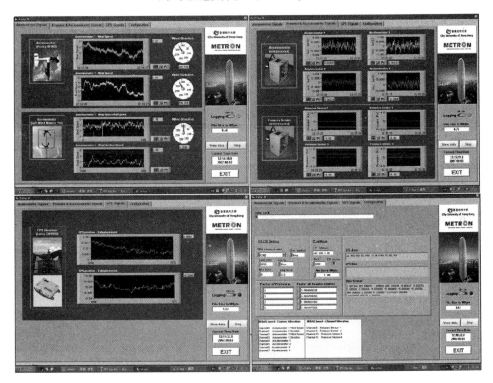

图 2-3-4　数据采集软件界面

255

风作用下的加速度响应，如图 2-3-3（e）所示，图中 A2 和 A4 用来识别该楼长轴方向（X方向）的振动响应，而 A1 和 A3 用来识别短轴方向（Y 方向）和扭转方向的振动响应，加速度传感器技术指标如表 2-3-4 所示，与规范表 A.0.1 中电动式加速度计对比，技术指标符合要求。此外，4 个风压传感器安装在玻璃幕墙的外表面，以测试建筑表面风压分布特性，其技术指标如表 2-3-5 所示，符合第一篇附录表 1-A-2 要求。

超声风速仪技术指标　　　　　　　　表 2-3-1

风速	分辨率	±0.01m/s
	UV 精度	1.5%（<20m/s） 3%（20m/s≤u<60m/s）
	W 精度	3%
风向	分辨率	1°
	精度	±2°（<25m/s） ±4°（25m/s≤d<60m/s）

机械式风速仪技术指标　　　　　　　　表 2-3-2

项　目	参　数	项　目	参　数
风速范围	0~100m/s	温度	−50~50℃
精度	±0.3m/s	采样频率	≥10Hz
风向	0°~360°	模拟输出	电流信号
精度	±3°		

GPS 双频接收器技术指标　　　　　　　　表 2-3-3

项　目	参　数
静态精度	1mm+0.5ppm（水平）；2mm+1ppm（竖向）
动态精度	10mm+1ppm（水平）；20mm +1ppm（竖直）
采样频率	20Hz

加速度传感器技术指标　表 2-3-4

项　目	参　数
灵敏度	0.3V/(m/s²)
最大量程	20m/s²
与放大器连接后的分辨率	5×10⁻⁶m/s²

风压传感器技术指标　表 2-3-5

项　目	参　数
量程	±1.25kPa
精度	0.5%
采样频率	≥0.02Hz

5.2 GPS 参考站简介

按照规范 4.3.9 条规定，利用 GPS 技术测试结构的位移除了需要在待测建筑上安装 GPS 接收器外，尚需建立一个参考站。按照《工程测量规范》GB 50026—2007 的规定，建立的参考站一般要求地基相对稳定，周围 5°以上无遮挡物和反射物。以往的研究人员开展 GPS 位移测试时，常在待测建筑不远处同时安装一个 GPS 接收器作为参考站，但由于很难选择一个比较稳定的点来安装 GPS 接收器，且由于只有一个 GPS 接收器，其获取的信号容易受到周边干扰物的影响。为了得到更为精确合理的卫星信号，本系统选用了香港卫星定位参考站网（SatRef）提供的参考基准站。SatRef 是由香港地政总署测绘处基于美国全球定位系统建立的一套本地卫星定位参考站网。该网由 12 个分布于全港各处的参考站（CORS）组成（如图 2-3-5 所示），它能够连续不断的接收 GPS 卫星数据，并经系统整理分析后发放给使用者，常用于物体的高精度定位。本系统主要使用了距离 2IFC 不远处的 HKSC 站，两站之间的数据通过 Internet 网络连续传输。

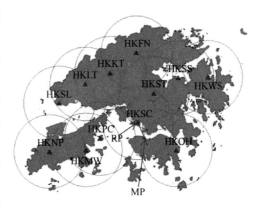

▲ 卫星定位参考站

图 2-3-5　SatRef 分布图（RP 为参考站的位置，MP 为 2IFC 的位置）

6　现场实测结果

由于本工程属于风敏感建筑，按照规范第 3.4.10 条的规定，本工程提交了监测系统报告以及监测报表，得出的结论主要包括以下几个方面，供其他类似项目参考。

6.1　风场特性

6.1.1　平均风速、风向

利用 2IFC 楼顶安装的机械式及超声风速仪测试了 2008～2009 年期间多次台风的风场，各台风的基本信息如表 2-3-6 所示。由表可见，基于超声风速仪监测到的各台风最大瞬时风速中，超过 40m/s 的有 1 次，而由两种类型风速仪测试的 5 次台风中有 4 次台风的峰值风速超过了 30m/s。测试结果表明登陆香港的台风频繁，且强度较大，因此风荷载是香港地区高层建筑设计的主要控制荷载。此外，对比表中结果可知，机械式风速仪实测的最大瞬时风速与超声风速仪的测试结果符合较好，说明本工程获得的实测台风数据可靠。

台风信息　　　　　　　　　　　　　　　　　　　　表 2-3-6

台风	日期	峰值风速（m/s）	
		机械式风速仪	超声风速仪
"浣熊"	2008.04.18	30.1	30.2
"鹦鹉"	2008.08.21	36.8	—
"黑格比"	2008.08.23	39.2	42.9
"莫拉菲"	2009.07.18	30.4	32.2
"天鹅"	2009.08.04	24.2	25.4

对多次台风过程中实测的风速数据进行统计分析，得到以 10min 为基本时距的平均

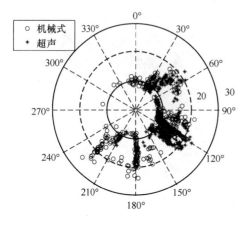

图 2-3-6 平均风速、平均风向

风速、平均风向的状况如图 2-3-6 所示，由图可知，两种类型风速仪测得的 10min 平均风速大小相似，分布情况基本相同。测试结果表明，2008～2009 年期间登陆香港的台风以东北风和东南风为主，其来流方向主要集中在三个方位：30°～60°、90°～120°和 120°～150°。

表 2-3-7 给出了对应各方位的最大 10min 平均风速（基于机械式风速仪实测数据）。统计分析时，为了提高结果的可靠性，只考虑了数据样本大于 50 的来流方位。由表可知，最大的 10min 平均风速为 25.4m/s，出现在方位 210°～240°之间，但由于该方位的 10min 平均

风速样本数只有 51 个，因此需要更多的可靠数据进行分析。而平均风速样本最多、可靠性最高的方位为 90°～120°，其样本个数为 198 个，统计得到的最大 10min 平均风速为 21.4m/s。

各方位最大 10min 平均风速 表 2-3-7

方向（°）	风速（m/s）	方向（°）	风速（m/s）
0～30	14.8	120～150	17.4
30～60	20.0	150～180	23.9
90～120	21.4	210～240	25.4

6.1.2 湍流强度

湍流强度是反映风的脉动强度的主要参数之一，是影响结构风荷载评估的重要因素。以 10min 为基本时距，分析了台风作用下香港地区城市上空的湍流强度，如图 2-3-7 所示。分析时主要考虑了强风时刻的风速样本（10min 平均风速大于 8m/s）。由图可见，基于机械式风速仪实测数据得到的湍流强度随着风向的变化而变化，而超声风速仪的测试结果也呈现出类似的变化趋势，这主要与来流方向上的地貌条件有关。表 2-3-8 给出了顺风向、横风向及竖向湍流强度的统计平均值。对应每一个方位的湍流强度平均结果，其统计样本数均不少于 50 个。由表 2-3-8 可知，两种类型风速仪测试的湍流强度和湍流比的平均值基本相同，这证明了测试结果的可靠性。最大的顺风向湍流强度为 34.2%，位于150°～180°区间，各方位湍流强度平均值均超过了 20%，这说明台风作用下 2IFC 上空的流场由于受到周边大规模高层建筑群的影响，其脉动强度较大。在与本次测试地点的地形相似、高度相同处，日本和美国风工程规范分别给了顺风向湍流强度推荐值为 12% 和16.1%，远小于本次测试结果。此外，观测的湍流强度之比随着来流方位的不同，呈现出明显的变化，综合考虑机械式风速仪及超声波风速仪的湍流比测试结果可知，各方位实测的 I_v/I_u 在 0.53～0.87 之间，而 I_w/I_u 则位于 0.40～0.50 之间，本次测试结果与 Solari 和 Piccardo 总结的公式 $I_u:I_v:I_w = 1:0.75:0.50$ 有所差别，这可能与测试条件（包括测试高度以及地貌类型）的不同有关。

图 2-3-8 给出了方位 210°～240°内台风期间实测湍流强度随风速的变化关系，作为对

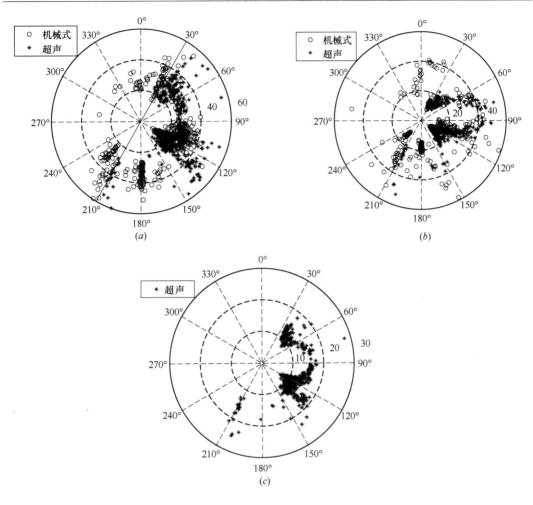

图 2-3-7　湍流强度随风向的变化关系

（a）顺风向（%）；（b）横风向（%）；（c）竖向（%）

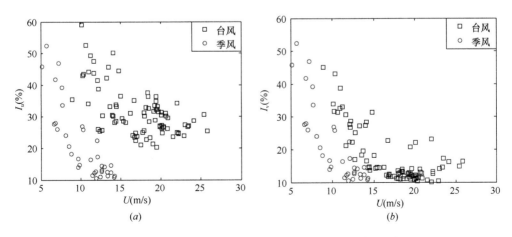

图 2-3-8　湍流强度随风速的变化关系（方位 210°~240°）

（a）顺风向；（b）横风向

比，图中同时给出了该方位常态风（季风）期间湍流强度的测试结果。由图可见，对应相同的风速，台风风场的湍流强度远大于季风的湍流强度，这说明台风风场表现出更为显著的脉动特性。此外，台风和季风风场的湍强流强度均表现出随风速的增大而减小的变化趋势。

各方位湍流强度的统计平均值　　　　　　　　　　　表 2-3-8

方向（°）	机械式风速仪（%）			超声风速仪（%）				
	I_u	I_v	I_v/I_u	I_u	I_v	I_w	I_v/I_u	I_w/I_u
0~30	29.1	17.6	0.61					
30~60	29.3	19.3	0.66	29.8	17.5	11.9	0.59	0.40
90~120	23.7	15.1	0.64	25.6	22.3	12.7	0.87	0.50
120~150	23.6	12.5	0.53	25.6	16.7	12.2	0.65	0.48
150~180	34.2	20.6	0.60					
210~240	34.1	20.3	0.59					

注：I_u 为纵向湍流度，I_v 为横向湍流度，I_w 为竖向湍流度。

6.1.3　阵风因子及峰值因子

以 10min 为基本时距，分析了台风登陆期间 2IFC 楼顶的 3s 阵风因子。图 2-3-9 给出

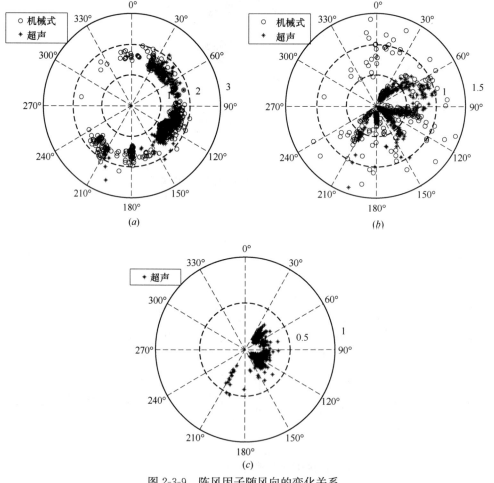

图 2-3-9　阵风因子随风向的变化关系
(a) 顺风向；(b) 横风向；(c) 竖向

了划分为 12 个方位的阵风因子极坐标图。对比图中机械式及超声波风速的测试结果可知，两种类型仪器实测的阵风因子随风向的分布情况相似，分析结果可信度高。表 2-3-9 中给出了各方位阵风因子的统计平均值。与湍流强度的统计分析相似，各方位阵风因子的统计样本数也都大于 50 个。由表可知，对应不同方位的顺风向阵风因子平均值较为稳定，其结果在 1.40~1.65 之间，但横风向阵风因子平均值随风向的变化较为明显，其统计结果在 0.21~0.55 之间。此外，实测的横风向与顺风向阵风因子之比随风向的变化呈现出一定的变化趋势，而竖向和顺风向阵风因子之比则变化较小。

各方位阵风因子的统计平均值　　　　　　　　　　　　　　　　表 2-3-9

方向（°）	机械式风速仪			超声风速仪				
	G_u	G_v	G_v/G_u	G_u	G_v	G_w	G_v/G_u	G_w/G_u
0~30	1.59	0.35	0.22					
30~60	1.56	0.55	0.35	1.53	0.36	0.20	0.23	0.13
90~120	1.46	0.23	0.16	1.43	0.28	0.18	0.19	0.13
120~150	1.44	0.21	0.15	1.40	0.37	0.19	0.26	0.14
150~180	1.55	0.24	0.15					
210~240	1.65	0.40	0.24					

图 2-3-10 给出了台风和季风风场中实测阵风因子随风速的变化曲线。由图可见，与湍流强度的对比结果相似，台风作用下实测的阵风因子远大于季风风场中的测试结果，这再次证明了台风风场具有较高的湍流特性。同时，两种风场下测试的阵风因子均表现出随风速的增大而减小的变化趋势。

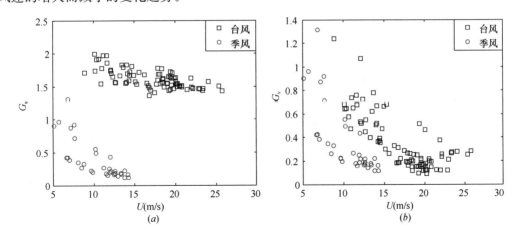

图 2-3-10　阵风因子随风速的变化关系（方位 210°~240°）
(a) 顺风向；(b) 横风向

图 2-3-11 基于多次台风作用下 2IFC 的实测数据，评估了香港地区城市上空的顺风向峰值因子的变化情况。由图可见，机械式风速仪实测的峰值因子随风速的增大基本保持为常数，而超声风速比的测试结果也呈现出相似的变化规律。对两种风速仪的实测峰值因子进行统计分析，得到的平均值为 2.8。

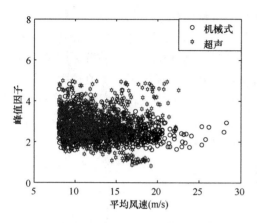

图 2-3-11　峰值因子随风速的变化关系

6.1.4　湍流积分尺度

基于实测数据利用 Taylor 假设自相关函数积分法评估台风作用下香港地区城市上空的湍流积分尺度大小。图 2-3-12 给出了湍流积分尺度随风向的变化关系。由图可见，实测的湍流积分尺度随着来流方向的不同，其测试结果出现明显的差异。顺风向、横风向的湍流积分尺度均表现出一定的离散性，这可能是由于大气稳定性以及湍流的随机性等因素造成的。各方位湍流积分尺度的统计平均值如表 2-3-10 所示。对比表中分析结果可知，各方位顺风向积分尺度平均值在 182～240m 之间，横风向积分尺度平均值在 16～61m 之间。

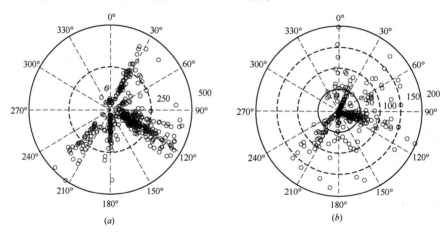

图 2-3-12　湍流积分尺度随风向的变化关系
(a) 顺风向 (m)；(b) 横风向 (m)

各方位湍流积分尺度平均值　　　　　　　　　表 2-3-10

方向（°）	机械式风速仪（m）	
	L_u	L_v
0～30	182.1	31.5
30～60	230.0	57.0
90～120	191.4	32.6
120～150	224.5	16.1
210～240	239.6	60.5

本项目以方位 90°～120°之间实测结果为例，评估了湍流积分尺度与平均风速的关系。分析时平均风速取 1m/s 为增量区间，对每个增量区间的积分尺度测试结果统计其平均值，求得的结果如图 2-3-13 所示。由图可知，随着风速的增大，顺风向湍流积分尺度总体有增大的趋势，但横风向积分尺度的变化规律不明显。

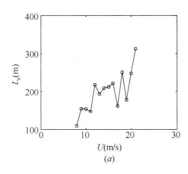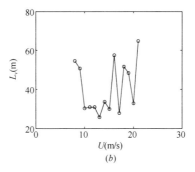

图 2-3-13　湍流积分尺度随风速的变化关系

（a）顺风向（m）；（b）横风向（m）

6.1.5　功率谱密度

功率谱密度函数反映了某一频域内风湍流能量的大小，是精确评估建筑结构风荷载的必要条件之一。在对实测数据进行分析时，以 Teunissen 提出的功率谱数学表达式为基础，详细分析了 2IFC 楼顶台风风场的湍流功率谱。该表达式为：

$$\frac{nS_a(n)}{U_0^{*2}} = \frac{A_s f}{(C_s + B_s f^{\alpha_s})^{\beta_s}} \tag{2-3-1}$$

$$f = \frac{nL_u(z)}{U(z)} \tag{2-3-2}$$

式中，A_s、B_s、C_s、α_s 和 β_s 为常数，n 为频率，U_0^* 为摩擦速度，S_a 为风速功率谱，$U(z)$ 为 z 高度处的平均风速，$L_u(z)$ 为纵向湍流积分尺度，可由下式表示：

$$L_u(z) = 100\left(\frac{z}{30}\right)^{0.5} \tag{2-3-3}$$

为了进一步评估台风作用下城市上空的湍流功率谱模型，利用式（2-3-1）对多次台风作用下的实测脉动风速谱进行曲线拟合，得到了各拟合参数平均值如表 2-3-11 所示。由表可知，三个湍流分量的参数 A_s 拟合结果基本相同，而其他参数（B_s、C_s、α_s 和 β_s）的统计结果则有一定差别。图 2-3-14 给出了实测风速谱与拟合谱的对比图。由图可见，三个脉动分量的实测谱与其拟合谱均符合较好，这意味着拟合的湍流功率谱模型能够很好地描述台风作用下香港地区城市上空脉动风的能量分布。

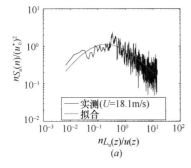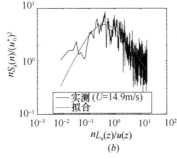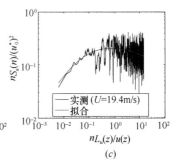

图 2-3-14　实测谱与拟合谱的对比

（a）顺风向；（b）横风向；（c）竖向

				表 2-3-11
				功率谱拟合参数平均值

参数	A_s	C_s	B_s	α_s	β_s
顺风向	45.62	0.63	6.04	0.88	1.87
横风向	46.00	1.77	5.29	1.29	1.60
竖向	45.05	1.57	6.78	0.51	2.46

6.2 结构动力特性

6.2.1 自振频率

图 2-3-15 给出了某次台风过程中实测加速度响应的功率谱密度函数。由图可见，尽管结构的高阶频率也可以识别出来，但台风作用下该超高层建筑两个方向的振动仍然以第一阶频率为主。

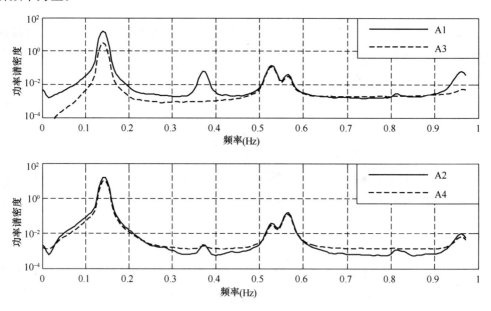

图 2-3-15 加速度功率谱密度函数

在结构初始设计阶段，2IFC 设计人员利用计算模型分析了结构的自振频率，其计算结果如表 2-3-12 所示。表中同时给出了自振频率的实测值以及实测与计算结果的差别。由分析结果可见，X、Y 两个方向的实测自振频率均大于相应的计算结果，二者的差别在 25.3%～50% 之间。

			表 2-3-12
			实测与计算自振频率结果对比

模态	实测[1]（Hz）	计算（Hz）	差别[2]（%）
第一阶（X 向）	0.140	0.103	26.4
第一阶（Y 向）	0.145	0.109	24.8
扭转	0.368	0.184	50

注：1 实测＝基于两种方法评估结果的总体平均值；

2 差别＝（实测－计算）/实测

6.2.2 结构阻尼比估计

阻尼比表征了结构耗散振动能量的能力，是影响结构风荷载及风致响应评估的重要因素。本项目选择随机减量法对 2IFC 实测的动力响应数据进行分析，得到了结构在台风作用下的阻尼比。图 2-3-16 给出了结构的阻尼比曲线。由图中可见，识别的结构阻尼比在低幅值区离散性较大，随着加速度幅值的增加，结构阻尼比变的相对稳定，这可能是因为低幅值区加速度响应的信噪比较低，从而影响了阻尼比评估结果的精确性。此外，由图还可以看出，Y 向的一阶阻尼比随着振幅的增大有增大

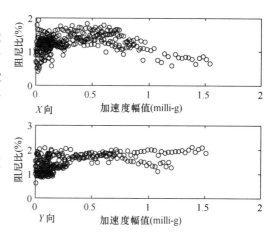

图 2-3-16　一阶阻尼比随加速度幅值的变化关系

的趋势，但 X 向阻尼比的识别结果并没有表现出这一特征。

6.3 GPS 实测位移的多路径效应

目前影响 GPS 位移测试精度的因素主要有两个：一是卫星的数量，它与 GPS 技术的本身特性有关，对于用户来说只能通过选择良好的测试环境来进行改善；第二是多路径效应，它主要是由于周边干扰物的反射造成的，受到反射干扰影响的卫星信号与真实信号相比存在时间延迟，从而导致测试信号中包含了低频干扰，该干扰成分的频率远低于结构的自振频率，利用这一特性，可以消除信号中的多路径干扰效应。本工程以台风"浣熊"中实测的位移时程为例，利用高通滤波器对测试信号进行了处理，选择的时程数据所对应的来流方向为东南方（风向角约为 110°），10min 平均风速在 12～18m/s 之间，这意味着结构的 X 向为顺风向风振响应而 Y 向为横风向响应。分析时的截止频率为 0.05Hz，得到了消除干扰前后的位移时程曲线如图 2-3-17、图 2-3-18 所示。由图可见，滤波前的位移时程信号中存在着明显的长周期干扰，经滤波后这一干扰成分已基本被消除，信号的信噪比得到了极大的改善。图 2-3-19 给出了滤波前后的位移功率谱密度，可以看出，经过滤波后的位移响应低频分量已被消除，而背景和共振分量则被很好地保留了下来。此外由谱分析结果可知，位移测试得到的 X、Y 向自振频率分别为 0.139Hz 和 0.144Hz，其识别的结构基本频率与图 2-3-15 中加速度传感器的测试结果符合较好。

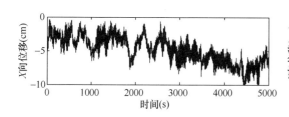

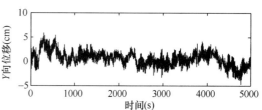

图 2-3-17　滤波前位移时程曲线（"浣熊"）

6.4 居住者舒适性评估

对于现代超高层建筑（例如 2IFC）来说，居住者舒适性问题是影响结构设计的主要

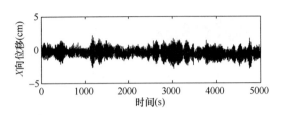 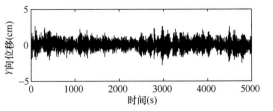

图 2-3-18 滤波后的位移时程曲线（"浣熊"）

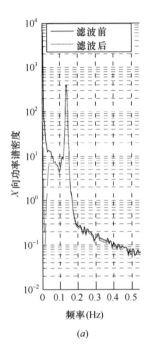 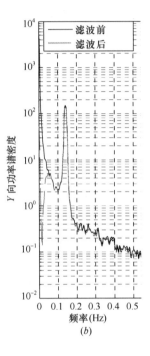

图 2-3-19 滤波后的位移功率谱密度（"浣熊"）

（a）X 向；（b）Y 向

因素之一。一般来说，加速度响应被认为是评估强风作用下建筑物舒适性最为可靠的指标。目前已有多个规范（或标准）给出了结构风致振动响应的限值，其中最为认可的则是国际标准组织（ISO）提出的均方根加速度限值标准。

本工程选择多次台风（"浣熊"、"黑格比"、"莫拉菲"和"天鹅"）作用下的实测数据，评估了 2IFC 的结构舒适度问题（如图 2-3-20 所示）。为了确定各台风的重现期，对香港天文台横澜岛观测站在各台风登陆过程中实测的最大小时平均风速进行了分析。由于该站风速测试高度为 83m，为了便于对比，利用指数率公式（指数为 0.10）将实测的平均风速换算到 200m 高度处（如图 2-3-20）。由分析可知，台风"天鹅"的重现期小于 1年，"浣熊"期间实测的最大小时平均风速基本上与 1 年重现期的预测风速相等，台风"莫拉菲"的重现期略小于 2 年，而"黑格比"的重现期则略大于 4 年。由图可知，多次台风作用下两个主轴方向实测的加速度响应均远小于 ISO 标准，意味着该超高层建筑满足居住者舒适度的要求。

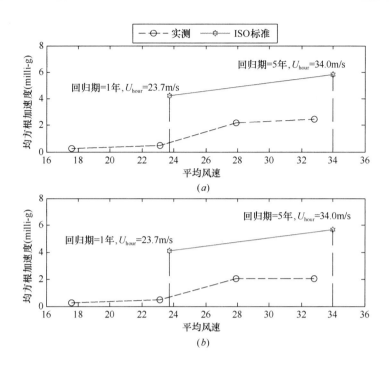

图 2-3-20 均方根加速度随平均风速（横澜岛）的变化关系

(a) X 方向；(b) Y 方向

6.5 现场实测与风洞试验对比

一直以来，风洞试验被认为是评估结构风荷载及风致响应的重要手段。但由于风洞模拟的流场特性与实际风场有一定的差距，同时由于缩尺模型的雷诺数问题及其动力相似性的问题还未得到实质性解决，因此风洞试验的评估结果需要现场实测来验证。在 2IFC 的设计阶段，RWDI 对其开展了详细的风洞试验，利用高频动态天平技术评估了结构风致响应，预测的结果已经应用于结构设计。本工程选择 2IFC 在台风"黑格比"期间的风效应测试数据，与风洞试验计算结果开展了对比研究。选择的数据样本平均风向为 120°左右，而风速在 14m/s 和 27m/s 之间。基于所选择的加速度样本而识别的结构一阶阻尼比在 1%左右，分析时取常数阻尼为 1%。图 2-3-21 给出了 2IFC X、Y 向实测加速度响应与风

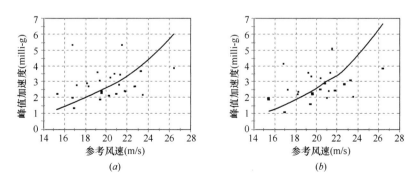

图 2-3-21 加速度响应对比（图中散点代表现场实测，实线代表风洞试验）

(a) X 方向；(b) Y 方向

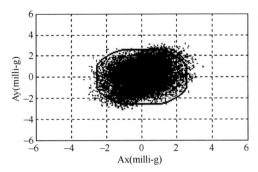

图 2-3-22 对应风速 21m/s 的实时加速度响应
（图中散点代表现场实测，实线代表风洞试验）

洞试验的对比结果。由图可见，风洞预测的峰值加速度几乎等于实测结果的平均值，并没有表现为实测结果的包络曲线。图 2-3-22 的分析结果也表明，实测的某些峰值加速度超过了风洞试验所确定的振动响应包络曲线。

为了进一步研究现场实测和风洞试验结果的差别，图 2-3-23 给出了对应一阶频率的实测加速度响应与风洞试验结果的对比关系，由图可见，风洞试验结果与对应一阶频率实测加速度响应变化趋势相同，并基本表现为实测值的包络线形式。

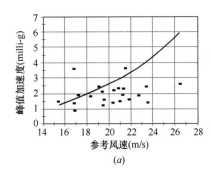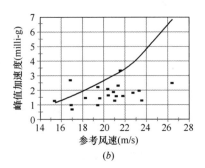

(a)　　　　　　　　　(b)

图 2-3-23 对应基本自振频率的加速度响应对比
（图中散点代表现场实测，实线代表风洞试验）
（a）X 方向；（b）Y 方向

案例 4 北京某体育馆监测

1 工程概况

北京某体育馆为 2008 年奥运会正式比赛用馆，位于北京某大学主校区东南角，面积 26900m²。体育馆屋盖属于弦支网架—网壳钢结构，由中央透明的球壳和围绕球壳旋转的平面桁架组成，其中网架部分由柔性预应力拉索和刚性空间桁架通过撑杆连接而成，其顶面由两条屋脊旋转和高低起伏形成异形扁壳曲面（图 2-4-1）。整个屋盖主要由 32 榀辐射桁架、中央刚性环、中央球壳和下撑杆、下刚性环、辐射拉索和支撑体系六部分组成（图 2-4-2），其中中央刚性环为钢管组成的环状钢桁架，其内侧为球壳结构，外侧为辐射桁架和拉索支撑体系。辐射平面桁架通过 32 个抗震球铰支座支撑于下部钢筋混凝土框架柱上，除 4 个角点处的支座为铰支座外，其余 28 个支座均为单向滑动支座，长边支座沿 Y 方向滑动，短边支座沿 X 方向滑动，滑动支座滑程限值为 70mm。支座释放后对屋盖

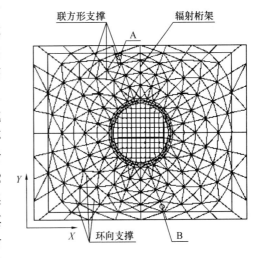

图 2-4-1 北京某体育馆屋盖平面布置图

结构造成的支承刚度削弱，由施加预应力的辐射拉索来弥补。屋盖支撑点间的跨度为 80m×64m，投影面积为 5120m²，檐口高度为 21.9m，屋盖结构的最高点为 33.3m。

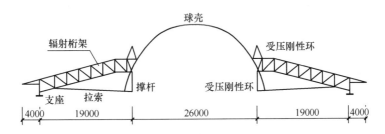

图 2-4-2 北京某体育馆屋盖结构剖面图

2 监测目的

针对大跨度体育场馆结构，建成后倒塌的工程实例不少。1975 年美国哈特福市中心体育馆完成交付使用，1978 年 1 月整体倒塌；1957 年建成的德国柏林会议厅屋盖，在 1980 年 5 月随着边梁支撑钢索的突然损坏而倒塌；美国的俄亥俄州大学健身房柱面网壳、罗马尼亚布勒斯特展览馆球面网壳也发生过倒塌事故；最近的一次体育场馆结构事故发生

269

在 2007 年 1 月 5 日，位于温哥华市中心的卑诗省体育馆圆顶突然塌陷，所幸没有造成人员伤亡，卑诗省体育馆建于 20 年前温哥华主办 1986 年世界博览会之时，是温哥华标志性建筑之一。它是目前世界上最大的充气圆顶体育馆，能容纳六万多人。2010 年温哥华冬季奥运会的开幕式和闭幕式也计划在此举行，有专家表示，圆顶塌陷的原因可能与卑诗省的恶劣天气有关。可见，对于大跨度体育场馆进行结构健康监测、掌握使用过程中的环境变化和结构的状态，发现结构不正常时及时采取措施，对于保证结构的安全是非常必要的。

该体育馆屋盖结构有以下主要特点：（1）采用在国内较少应用的张弦空间壳体，结构新颖独特；（2）张拉预应力钢索前，屋盖结构的重量由支撑在地面上的支架承担，通过张拉预应力钢索，使屋盖钢结构抬起，成为独立的承载结构；（3）随着张拉过程中预应力钢索拉力的变化，钢结构构件内力也发生变化，辐射桁架的单向滑动支座产生水平滑动，屋盖钢结构产生竖向位移，不对称性造成中央球壳旋转和偏移；（4）建成后在运营过程中，预应力拉索存在松弛现象，以及承受风、雨雪、温度变化等可变荷载，甚至可能受到地震的作用，从而结构会发生竖向位移和支座水平滑动，构件内力也将发生变化。

按照规范第 6.1.1 条第 5 款，该体育馆大跨度钢结构中间为直径 26m 的单层球壳，周围为空间网架，通过预应力拉索和限制位移支座支撑起来，跨度为 64m，在施工过程中，特别是拉索在逐根张拉阶段，结构受力会发生显著变化，整体结构的受力状态与一次成型整体结构的加载分析结果可能存在显著差异，应进行施工期间监测。按照规范第 6.1.3 条规定，该结构需要承担 2008 年北京奥运会比赛，设计文件明确要求对其使用期间进行监测。

综合以上因素，有必要对该体育馆进行施工及使用期间健康监测，实时掌握结构的工作状态，目的是为了保证结构施工和使用（特别是 2008 年奥运会举办期间）安全，符合规范第 3.3.1 条及规范 3.4.1 条的监测目的要求。

3 施工过程模拟计算

按照规范第 3.3.4 条规定，施工期间监测前应对结构与构件进行结构分析，本工程模拟计算了整个施工过程中结构整体及其构件的受力和变形状态，为现场监测奠定了基础。

3.1 施工过程有限元模拟

采用大型通用有限元程序 ABAQUS 进行施工全过程的模拟分析。ABAQUS 包括一个十分丰富的、可模拟任意实际形状的单元库，并拥有与之对应的各种类型材料模型库，可以模拟大多数典型工程材料的性能，其中包括金属、橡胶、高分子材料、复合材料、钢筋混凝土、可压缩高弹性的泡沫材料以及各种土体和岩石等地质材料。作为一种通用的模拟计算工具，ABAQUS 可以模拟结构领域的各种问题，例如静力学、动力学、多体运动学、热传导、质量扩散、热电耦合分析、声学分析、岩土力学分析（流体渗透/应力耦合分析）及压电介质分析。

该体育馆钢结构屋盖施工过程的有限元计算模型如图 2-4-3 所示。其中钢索采用 Truss 单元模拟，其余杆件采用 Beam 单元模拟。计算中考虑了几何非线性，符合第一篇第 3.3.4 条"规范条文分析"部分提到的大跨度空间结构应考虑几何非线性因素的影响。

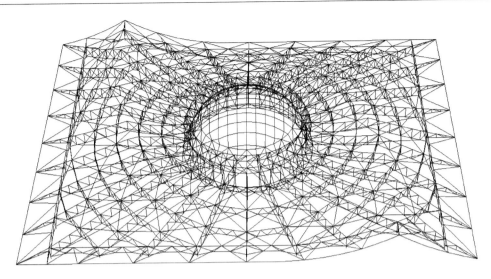

图 2-4-3　北京某体育馆的 ABAQUS 有限元计算模型

屋盖体系共 32 根索，张拉共分三个阶段进行。第一阶段张拉至原设计值的 0～20%，第二阶段张拉至原设计值的 20%～70%，第三阶段在分批拆除中央刚性环上的千斤顶后，逐根微调使索力达到设计值（见表 2-4-1，即原设计值的 70%）。采用一端张拉，张拉端设置在靠近中央刚性环一侧。第一、二阶段每个阶段分 4 步张拉，共 8 步，每步一次同时张拉 8 根索。表 2-4-2 给出了各步所张拉索的桁架编号。

索力设计值（kN）　　　　　　　　　　　　　　　表 2-4-1

索编号	1	5	9	13	2	8	10	16	3	7	11	15	4	6	12	14
索力	385				308	350		308	308	350		308	308	350		308

各级各步所张拉索的桁架编号　　　　　　　　　　表 2-4-2

第一阶段	第一步	第二步	第三步	第四步	张拉力
	HJ1, 5, 9, 13	HJ2, 8, 10, 16	HJ3, 7, 11, 15	HJ4, 6, 12, 14	0～20%
第二阶段	第一步	第二步	第三步	第四步	张拉力
	HJ1, 5, 9, 13	HJ2, 8, 10, 16	HJ3, 7, 11, 15	HJ4, 6, 12, 14	20%～70%

结合实际张拉过程及施工方案，计算机模拟的施工过程包括以下步骤：

Step 01-10：施加结构重力；

Step 11-20：第一阶段张拉（原设计值的 20%），采用索的实际张拉力控制；

Step 21-30：拆除支撑桁架的千斤顶；

Step 31-40：第二阶段张拉（原设计值的 70% 以及 4♯、6♯、12♯、14♯原设计值的 85%），采用索的实际张拉力控制；将已张拉到原设计值 85% 的 4♯、6♯、12♯、14♯这 8 根预应力拉索索力释放到原设计值的 70%；

Step 41-50：将四个角的支座形式从铰接变成滑动；

Step 51-70：间隔分批拆除钢环上的千斤顶；

Step 71-80：调整索力到原设计值的 70%；

Step 81-90：整体降温 15℃；

Step 91-100：整体回到降温前温度；

Step 101-110：施加屋面荷载，包括：马道总重：500kN，马道恒载：8kN/m，屋面恒载：0.44kN/m²，球壳玻璃：0.74kN/m²。

以上荷载取值与第一篇第 3.3.4 条条文分析部分表 1-3-2 基本相符，计算分析基本符合规范第 3.3.4 条 1 款～3 款以及 6 款、7 款规定，采用实际的施工工序，考虑施工临时支撑的影响，分阶段分步骤对施工全过程进行结构分析，满足第一篇第 3.3.4 条条文分析部分关于施工阶段模拟各方面影响的要求。但限于当时条件，结构分析中未计入地基沉降等影响。

3.2 模拟分析结果

下面给出整个施工过程中，屋盖钢结构部分关键构件的内力和位移的计算结果。为描述方便，图 2-4-4 给出了部分支座的编号。

由开始张拉前至施加屋面荷载后，中央球壳中心点（图 2-4-4 中 TA）的竖向位移曲线如图 2-4-5 所示，每步竖向位移数据列入表 2-4-3。其中，施加重力荷载后，计算所得 TA 的竖向位移为 −0.64mm，若以此作为初始状态，则将 4♯、6♯、12♯、14♯ 这 4 根预应力拉索索力释放到设计要求原设计值的 70% 时，TA 的竖向位移为 1.98mm ＋ 0.64mm ＝ 2.62mm；卸除中央环千斤顶后的竖向位移为 −13mm；索力微调后的竖向位移为 −35mm；施加屋面荷载后的竖向位移为 −100mm。

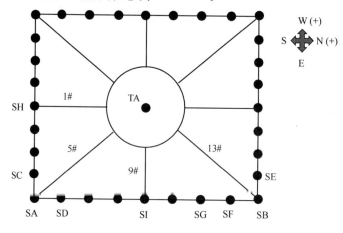

图 2-4-4 支座编号示意图

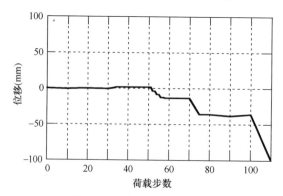

图 2-4-5 中央球壳中心点竖向位移曲线

中央球壳中心点和部分代表性支座的位移 (mm)　　表 2-4-3

计算步骤	竖向位移	SA 位移		SB 位移		滑动支座水平位移	
	TA	NS	EW	NS	EW	SH (NS)	SI (EW)
0	0.00	0.00	0.00	0.00	0.00	0.00	0.00
10	−0.64	0.00	0.00	0.00	0.00	−0.09	−0.19
20	−0.14	0.00	0.00	0.00	0.00	0.87	0.72
30	−0.44	0.00	0.00	0.00	0.00	−0.26	0.07
40	1.98	0.00	0.00	0.00	0.00	6.68	3.40
50	1.67	3.05	−4.07	1.64	1.76	6.84	3.28
70	−13.19	2.56	−3.86	1.29	1.64	4.84	−1.29
80	−35.61	0.99	−2.79	0.32	1.19	−2.07	−10.11
90	−38.08	7.28	−9.48	5.49	6.12	4.86	−4.39
100	−35.61	0.99	−2.79	0.32	1.19	−2.07	−10.11
110	−100.32	−1.83	−0.79	−1.65	0.16	−14.37	−30.51

由开始张拉前至施加屋面荷载后，部分代表性支座的位移曲线如图 2-4-6～图 2-4-8 所示，每步具体数据详见表 2-4-3。可见温度应力对支座的位移的影响较大。在温差 15℃时，四角支座 SA 的南北水平位移变化了 6.3mm，东西水平位移变化了 6.7mm；四角支座 SB 的南北水平位移变化了 5.2mm，东西水平位移变化了 4.9mm；滑动支座 SH 的水平位移变化了 6.0mm，滑动支座 SI 的水平位移变化了 5.7mm。施加屋面荷载后，四角支座位移较小，

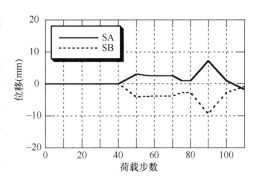

图 2-4-6　四角支座的南北水平位移

滑动支座 SH 及 SI 的水平位移分别达到 14.4mm 和 30.5mm。

由开始张拉前至施加屋面荷载后，部分代表性支座的竖向反力变化曲线如图 2-4-9 和图 2-4-10 所示，具体数据详见表 2-4-4。

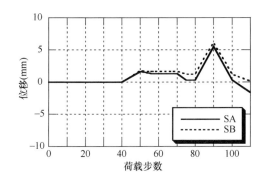

图 2-4-7　四角支座的东西水平位移

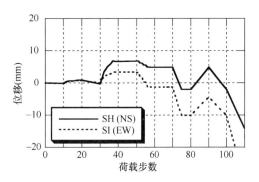

图 2-4-8　部分滑动支座的位移

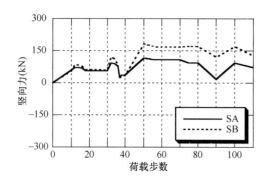

图 2-4-9 四角支座的竖向反力

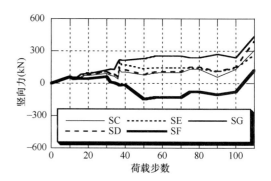

图 2-4-10 部分滑动支座的竖向反力

部分代表性支座的竖向反力（kN）　　　　　　　　　　表 2-4-4

计算步骤	滑动支座竖向反力					固定支座竖向反力	
	SC	SD	SE	SF	SG	SA	SB
0	0.00	0.00	0.00	0.00	0.00	0.00	0.00
10	53.32	51.06	55.75	59.84	54.65	58.78	53.40
20	73.38	79.34	95.65	42.02	89.46	55.82	62.16
30	92.19	108.03	105.74	62.75	123.68	56.17	60.57
40	104.23	126.66	172.63	−16.61	215.44	36.68	33.88
50	79.03	86.70	135.19	−143.60	231.68	114.74	180.61
70	98.84	109.27	145.49	−128.98	254.84	108.75	167.27
80	131.62	154.38	142.35	−77.49	240.05	93.44	170.67
90	58.20	113.25	106.60	−103.69	270.59	17.18	120.66
100	131.62	154.38	142.35	−77.49	240.05	93.44	170.67
110	309.86	397.86	268.56	127.16	440.45	71.00	125.83

　　由图 2-4-9 可见，四角支座的形式从铰接变成滑动的工况下，SB 支座的竖向反力增加了 147kN；降温工况下，SB 支座的竖向反力下降了 50kN；直至施加屋面荷载，SB 支座的竖向反力为 126kN。

　　由图 2-4-10 可见，在施加屋面荷载之前各工况下，多数滑动支座的竖向反力比较平稳，支座 SG 的竖向反力最大，施加屋面荷载后，达到 595kN；滑动支座 SF 在第二阶段张拉后，开始出现拉力，四角支座从铰接变成滑动时对 SF 支座影响较大，竖向反力达到 −144kN，调整索力后，SF 支座竖向反力为 −77kN，施加屋面荷载后，SF 支座竖向反力为 127kN。

　　为更清晰地描述施工过程中结构的竖向位移变化情况，图 2-4-11～图 2-4-16 给出了施工过程中关键步骤的结构竖向位移图。

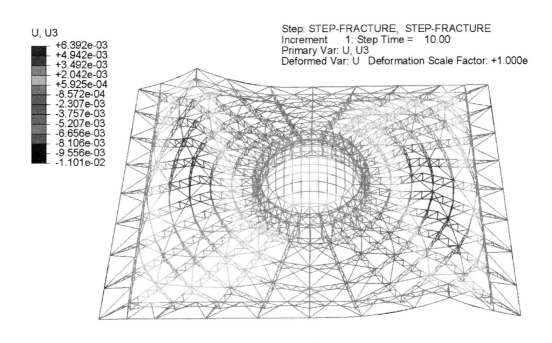

图 2-4-11　四个固定铰支座放开后，结构的竖向位移（单位：m）

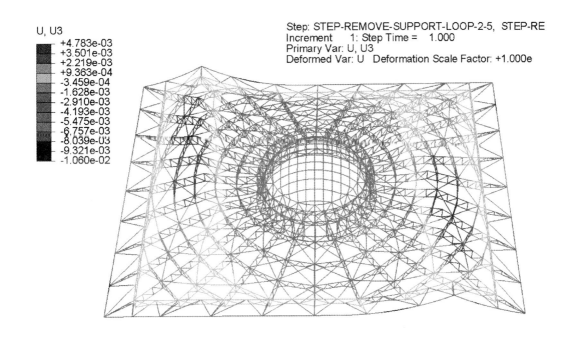

图 2-4-12　中央环第 2 批千斤顶下降 5mm，结构的竖向位移（单位：m）

　　图 2-4-17 给出了部分索应力变化曲线，图 2-4-18～图 2-4-22 给出部分关键施工步骤的钢结构构件应力图。可见，在施加屋面荷载后（包括马道恒载），钢结构构件及索的最大应力比分别为 0.33 和 0.21。

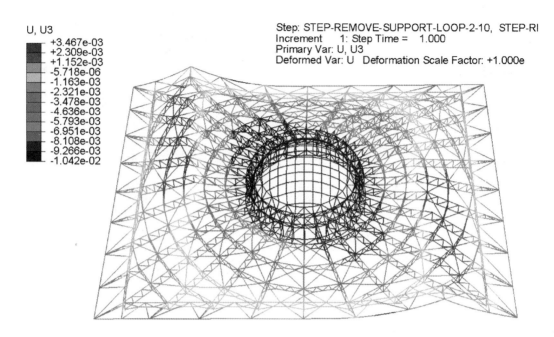

图 2-4-13 中央环第 2 批千斤顶下降 10mm，结构的竖向位移（单位：m）

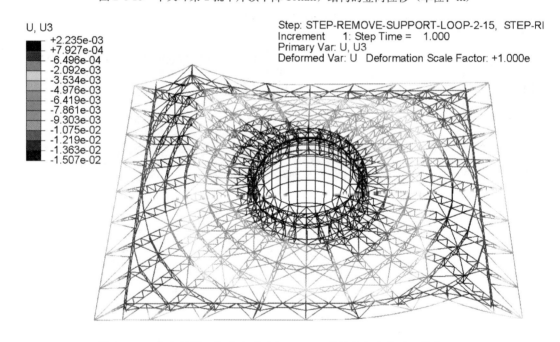

图 2-4-14 中央环第 2 批千斤顶下降 15mm，结构的竖向位移（单位：m）

　　本工程根据实际情况，充分考虑了温度作用，符合第一篇第 3.3.4 条"规范条文分析"部分提出的对应结构整体升降温引起的结构内力和变形的变化规律进行仿真分析的内容；考察了张拉索力不同阶段下的结构应力和位移变化，关注了最大应力比和最大位移区域，为结构监测预警的提出提供了支撑，符合规范第 3.3.5 条"分区、分级、分阶段"的原则。

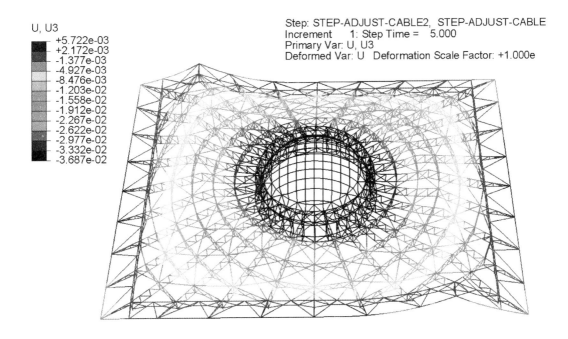

U, U3
+5.722e-03
+2.172e-03
-1.377e-03
-4.927e-03
-8.476e-03
-1.203e-02
-1.558e-02
-1.912e-02
-2.267e-02
-2.622e-02
-2.977e-02
-3.332e-02
-3.687e-02

Step: STEP-ADJUST-CABLE2, STEP-ADJUST-CABLE
Increment　　1: Step Time =　5.000
Primary Var: U, U3
Deformed Var: U　Deformation Scale Factor: +1.000e

图 2-4-15　索力微调后，结构的竖向位移（单位：m）

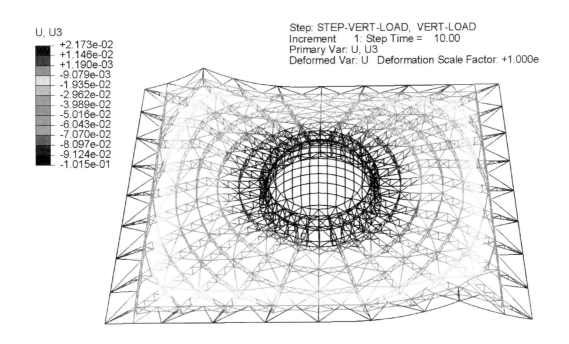

U, U3
+2.173e-02
+1.146e-02
+1.190e-03
-9.079e-03
-1.935e-02
-2.962e-02
-3.989e-02
-5.016e-02
-6.043e-02
-7.070e-02
-8.097e-02
-9.124e-02
-1.015e-01

Step: STEP-VERT-LOAD, VERT-LOAD
Increment　　1: Step Time =　10.00
Primary Var: U, U3
Deformed Var: U　Deformation Scale Factor: +1.000e

图 2-4-16　施加屋面荷载后，结构的竖向位移（单位：m）

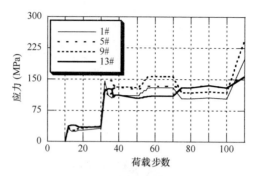

图 2-4-17　部分索应力变化曲线

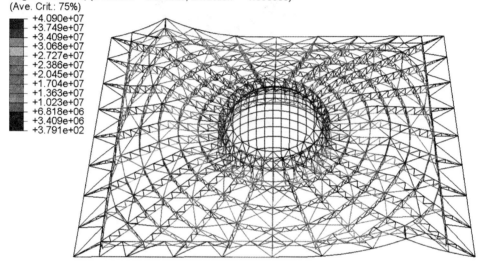

图 2-4-18　四个固定铰支座放开后，钢结构构件应力图（单位：Pa）

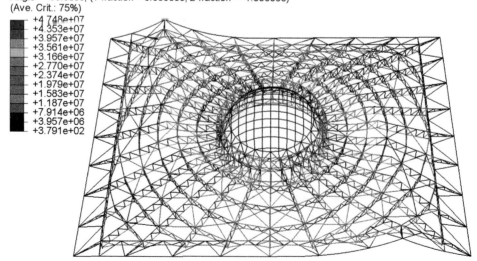

图 2-4-19　中央环千斤顶下降 15mm，钢结构构件应力图（单位：Pa）

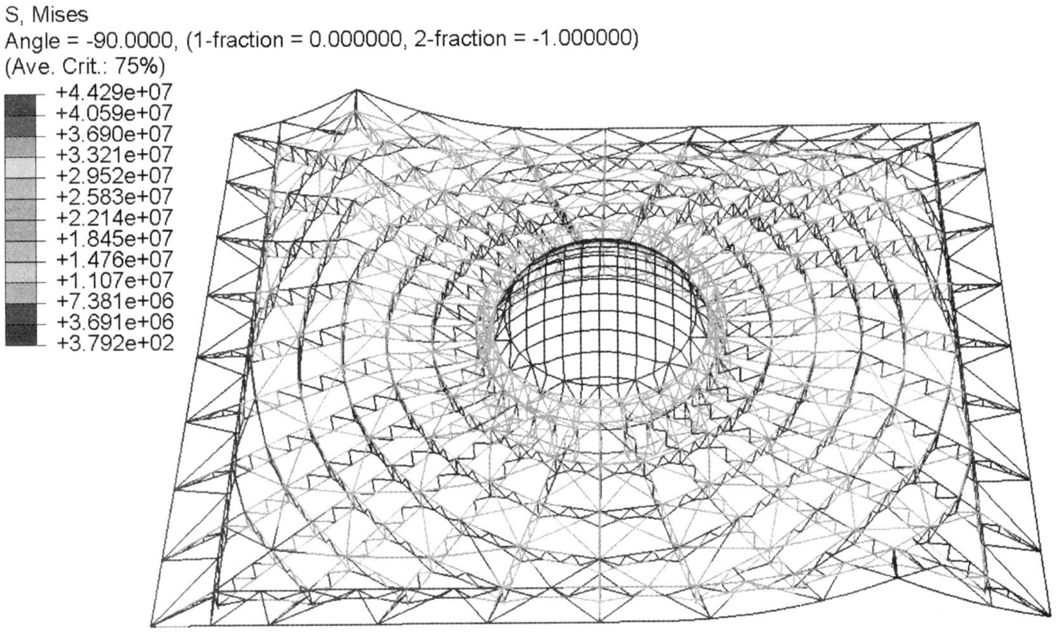

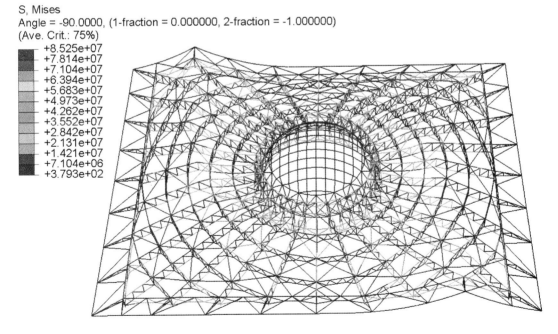

S, Mises
Angle = -90.0000, (1-fraction = 0.000000, 2-fraction = -1.000000)
(Ave. Crit.: 75%)
+4.429e+07
+4.059e+07
+3.690e+07
+3.321e+07
+2.952e+07
+2.583e+07
+2.214e+07
+1.845e+07
+1.476e+07
+1.107e+07
+7.381e+06
+3.691e+06
+3.792e+02

图 2-4-20　索力微调后，钢结构构件应力图（单位：Pa）

S, Mises
Angle = -90.0000, (1-fraction = 0.000000, 2-fraction = -1.000000)
(Ave. Crit.: 75%)
+8.525e+07
+7.814e+07
+7.104e+07
+6.394e+07
+5.683e+07
+4.973e+07
+4.262e+07
+3.552e+07
+2.842e+07
+2.131e+07
+1.421e+07
+7.104e+06
+3.793e+02

图 2-4-21　整体降温 15℃，钢结构构件应力图（单位：Pa）

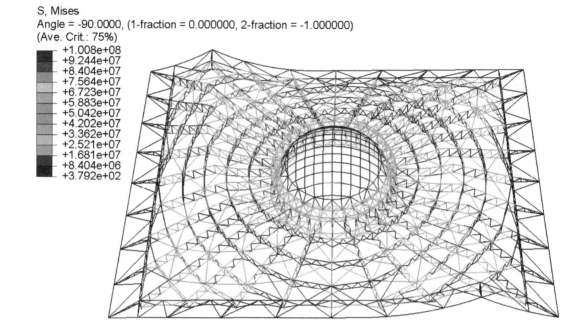

S, Mises
Angle = -90.0000, (1-fraction = 0.000000, 2-fraction = -1.000000)
(Ave. Crit.: 75%)

图 2-4-22　施加屋面及吊挂荷载后，钢结构构件应力图（单位：Pa）

4　施工期间监测

4.1　监测项目

按照本规范第 6.1.4 条，施工期间监测网架/网壳结构应监测项为竖向变形，宜监测项为基础沉降、应变和环境温度。本工程的监测项目包括大跨屋盖钢结构的工作状态及其工作环境两方面，具体为：（1）部分钢结构杆件的应力应变；（2）关键节点的位移（竖向和水平）；（3）结构温度。除了基础沉降外，本工程对其他项目都进行了监测，基本符合规范规定。

4.1.1　应变监测

量测应变最常用的传感器有电阻应变片、振弦传感器和光纤光栅传感器等。

综合分析规范第 4.2.1 条三种常用应变传感器的性能，如第一篇第 4.2.2 条表 1-4-1 所示，对于本工程，没有封装的电阻应变片在现场条件下容易损坏，不适合现场监测。光纤光栅传感器费用较高，如果采用串联方式连接，一旦某一传感器或导线损坏，这个传感器之后的所有传感器均不能正常工作，需要现场检查、排除故障，给监测工作带来很大的难度。

综合考虑监测目的和工程实际需求，选择了振弦应变传感器。振弦应变传感器的原理是在应变计两端钢块之间张拉一根钢弦，将两端钢块固定在金属结构上，钢的表面发生变形时，引起两端钢块发生相对移动，从而引起钢弦自振频率的变化，由二次仪表通过激振线圈对钢弦激振并接收频率信号，便可得到应变的大小。应变量与钢弦频率之间的关系为：

$$\varepsilon = \frac{4L^2 \rho g}{E}(f^2 - f_0^2) \qquad (2\text{-}4\text{-}1)$$

式中，ε 为应变，L 为计算长度，ρ 为钢弦材料密度，g 为重力加速度，E 为钢弦材料弹性模量，f_0 为钢弦初始频率，f 为结构变形后钢弦的频率。

振弦应变传感器是以钢弦为敏感元件，以频率为传输信号，其优缺点可见第一篇第4.2.2 条表 1-4-1 相关内容。

本工程采用的振弦传感器及其配套使用的数据采集单元（分别如图 2-4-23 和图 2-4-24 所示），其量程为 3000×10^{-6}，灵敏度为 1×10^{-6}，温度范围为 $-20 \sim 90℃$，满足规范第4.2.3 条 1 款、3 款及第 4.2.4 条 2 款规定，与第一篇附录 A 表 1-A-5 应变传感器主要指标基本一致。

图 2-4-23　振弦应变传感器

图 2-4-24　振弦传感器数据采集单元

振弦传感器的应变数据采集单元（图 2-4-24）由不锈钢机箱、防雷电源管理模块、免维护电池和测量模块组成，每个采集单元可接入 40 支振弦传感器；通信接口为 RS-485 总线；采集单元具有体积小、重量轻、密封性好等特点；符合规范附录 A 第 A.0.4 条基本规定。

4.1.2　位移监测

位移是反映结构整体工作情况的最主要参数。根据第一篇第 4.3.2 条条文分析内容，量测位移的仪表有机械式、电子式及光电式等多种。根据规范第 4.3.3 条的规定，按照结构或构件的变形特征确定监测项目和监测方法，本工程采用了电子位移计（如图 2-4-25）进行位移监测，在拆除刚性环千斤顶的过程中，采用了电子百分表（如图 2-4-26）监测了四角支座的位移。

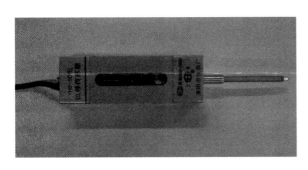

图 2-4-25　电子位移传感器

图 2-4-26　电子百分表

电子位移计量程为±50mm，精度为0.02mm，主要特点为：输出灵敏度高，线性好，体积小，自重轻，温度飘移小，抗湿性能强，安装使用方便。后接先进的测试系统及软件，实现了位移自动化测试。满足规范第4.3.7条规定，与第一篇附录A表1-A-5位移传感器主要指标基本一致。

电子百分表量程为0～12.7mm，分辨率为0.005mm，具有大液晶屏显示，表盘可旋转，方便读数。具有绝对测量和相对测量转换、公英制转换、数据输出等功能。符合第一篇第4.3.7条的规定，与该条"结构监测应用"部分表1-4-5主要指标基本一致。

4.2 测点布置

4.2.1 测点位置

由于监测点数目有限，对大型结构而言只能采集到小部分的环境和结构响应信息，因而传感器的数量、类型和布设位置直接影响采集信息的有效性，并对监测分析结果起决定作用。按照规范第3.2.6的测点布置原则，本工程考虑了以下因素确定传感器的数量和布设位置。

合理性：紧密结合该体育馆钢结构设计，以结构计算分析结果为依据，通过优化布设，保证测点能够充分获取结构响应的信息。

可实施性：考虑监测系统实施的可行和方便以及不影响正常使用时的观感，保证布设测点处可以安装传感器，且进行安装和布置传输线路时施工方便。

经济性：用尽可能少的传感器获取尽可能全面的、正确的环境信息和结构响应信息。

具体而言，内力监测杆件选取基于：（1）在模拟施工计算以及正常使用阶段应力较大的杆件。（2）弦杆、腹杆、钢索等不同类型构件的最不利杆件都有所覆盖。符合规范第6.2.10条关于选取关键受力部位的构件以及变形显著变化的部位进行监测的规定。如图2-4-27及表2-4-5所示，其中图2-4-27所示的62个应变（温度）监测杆件，36个为原有施工阶段应变测点。

位移监测节点选取基于：代表性支座的水平位移。如表2-4-6和图2-4-28、图2-4-29所示，可以发现，竖向和水平位移测点数量均为6个，符合规范第6.2.8条不宜少于5个测点的规定。

温度监测节点选取基于：考虑到经济性，温度监测点选取与应力监测位置相同。符合第一篇第4.4.4条"结构监测应用"部分关于结构温度测点可考虑在应变测点同一位置测量的规定。

综合而言，测点的选取很好的匹配了规范第3.3.2条的规定。

应变测点位置　　　　　　　　　　　　　　　　　　　　表2-4-5

编号	位置描述	编号	位置描述
1	北15#、16#桁架之间，下钢环外弦杆	6	东11#、12#桁架之间，下钢环内弦杆
2	北14#、15#桁架之间，下钢环斜腹杆	7	东11#、12#桁架之间，下钢环外弦杆
3	北13#、14#桁架之间，下钢环外弦杆	8	东10#、11#桁架之间，下钢环内弦杆
4	东12#、13#桁架之间，下钢环斜腹杆	9	东10#、11#桁架之间，下钢环斜腹杆
5	与东12#桁架相连下钢环直腹杆	10	与东10#桁架相连下钢环直腹杆

编号	位置描述	编号	位置描述
11	东8#、9#桁架之间，下钢环内弦杆	37	南1#索
12	东南5#桁架下弦杆，与桁架柱相连	38	南4#、5#桁架之间，内起3排环桁架上弦近4#桁架
13	东7#、8#桁架之间，下钢环斜腹杆	39	东9#索
14	东6#、7#桁架之间，下钢环内弦杆	40	东5#、6#桁架之间，内起3排环桁架上弦近5#桁架
15	与东6#桁架相连下钢环直腹杆	41	东9#桁架下弦杆，内起3排环桁架内侧
16	东5#、6#桁架之间，下钢环外弦杆	42	东9#桁架上弦杆，内起3排环桁架内侧
17	东北13#桁架下弦杆，与桁架柱相连	43	东10#环桁架上弦杆，内起2排环桁架内侧
18	南3#、4#桁架之间，下钢环斜腹杆	44	东11#、12#桁架之间，内起3排环桁架上弦近12#桁架
19	南3#、4#桁架之间，下钢环外弦杆	45	东12#桁架下弦杆，内起5排环桁架外侧
20	南14#桁架下弦杆转角处内侧	46	东北13#桁架直腹杆与内起4排环桁架相连
21	南14#桁架下弦杆转角处外侧1	47	北16#桁架上弦杆，内起2排环桁架外侧
22	南14#桁架下弦杆转角处外侧2	48	北1#、2#桁架之间，下钢环内弦杆
23	南15#桁架斜腹杆，与内起3排环桁架内侧相连	49	北4#、5#桁架之间，内起2排环桁架上弦近4#桁架
24	南15#桁架下弦杆转角处内侧	50	西北5#桁架下弦杆，内起6排环桁架外侧
25	南15#桁架下弦杆转角处外侧1	51	西5#、6#桁架之间，内起2排环桁架上弦近5#桁架
26	南15#桁架下弦杆转角处外侧2	52	西9#桁架上弦杆，内起3排环桁架内侧
27	南16#桁架斜腹杆，与内起3排环桁架内侧相连	53	西9#、10#桁架之间，下钢环外弦杆
28	南16#桁架下弦杆转角处内侧	54	西10#桁架下弦杆，内起4排环桁架内侧
29	南16#桁架下弦杆转角处外侧1	55	西12#桁架下弦杆，内起5排环桁架外侧
30	南16#桁架下弦杆转角处外侧2	56	西南13#桁架下弦杆，内起5排环桁架外侧
31	南1#桁架斜腹杆，与转角处内侧相连	57	西南13#桁架直腹杆与内起4排环桁架相连
32	南1#桁架下弦杆转角处内侧	58	南1#桁架柱
33	南1#桁架下弦杆转角处外侧	59	东南5#桁架柱
34	南1#桁架下弦杆，与内起4排环桁架内侧相连	60	东9#桁架柱
35	南2#桁架下弦杆，与内起4排环桁架外侧相连	61	东北13#桁架柱
36	东5#、6#桁架之间，内起6排环桁架下弦近6#桁架	62	北16#桁架柱

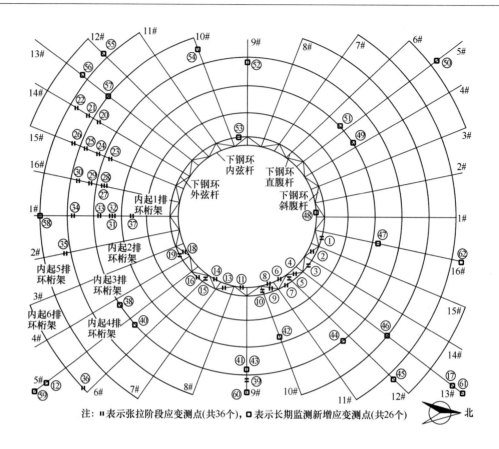

注：‖表示张拉阶段应变测点(共36个)，▫表示长期监测新增应变测点(共26个)

图 2-4-27　应变（温度）测点分布图

竖向位移和水平位移测点　　　　　　　　　　　　　　　表 2-4-6

竖向位移		水平位移	
测点号	位置描述	测点号	位置描述
1	南 1#桁架与下钢环连接节点	5	南 16#桁架外支座（南北向）
2	南 1#桁架转角处下弦节点	6	南 1#桁架外支座（南北向）
3	南 16#桁架转角处下弦节点	7	南 3#桁架外支座（南北向）
4	南 5#桁架下弦与内起 3 排环桁架交点	8	南 7#桁架外支座（东西向）
11	北 1#桁架与下钢环连接节点	9	南 8#桁架外支座（东西向）
12	东 9#桁架与下钢环连接节点	10	东 9#桁架外支座（东西向）

4.2.2　现场照片

图 2-4-30～图 2-4-36 给出了部分施工现场的监测情况以及主要施工过程的照片。图 2-4-30 为施工期间的监测控制室，符合规范第 3.2.1 条的规定。图 2-4-31、图 2-4-32 分别为钢结构构件以及拉索上的应变传感器布置，图 2-4-33、图 2-4-34 为施工关键过程的张拉拉索及中央刚性环卸载照片，图 2-4-35、图 2-4-36 给出了施工过程中支座位移的监测照片。从照片中可以发现，振弦式应变传感器通过点焊固定于结构上，且有警示标志，符合规范第 4.2.5 条有关应变传感器安装的要求，也符合规范第 3.2.7 条 4 款和 5 款的基本要求。

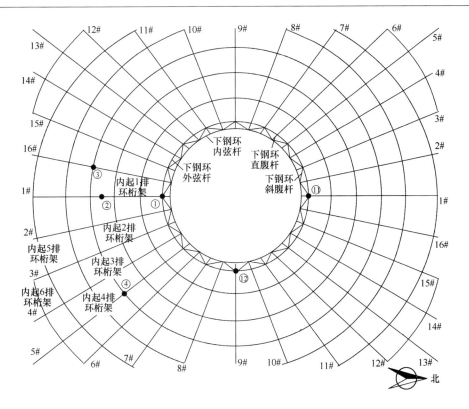

图 2-4-28　竖向位移测点分布图

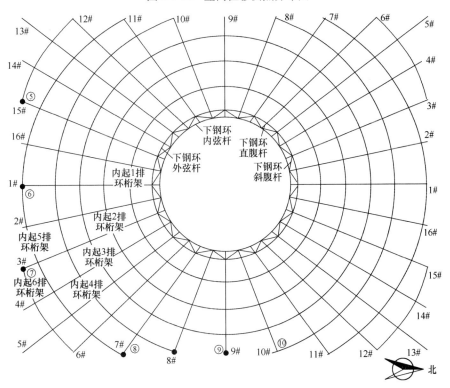

图 2-4-29　水平位移测点分布图

图 2-4-30 施工期间测站图片　　　　　　图 2-4-31 钢结构构件上的振弦式应变传感器

图 2-4-32 拉索上的振弦式应变传感器

图 2-4-33 张拉拉索及索力监测

图 2-4-34　中央刚性环卸载图片

图 2-4-35　滑动支座处的位移测量

4.3　监测结果

该体育馆钢结构屋架施工期间的应变监测从张拉阶段开始至铺设屋面板结束，位移监测包括了张拉阶段至调整索力完成的过程。按照规范第 3.3.8 条要求，监测数据应处理分

析，核查确认。本工程各个工况下都及时进行了数据处理分析，并按照规范第 3.3.15 条关于监测记录的要求规范了每一步操作，按照规范第 3.3.16 条要求进行归档。

典型工况下，部分代表性测点的应变实测值见表 2-4-7，拉索的应变实测值及索力见表 2-4-8。竖向位移实测值见表 2-4-9，滑动支座水平位移实测值见表 2-4-10，四角支座水平位移实测值见表 2-4-11。关键施工步骤的监测符合规范第 6.2.6 条及第 6.2.7 条的规定，卸载方式与第一篇第 6.2.6 条"结构监测应用"部分中的卸载方案基本一致。

图 2-4-36　四角支座的位移监测

部分代表性测点的应变实测值（$\mu\varepsilon$）　　　　　　　　　　表 2-4-7

工况	采集时间	测点 1（下钢环外弦杆）	测点 6（下钢环内弦杆）	测点 8（下钢环内弦杆）	测点 26（南 15# 桁架下弦杆转角处外侧）	测点 29（南 16# 桁架下弦杆转角处外侧）	测点 31（南 1# 桁架斜腹杆）
张拉第一阶段	1 月 8 日，11：17（第 1 步）	2	14	17	−2	−28	27
	1 月 8 日，15：53（第 2 步）	22	21	19	−3	−42	30
	1 月 9 日，9：53（第 3 步）	15	−6	−5	−23	−63	12
	1 月 9 日，15：16（第 4 步）	21	39	2	−35	−61	24

续表

工况	采集时间	测点1（下钢环外弦杆）	测点6（下钢环内弦杆）	测点8（下钢环内弦杆）	测点26（南15#桁架下弦杆转角处外侧）	测点29（南16#桁架下弦杆转角处外侧）	测点31（南1#桁架斜腹杆）
张拉第二阶段	1月10日，11：52（第1步）	90	92	110	−39	−70	141
	1月10日，20：34（第2步）	145	149	135	−51	−162	117
	1月11日，10：28（第3步）	148	134	134	−169	−208	190
	1月11日，16：04（第4步）	157	156	181	−192	−223	175
张拉暂停阶段	1月18日15：15	150	152	211	−234	−266	173
切除四角支座	2月4日21：48	138	142	187	−186	−228	125
拆除刚性环千斤顶	2月5日10：16	160	148	193	−268	−305	223
第一遍调整索力	2月6日14：05	151	167	213	−240	−230	227
第二遍调整索力	2月7日9：58	151	153	202	−225	−276	207
喷完防火涂料	3月27日4：37	167	117	204	−264	−273	195
开始屋面安装	4月3日16：35	163	107	208	−279	−292	220
屋面板安装完成（球壳部分未安装）	5月9日11：03	185	126	221	−292	−287	247
球壳部分安装完成	6月17日8：29	191	133	230	−315	−307	280

拉索的应变实测值及索力　　　　　　　　　　　　　　　　　表 2-4-8

工　况		采集时间	1#索		9#索	
			应变（$\mu\varepsilon$）	索力（kN）	应变（$\mu\varepsilon$）	索力（kN）
张拉第二阶段	第1步	1月10日11：52	487	339	320	270
	第2步	1月10日20：34	447	316	448	342
	第3步	1月11日10：28	426	305	442	339
	第4步	1月11日16：04	436	310	435	335
拆除刚性环千斤顶		2月5日10：16	475	332	479	359
调整1#索力		2月6日9：45	509	350	477	358
调整9#索力		2月6日10：13	517	355	489	365
全部索力调整完成		2月7日9：58	519	355	495	368
喷完防火涂料		3月27日14：37	559	379	866	576
安装完成部分屋面板		4月11日16：41	766	495	1006	654
全部屋面板安装完成		6月17日8：29	902	571	1130	723

注：由 $\sigma=P/A$，$\varepsilon=\sigma/E \Rightarrow P=\sigma A=\varepsilon EA$。由于传感器是索张拉完20%后安装的，故索力与实测应变的转换为：索力＝应变×EA＋初值，其中，$E=1.9\times10^5$MPa，$A=0.002965$m^2，则：1#索＝应变×0.56＋66，9#索＝应变×0.56＋91，单位：kN。

竖向位移实测值（mm）　　　　　　　　　　　　　　　　　表 2-4-9

测点号	完成第一阶段张拉 1月9日14：31		完成第二阶段张拉 1月11日15：48		完成第三阶段第一步张拉 1月12日9：23		4#、6#、12#、14# 索力调整2月3日11：51	
	本次位移	累计位移	本次位移	累计位移	本次位移	累计位移	本次位移	累计位移
测点1	0.89（向上）	0.89（向上）	2.67（向上）	3.56（向上）	0.45（向上）	4.01（向上）	0.83（向下）	3.18（向上）
测点2	0.47（向上）	0.47（向上）	10.26（向上）	10.73（向上）	1.05（向上）	11.78（向上）	1.36（向下）	10.42（向上）
测点3	0.57（向上）	0.57（向上）	10.69（向上）	11.26（向上）	0.47（向下）	10.79（向上）	0.59（向下）	11.38（向上）
测点4	7.01（向下）	7.01（向下）	5.38（向上）	1.63（向下）	0.23（向上）	1.40（向下）	0.55（向上）	0.85（向下）
测点11	0.05（向上）	0.05（向上）	3.96（向上）	4.01（向上）	2.15（向下）	1.86（向上）	1.30（向上）	3.16（向上）
测点12	0.51（向下）	0.51（向下）	2.37（向上）	1.86（向上）	0.38（向下）	1.48（向上）	0.70（向下）	0.78（向上）
测点号	完成四角支座切割 2月4日19：00		拆除刚性环千斤顶后 2月5日10：40		完成第一次调整索力 2月6号14：20		完成第二次调整 索力2月7号10：00	
	本次位移	累计位移	本次位移	累计位移	本次位移	累计位移	本次位移	累计位移
测点1	2.43（向下）	0.75（向上）	17.02（向下）	16.27（向下）	15.51（向下）	31.78（向下）	4.67（向下）	36.45（向下）

测点号	完成四角支座切割 2月4日19：00		拆除刚性环千斤顶后 2月5日10：40		完成第一次调整索力 2月6号14：20		完成第二次调整 索力2月7号10：00	
	本次位移	累计位移	本次位移	累计位移	本次位移	累计位移	本次位移	累计位移
测点2	1.82 （向下）	8.60 （向上）	4.86 （向下）	3.74 （向上）	7.55 （向下）	3.81 （向下）	3.34 （向下）	7.15 （向下）
测点3	2.27 （向下）	9.11 （向上）	2.41 （向下）	6.70 （向上）	6.88 （向下）	0.18 （向下）	2.55 （向下）	2.73 （向下）
测点4	3.30 （向下）	4.15 （向下）	4.42 （向下）	8.57 （向下）	7.75 （向下）	16.32 （向下）	2.08 （向下）	18.40 （向下）
测点11	0.82 （向下）	2.34 （向上）	15.87 （向下）	13.53 （向下）	8.57 （向下）	22.10 （向下）	5.50 （向下）	27.60 （向下）
测点12	0.24 （向下）	0.54 （向上）	17.45 （向下）	16.91 （向下）	16.71 （向下）	33.62 （向下）	1.57 （向下）	35.11 （向下）

注：1 测点编号见图2-4-28；

2 "累计位移"为相对于第一阶段张拉前的位移；

3 采用电子位移计量测，精度为0.02mm。

滑动支座水平位移实测值（mm） 表 2-4-10

测点号		完成第一阶段张拉 1月9日14：31		完成第二阶段张拉 1月11日15：48		完成第三阶段 第一步张拉 1月12日9：23		完成4#、6#、 12#、14#索力调整 2月3日11：51	
		本次位移	累计位移	本次位移	累计位移	本次位移	累计位移	本次位移	累计位移
南北向	测点5	0.46 （向北）	0.46 （向北）	5.22 （向北）	5.68 （向北）	0.58 （向北）	6.26 （向北）	0.60 （向南）	5.66 （向北）
	测点6	0.00 （向北）	0.00 （向北）	2.32 （向北）	2.38 （向北）	0.25 （向北）	2.63 （向北）	1.50 （向南）	1.13 （向北）
	测点7	0.74 （向北）	0.74 （向北）	3.10 （向北）	3.84 （向北）	0.09 （向北）	3.93 （向北）	0.78 （向南）	3.15 （向北）
东西向	测点8	0.87 （向西）	0.87 （向西）	2.97 （向西）	3.84 （向西）	1.49 （向西）	5.33 （向西）	2.28 （向西）	7.61 （向西）
	测点9	2.23 （向西）	2.23 （向西）	2.24 （向西）	4.47 （向西）	1.62 （向西）	6.09 （向西）	1.63 （向东）	4.46 （向西）
	测点10	1.16 （向西）	1.16 （向西）	2.42 （向西）	3.58 （向西）	2.26 （向西）	5.84 （向西）	2.33 （向西）	8.17 （向西）

注：1 测点编号见图2-4-29；

2 "累计位移"为相对于第一阶段张拉前的位移；

3 采用电子位移计量测，精度为0.02mm。

四角支座水平位移实测值（mm）　　　　　　　　　　表 2-4-11

支座号		拆除刚性环千斤顶后 2月5日10：40		完成第一次调整索力 2月6日14：15		完成第二次调整索力 2月7日10：00	
		本次位移	累计位移	本次位移	累计位移	本次位移	累计位移
西南 13#	东西	0.40（向西）	0.40（向西）	1.03（向西）	1.43（向西）	1.00（向东）	0.43（向西）
	南北	1.44（向南）	1.44（向南）	3.39（向南）	4.83（向南）	1.20（向北）	3.63（向南）
西北 5#	东西	1.51（向西）	1.51（向西）	6.35（向西）	7.86（向西）	3.23（向东）	4.63（向西）
	南北	2.10（向北）	2.10（向北）	5.91（向北）	8.01（向北）	4.48（向南）	3.53（向北）
东北 13#	东西	0.87（向东）	0.87（向东）	2.87（向东）	3.74（向东）	2.51（向西）	1.23（向东）
	南北	0.09（向南）	0.09（向南）	0.41（向北）	0.32（向北）	2.29（向南）	1.97（向南）
东南 5#	东西	1.95（向东）	1.95（向东）	1.03（向西）	0.92（向东）	1.80（向西）	0.88（向西）
	南北	0.05（向北）	0.05（向北）	3.39（向南）	3.34（向南）	3.04（向北）	0.40（向南）

注：1　西北角两个方向、东北角东西方向采用电子百分表量测，精度为 0.005mm；其他采用机械百分表量测，
　　　精度为 0.01mm，人工读数；

　　2　"累计位移"为相对于拆除刚性环千斤顶前的位移。

4.4　模拟分析与实测数据对比研究

本节将对前述钢结构施工过程的模拟分析以及实测数据进行分阶段对比研究，对比过程中也及时对计算模型及施工过程进行了局部调整，符合规范第 3.3.4 条 3 款及规范第 6.2.10 条规定。监测数据与计算分析的结果对比表明了计算分析模型的正确性、监测结果真实可信，确保结构的施工安全；符合规范第 3.3.1 条的监测目的规定。

4.4.1　结构位移

本节给出部分测点的位移计算模拟值与实测值在关键工况下的对比（测点号见图 2-4-27，图 2-4-28）。结构位移实测值是指从张拉阶段开始至刚性环卸载的过程。关键工况包括：（1）张拉第一阶段；（2）张拉第二阶段的第 1 步；（3）张拉第二阶段的第 2 步；（4）张拉第二阶段的第 3 步；（5）张拉第二阶段第 4 步；（6）去掉刚性环的支撑。

图 2-4-37 给出③下刚性环三个测点的竖向位移模拟值与实测值的对比。可见，模拟值与实测值吻合很好。其中，第一阶段张拉以及第二阶段张拉的前 2 步，模拟值与实测值几乎完全一致；第二阶段张拉的第 4 步，三个测点的模拟值与实测值误差在 1.4～1.8mm 之间；拆除刚性环千斤顶时，下刚性环处 3 个测点的竖向位移模拟值与实测值最大误差为 2.67mm（测点 1），最小误差仅为 0.2mm（测点 11）。实际卸载过程也证实了模拟计算具有较高的准确性。在间隔分批拆除钢环上的千斤顶进行到第 3 批时（每次 5mm），大多数下刚性环处支撑点相继脱开，拆除到第 4 批时，全部支撑点完全脱开。精细的有限元施工过程分析为该工程中央刚性环卸载方案的确定以及成功卸载提供了有力的技术支持。

桁架处位移测点的竖向位移模拟计算值与实测值的对比见图 2-4-38。可见，模拟值与实测值也比较一致。误差较大处出现在张拉阶段的第一阶段，位移测点 2 与测点 3 的模拟值与实测值误差为 2.3mm，这主要是由于模拟施工过程中桁架上脚手架的影响，其很难与现场情况完全一致；在张拉阶段结束，去掉刚性环处支撑时，模拟值与实测值几乎完全吻合。

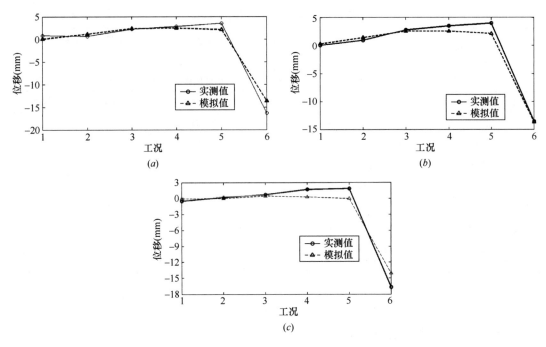

图 2-4-37 下刚性环测点竖向位移模拟值与实测值的对比图

(a) 位移测点 1；(b) 位移测点 11；(c) 位移测点 12

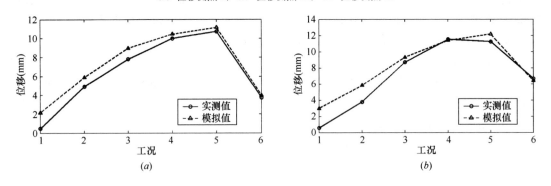

图 2-4-38 桁架处测点竖向位移模拟值与实测值的对比图

(a) 位移测点 2；(b) 位移测点 3

图 2-4-39 给出③滑动支座两个测点的水平位移模拟值与实测值的对比，二者基本一致，最大误差为 3mm。由于滑动支座的水平位移受现场施工、温度及测量方法等多种因素影响，很难与理想状态下的模拟值完全吻合。

4.4.2 杆件内力

屋面钢结构构件的内力以测量应变来反映。应变实测值是指从张拉阶段开始至目前的铺设屋面板结束（不包括马道恒载），相应的模拟计算在屋面板总荷载中去掉了马道恒载。本节给出部分测点的应变模拟值与实测值在关键工况下的对比。关键工况包括：（1）张拉第一阶段；（2）张拉第二阶段的第 1 步；（3）张拉第二阶段的第 2 步；（4）张拉第二阶段的第 3 步；（5）张拉第二阶段第 4 步；（6）去掉刚性环支撑；（7）索力调整；（8）加屋面板。

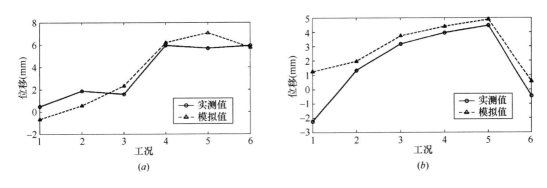

图 2-4-39 滑动支座水平位移模拟值与实测值的对比图

（a）位移测点 5；（b）位移测点 9

图 2-4-40 给出了中央刚性环部分测点应变模拟值与实测值的对比，钢结构构件代表性测点的应变模拟值与实测值的对比见图 2-4-41。可见，应变模拟值与实测值之间总体趋势一致，吻合较好，各工况下的模拟值与实测值之间误差大部分小于 10％。中央刚性环处各测点的应变模拟值与实测值之间最大误差为 50με，钢结构构件各测点应变模拟值与实测值之间最大误差为 70με，均出现在施加屋面板工况中，主要原因在于计算中采用的屋面荷重、马道重量等很难与实际情况完全相同。

从实测值可以看出，加屋面板后，北大体育馆钢结构杆件的最大应力比小于 0.3。

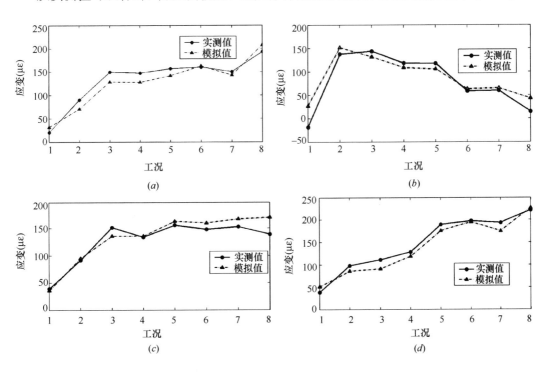

图 2-4-40 中央刚性环部分测点的应变模拟值与实测值对比图（一）

（a）应变测点 1；（b）应变测点 4；

（c）应变测点 6；（d）应变测点 7

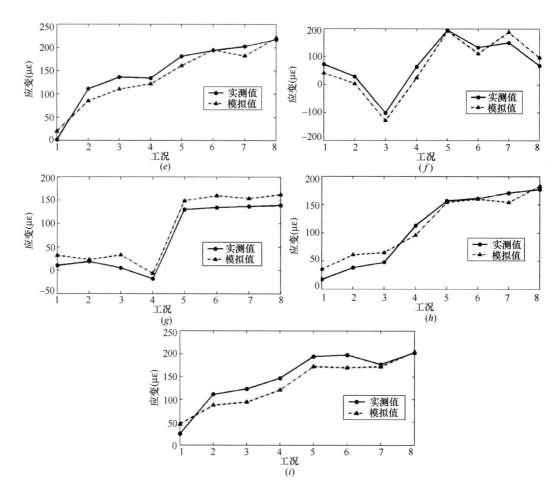

图 2-4-40 中央刚性环部分测点的应变模拟值与实测值对比图（二）

(e) 应变测点 8；(f) 应变测点 9；(g) 应变测点 15；

(h) 应变测点 16；(i) 应变测点 19

4.4.3 索力

预应力拉索测点的应变模拟值与实测值对比见图 2-4-42。可以看出，二者吻合较好，最大误差不到 5%，表明了所采用的通用有限元分析软件 ABAQUS 建模方法的有效性。在施加屋面荷载后，加屋面板后预应力拉索的最大应力比小于 0.2。

4.5 小结

按照规范第 3.3.13 和规范 3.3.14 的规定，施工阶段监测结论如下：

（1）本工程测点选取以结构计算分析结果为依据，通过优化布设，使测点充分代表了结构关键位置的信息；采用的传感器及采集系统灵敏度高、稳定性好、可靠性强。施工监测过程表明，该体育馆钢结构屋架施工监测是成功的，获得了一批准确、宝贵的实测数据。

（2）在设计方提出了拉索预应力下调的施工方案后，精细的有限元施工过程分析为该工程中央刚性环的成功卸载提供了理论基础及技术保障。

（3）模拟分析与实测数据吻合较好，表明了屋盖结构预应力施工过程中，有限元模拟分析的有效性和正确性。

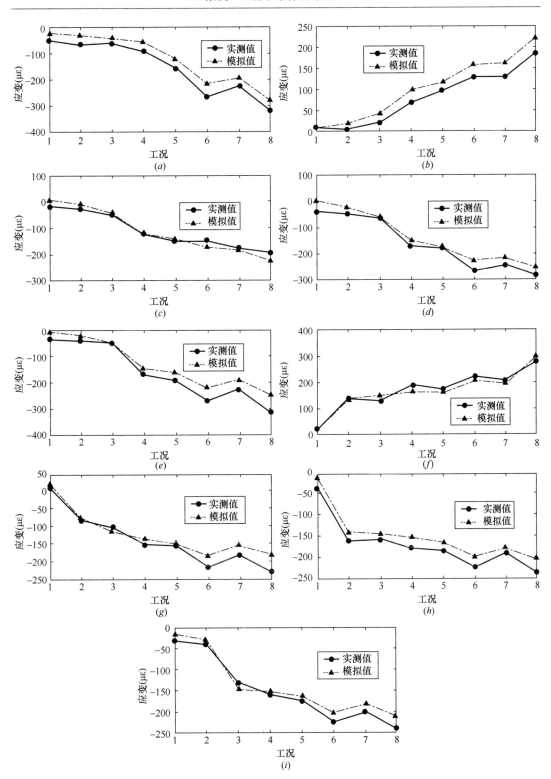

图 2-4-41　钢结构构件部分测点应变模拟值与实测值对比图

（a）应变测点 22；（b）应变测点 23；（c）应变测点 24；（d）应变测点 25；（e）应变测点 26；

（f）应变测点 31；（g）应变测点 32；（h）应变测点 34；（i）应变测点 35

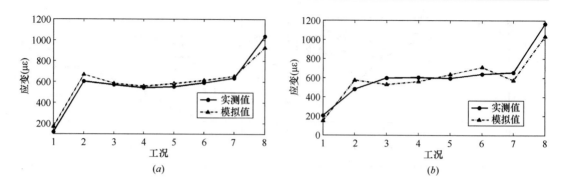

图 2-4-42 预应力拉索测点的应变模拟值与实测值对比图

(a) 应变测点 37；(b) 应变测点 39

（4）施加屋面板后，北大体育馆钢结构杆件的最大应力比<0.3，预应力拉索的最大应力比<0.2。

（5）该体育馆在张拉阶段支座出现裂缝，以及装修过程中出现意外情况，监测数据对判断结构整体安全性起到重要作用。

5 使用期间监测

规范第 3.1.4 条规定，施工期间监测宜与使用期间监测统筹考虑。本项目正是在施工期间监测的基础上，对该体育馆进行了长期监测，充分利用了施工期间监测的测点和监测系统，保证了测试数据的连续性和完整性。按照当时的条件，本工程未能自动生成监测报表，而是分阶段提供监测数据进行分析对比，完成了规范第 3.4.13 条监测报表所规定的内容，并按照规范 3.3.14 条要求进行了归档。各阶段的对比分析结果及结论如下：

5.1 场馆投入使用至奥运前监测结果

北大体育馆于 2007 年 9 月底施工完成，进入到运行阶段。2007 年 9 月～2008 年 7月，部分代表性测点的应变值见表 2-4-12、表 2-4-13。

2007 年 9 月～2007 年 12 月部分代表性测点的应变实测值（$\mu\varepsilon$）　　表 2-4-12

测点号	位置描述	2007 年 9 月	2007 年 10 月	2007 年 11 月	2007 年 12 月
1	北 15#、16#桁架之间，下钢环外弦杆	187	190	189	186
2	北 14#、15#桁架之间，下钢环斜腹杆	215	215	224	230
3	北 13#、14#桁架之间，下钢环外弦杆	216	226	220	211
5	与东 12#桁架相连下钢环直腹杆	226	225	229	231
8	东 10#、11#桁架之间，下钢环内弦杆	226	222	225	241
10	与东 10#桁架相连下钢环直腹杆	258	261	271	269
11	东 8#、9#桁架之间，下钢环内弦杆	217	208	206	205
14	东 6#、7#桁架之间，下钢环内弦杆	251	254	256	250
16	东 5#、6#桁架之间，下钢环外弦杆	146	143	143	148
19	南 3#、4#桁架之间，下钢环外弦杆	192	193	189	198

测点号	位置描述	2007年9月	2007年10月	2007年11月	2007年12月
20	南14#桁架下弦杆转角处内侧	−485	−498	−504	−506
23	南15#桁架斜腹杆	185	188	188	206
26	南15#桁架下弦杆转角处外侧2	−411	−417	−419	−420
28	南16#桁架下弦杆转角处内侧	−333	−337	−339	−348
29	南16#桁架下弦杆转角处外侧1	−309	−313	−315	−318
30	南16#桁架下弦杆转角处外侧2	−277	−287	−286	−279
32	南1#桁架下弦杆转角处内侧	−248	−243	−240	−233
34	南1#桁架下弦杆,与内起4排环桁架内侧相连	−243	−245	−244	−242
37	南1#索	998	1005	1067	1010
39	东9#索	1142	1011	1171	1046

2007年9月~2008年7月部分代表性测点的应变实测值（$\mu\varepsilon$）　　表2-4-13

测点号	2008年1月	2008年2月	2008年3月	2008年4月	2008年5月	2008年6月	2008年7月
1	189	179	177	180	171	169	167
2	215	222	223	219	222	220	217
3	218	211	208	213	203	207	205
5	225	229	229	220	230	229	230
8	224	232	235	226	237	235	241
10	256	273	272	257	272	269	272
11	215	208	212	196	217	220	225
14	250	255	252	241	259	250	261
16	146	137	136	139	130	124	121
19	193	187	188	196	191	194	191
20	−485	−502	−503	−498	−506	−489	−486
23	184	188	189	196	192	182	184
26	−411	−418	−420	−418	−421	−420	−417
28	−334	−340	−342	−342	−343	−345	−344
29	−308	−314	−314	−312	−311	−310	−308
30	−277	−284	−283	−281	−276	−277	−275
32	−248	−241	−237	−233	−237	−245	−243
34	−243	−245	−243	−242	−241	−245	−244
37	998	1101	1107	1121	1119	1123	1123
39	1142	1082	1073	1058	1058	1066	1066

从表2-4-12和表2-4-13数据可以看出,北大体育馆投入使用后,各项监测数据平稳,测点处各钢结构构件工作正常,表明该体育馆钢结构屋盖满足设计要求。

5.2 奥运会期间监测结果

为确保奥运期间场馆的安全，在奥运期间加强了监测力度。限于篇幅，表 2-4-14 仅给出一些重要日期的代表性测点应变实测值。

2008 年 8 月～9 月部分代表性测点的应变实测值（$\mu\varepsilon$） 表 2-4-14

测点号	位置描述	8月15日	8月17日	8月18日	8月22日	8月23日	9月8日
1	北 15#、16# 桁架之间，下钢环外弦杆	165	166	165	165	164	165
2	北 14#、15# 桁架之间，下钢环斜腹杆	212	218	210	209	210	217
3	北 13#、14# 桁架之间，下钢环外弦杆	208	207	209	210	206	209
5	与东 12# 桁架相连下钢环直腹杆	222	225	221	221	223	224
6	东 11#、12# 桁架之间，下钢环内弦杆	128	129	127	126	130	126
8	东 10#、11# 桁架之间，下钢环内弦杆	231	231	230	230	234	228
10	与东 10# 桁架相连下钢环直腹杆	262	266	261	262	264	265
11	东 8#、9# 桁架之间，下钢环内弦杆	216	217	216	215	219	211
14	东 6#、7# 桁架之间，下钢环内弦杆	248	250	248	248	250	247
15	与 6# 桁架相连下钢环直腹杆	141	138	141	142	143	136
16	东 5#、6# 桁架之间，下钢环外弦杆	119	118	118	118	117	116
18	南 3#、4# 桁架之间，下钢环斜腹杆	118	121	117	116	117	120
19	南 3#、4# 桁架之间，下钢环外弦杆	194	191	193	192	195	189
22	南 14# 桁架下弦杆转角处外侧	−401	−407	−402	−400	−396	−412
23	南 15# 桁架斜腹杆	183	181	183	180	182	179
25	南 15# 桁架下弦杆转角处外侧 1	−361	−364	−361	−362	−358	−366
26	南 15# 桁架下弦杆转角处外侧 2	−423	−424	−422	−420	−418	−426

测点号	位置描述	8月15日	8月17日	8月18日	8月22日	8月23日	9月8日
28	南16♯桁架下弦杆转角处内侧	−350	−352	−351	−351	−349	−355
29	南16♯桁架下弦杆转角处外侧1	−313	−315	−314	−313	−311	−316
30	南16♯桁架下弦杆转角处外侧2	−279	−279	−280	−280	−277	−280
31	南1♯桁架斜腹杆，与转角处内侧相连	201	197	200	199	201	197
32	南1♯桁架下弦杆转角处内侧	−245	−248	−246	−246	−244	−250
33	南1♯桁架下弦杆转角处外侧	−308	−310	−309	−309	−308	−312
34	南1♯桁架下弦杆，与内起4排环桁架内侧相连	−249	−249	−250	−250	−249	−251
35	南2♯桁架下弦杆，与内起4排环桁架外侧相连	−254	−254	−253	−254	−252	−255
37	南1♯索	1122	1117	1122	1123	1124	1116
38	南HJ-4，HJ-5之间，环桁架上弦	283	261	282	284	288	261
39	东9♯索	1079	1084	1079	1077	1077	1086
40	东HJ-5，HJ-6之间，环桁架上弦	−113	−133	−113	−110	−107	−132

图 2-4-43 给出奥运期间南1♯索和东♯索的应变值，即测点 37♯与 39♯测点实测应变＋各自初值。

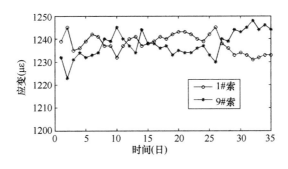

图 2-4-43　奥运会及残运会期间拉索应变值（$\mu\varepsilon$）

由表 2-4-14 及图 2-4-43 可知，奥运会和残奥会期间，钢结构构件和拉索的应变变化不超过 2%，表明结构工作正常。

5.3 2009 年 1～6 月监测结果

2009 年 1 月～6 月，对北大体育馆使用阶段的钢结构杆件及拉索的应变进行了连续监测，部分代表性测点的应变监测值见表 2-4-15。

从表 2-4-15 可以看出，各钢结构构件及拉索内力变化很小。大部分钢结构构件测点处的应变变化在 20με 以内，索的应变也比较平稳。钢结构构件与拉索的最大应力比分别小于 0.4 和 0.3，结构是安全的。

部分代表性测点的实测应变（με） 表 2-4-15

测点号	位置描述	2009 年 1 月	2009 年 2 月	2009 年 3 月	2009 年 4 月	2009 年 5 月	2009 年 6 月
1	北 15#、16# 桁架之间，下钢环外弦杆	161	161	159	158	157	154
2	北 14#、15# 桁架之间，下钢环斜腹杆	217	215	215	213	216	218
3	北 13#、14# 桁架之间，下钢环外弦杆	207	207	204	202	199	195
5	与东 12# 桁架相连下钢环直腹杆	224	223	223	223	227	228
6	东 11#、12# 桁架之间，下钢环内弦杆	135	136	138	139	149	147
8	东 10#、11# 桁架之间，下钢环内弦杆	226	229	232	237	252	252
10	与东 10# 桁架相连下钢环直腹杆	275	274	273	272	273	274
11	东 8#、9# 桁架之间，下钢环内弦杆	204	207	211	217	217	216
14	东 6#、7# 桁架之间，下钢环内弦杆	256	256	254	255	263	260
15	与 6# 桁架相连下钢环直腹杆	123	126	130	135	146	149
16	东 5#、6# 桁架之间，下钢环外弦杆	108	109	109	109	112	109
18	南 3#、4# 桁架之间，下钢环斜腹杆	125	123	123	119	125	121
19	南 3#、4# 桁架之间，下钢环外弦杆	171	173	176	180	189	191
20	南 14# 桁架下弦杆转角处内侧	−508	−503	−495	−490	−489	−490
23	南 15# 桁架斜腹杆	171	170	168	169	180	183
25	南 15# 桁架下弦杆转角处外侧 1	−382	−379	−372	−368	−354	−351

续表

测点号	位置描述	2009 年 1 月	2009 年 2 月	2009 年 3 月	2009 年 4 月	2009 年 5 月	2009 年 6 月
26	南 15♯桁架下弦杆转角处外侧 2	−428	−426	−422	−421	−422	−426
28	南 16♯桁架下弦杆转角处内侧	−352	−350	−348	−348	−349	−354
29	南 16♯桁架下弦杆转角处外侧 1	−319	−315	−311	−310	−306	−309
30	南 16♯桁架下弦杆转角处外侧 2	−287	−285	−280	−278	−271	−269
31	南 1♯桁架斜腹杆，与转角处内侧相连	197	195	191	188	197	201
32	南 1♯桁架下弦杆转角处内侧	−250	−248	−244	−242	−232	−234
33	南 1♯桁架下弦杆转角处外侧	−312	−310	−307	−308	−304	−308
34	南 1♯桁架下弦杆，与内起 4 排环桁架内侧相连	−245	−244	−244	−244	−240	−242
35	南 2♯桁架下弦杆，与内起 4 排环桁架外侧相连	−257	−255	−251	−251	−245	−247
37	南 1♯索	1120	1117	1123	1130	1157	1165
38	南 4♯、5♯桁架之间，环桁架上弦	249	258	261	267	264	255
39	东 9♯索	1149	1143	1135	1127	1092	1079
40	东 5♯、6♯桁架之间，环桁架上弦	−146	−136	−134	−127	−127	−135

注：采用 BGK4000 振弦传感器，精度为 $\pm 3\mu\varepsilon$。

5.4　小结

本工程根据当时项目需求，与规范 3.4 节规定的使用期间监测完成监测系统报告后移交给相关单位使用有所不同。根据各阶段的分析对比，使用期间的监测报告结论如下：

（1）各钢结构构件及拉索应力平稳，变化很小；

（2）钢结构构件与拉索的最大应力比分别小于 0.4 和 0.3；

（3）使用阶段连续 2 年的长期监测表明，北大体育馆钢结构屋盖是安全的。

限于当时条件，本工程的报告方式与规范 3.4 节有所差异（桥梁结构应用较普遍），今后相关工程的监测可以在此基础上有所改进。整体而言，该体育馆在施工期间和使用期间都进行了监测，主要测试项目为关键受力部位的应变、结构整体和局部的变形。在监测开始之前及期间采用有限元进行了仿真模拟计算，并与监测结果进行了对比分析。施工期间监测与使用期间监测相结合，节省了成本，也保证了监测数据的连续性和完整性。整个项目较好地贯彻了《建筑与桥梁结构监测技术规范》GB 50982—2014 的精神，是一个执行较好的案例。